IT-Sicherheit im Unternehmen

Thomas W. Harich

IT-Sicherheit im Unternehmen

Bibliografische Information der Deutschen Nationalbibliothek
Die Deutsche Nationalbibliothek verzeichnet diese Publikation in der Deutschen Nationalbibliografie; detaillierte bibliografische Daten sind im Internet über <http://dnb.d-nb.de> abrufbar.

Bei der Herstellung des Werkes haben wir uns zukunftsbewusst für umweltverträgliche und wiederverwertbare Materialien entschieden. Der Inhalt ist auf elementar chlorfreiem Papier gedruckt.

ISBN 978-3-95845-128-5
1. Auflage 2015

www.mitp.de
E-Mail: mitp-verlag@sigloch.de
Telefon: +49 7953 / 7189 - 079
Telefax: +49 7953 / 7189 - 082

Lektorat: Sabine Janatschek
Sprachkorrektorat: Petra Heubach-Erdmann
Satz: III-satz, Husby, www.drei-satz.de

mitp

Inhaltsverzeichnis

Vorwort von Dr. Markus Morawietz, Managing Partner von Dr. MORAWIETZ Consulting & Training GmbH

Sicherheit ist nicht alles, aber ohne Sicherheit ist alles nichts

Sicherheit ist nicht sexy, kostet immer erst einmal Geld und ein direkter Nutzen ist nicht immer gleich zu erkennen. Dies höre ich immer wieder von den IT-Verantwortlichen.

Weder die Wirtschaft noch die Verwaltung schenkt dem Thema »Sicherheit in der IT« die gebührende Aufmerksamkeit. Mit dem Selbstverständnis, alle Daten auf allen Geräten jederzeit verfügbar zu haben, setzte auf breiter Front ein überfälliges Umdenken ein. Seit der Snowden-Diskussion steht das Thema IT-Sicherheit auch bei den handelnden Personen in der Politik auf der To-do-Liste. Neue Vorschriften erhöhen den Druck auf die IT, längst überfällige Risikobetrachtungen endlich anzugehen.

Ich bin als geschäftsführender Partner eines IT-Beratungsunternehmen, das im deutschsprachigen Europa seit mehr als 20 Jahren Migrationen im Bereich von IT-Infrastrukturen und Messagingsystemen durchführt, immer wieder mit IT-Leitern von mittelständischen Unternehmen, Krankenhäusern oder Behörden in intensiven Gesprächen. Dabei werde ich oft mit Aussagen wie *»dies sind gewachsene Strukturen«*, *»bei der Personaldecke ist an IT-Sicherheit gar nicht zu denken«* oder *»mit der Fachabteilung können Sie ein solches Konzept überhaupt nicht umsetzen«* konfrontiert.

Auf der anderen Seite werden große Beträge in schlecht gemanagte Firewalls investiert und in den Gängen der Verantwortlichen gilt der Slogan, *»solange der Virenschutz aktuell ist und die Systeme gepatcht sind, kann ja nichts passieren!«*

Übersehen wird dabei oft, dass die größte Gefahr nicht mehr primär von außen, sondern von innen kommt. Laut einer Studie von Vormetric (*http://www.vormetric.com*) geben von 500 IT-Entscheidern großer europäischer Unternehmen lediglich 9 % an, gut gegen interne Angriffe geschützt zu sein.

Was nutzt die vermeintliche Sicherheit durch Firewalls und Co, wenn die größte Gefahr von innen kommt? Wenn z. B. frustrierte oder gekündigte Mitarbeiter Dritten Zugang gewähren; wenn Mitarbeiter unbedarft externe Geräte mit dem System verbinden oder wenn privilegierte Accounts plötzlich Ziel von Angriffen werden. Was kann man dann noch tun?

Was ist, wenn Zugangsdaten von Geschäftsführung, IT-Verantwortlichen oder anderen Führungskräften auf dem Smartphone »zur Sicherheit« gespeichert sind.

Ist das private Netzwerk der Mitarbeiter, das ggf. mit dem Firmennetz verbunden ist bzw. auf dem Zugangsdaten gespeichert sind, genauso gut gesichert wie das Firmennetzwerk?

Wichtig ist es zu erkennen, dass es eine absolute Sicherheit nicht gibt. Dafür arbeiten an den Systemen zu viele Menschen mit Schwächen und Fehlern.

Doch alleine das Anwenden der Regel »Jeder darf nur diejenigen Rechte erhalten, die er für die Durchführung seiner Arbeit unbedingt benötigt« (Prinzip »Least Privilege«) würde, ohne hohe Investitionskosten zu erzeugen, eine dramatische Verbesserung der IT-Sicherheit bewirken. Hier ein paar einfache Beispiele:

1. Oft wird mit dem Domänen-Benutzer »Administrator« im Tagesgeschäft gearbeitet.
2. Anzahl der Domänen-Administratoren ist viel zu hoch und Kennwörter wurden nicht geändert.
3. Auf Unix-Systemen ist nur ein Account aktiv: Root.
4. »Never touch a running system« – gerade wichtige Systeme und Software werden nicht mit Patches versorgt.

Diese Punkte verdeutlichen beispielhaft, wie IT-Verantwortliche mit geringen Kosten die Sicherheit maßgeblich steigern könnten.

Mittelständische Kunden, Krankenhäuser oder Behörden haben häufig Probleme, das Thema »IT-Sicherheit« geordnet abzuwickeln. Ich erkenne immer wieder, dass sich Kunden unsicher sind, was die Umfänge und Kosten im Bereich Reduzierung der Verwundbarkeit von IT-Systemen angeht. Auch existiert generell keine Risikobewertung.

Das vorliegende Buch hat es geschafft, das Gesamtthema als Ganzes zu beschreiben und so realitätsnah wie möglich darzustellen. Darüber hinaus stellt es, weniger mit Theorien und mehr mittels realitätsnaher Methoden, eine nützliche, alltagstaugliche Vorgehensbeschreibung zur Steigerung der IT-Sicherheit dar.

Ich wünsche Ihnen eine informative Lektüre und bin sicher, dass Sie zahlreiche Anregungen erhalten, um die IT-Sicherheit weiter voranzutreiben.

Vorwort

Das unbekannte Unbekannte

> *There are known knowns; there are things we know we know. We also know there are known unknowns; that is to say we know there are some things we do not know. But there are also unknown unknowns – there are things we do not know we don't know.*

In einem anderen Zusammenhang und zu einer anderen Zeit hat Donald Rumsfeld das obige Zitat geprägt. Es ging ihm um die Darstellung verschiedener Sichten auf die Gefährdung der nationalen Sicherheit durch Dritte. Die Einsicht und die Deutungen, die dahinterstecken, ähneln sehr stark auch den Themen, mit denen wir uns im Folgenden beschäftigen werden.

Auf den Themenkomplex IT-Sicherheit übertragen, lässt sich der Inhalt des Zitats folgendermaßen interpretieren: Es gibt Bedrohungen, von denen wissen wir, dass sie existieren und wo sie zu suchen sind. Diesen Bedrohungen nicht augenblicklich nachzugehen, wäre fahrlässig. Mit Regelungen und eingeübten Prozessen kann man die Risiken, die damit verbunden sind, in den Griff bekommen. Es gibt aber auch Bedrohungen, von denen wir wissen, dass sie existieren könnten, es fällt uns allerdings schwer, sie immer rechtzeitig zu verorten, und damit ist der Aufwand, Gegenmaßnahmen zu ergreifen, entsprechend höher und die Prozesse, die erforderlich sind, die entsprechenden Risiken unter Kontrolle zu halten, sind zunehmend komplexer. Am gefährlichsten ist aber die dritte Art an Bedrohungen: Dabei handelt es sich um diejenigen, von denen wir überhaupt nicht wissen, dass sie existieren.

Die Schlussfolgerung aus dieser Definition ist ernüchternd: Je weniger ausgeprägt das Sicherheitsniveau eines Unternehmens ist, desto mehr Bedrohungen wird es geben, die in die dritte, die gefährlichste, Kategorie fallen. Man wird einfach nicht wissen, welche Gefährdungen es gibt und an welcher Stelle diese auftauchen. Das führt so weit, dass selbst, wenn man bereits erfolgreich angegriffen wurde, man dies nicht bemerken wird, schlicht deshalb, weil man nicht darauf achtet. Das Verheerende daran ist, dass je weniger ein Unternehmen über die Bedrohungen weiß, denen es ausgesetzt ist, desto weniger stark wird auch das Bedürfnis sein, sich dagegen zu schützen. Mit einem steigenden Bewusstsein für die Risiken wird auch die Nachfrage nach Transparenz steigen und erst mit dieser wird ersichtlich, was bis dahin im Verborgenen lag. Denn Fakt ist: Der Abfluss an Know-how betrifft jedes Unternehmen jedweder Größe. Was Unternehmen jeweils voneinander unterscheidet, ist die Ausprägung und eventuell die Art und Weise, wie es geschieht, und natürlich der Umgang mit dieser Tatsache.

Bevor es losgeht

Das Ziel des Buches ist es, ein Projekt aufzuzeigen, das das Ziel hat, ein akzeptables Sicherheitsniveau in einem mittelgroßen Unternehmen zu erreichen. Das Projekt wird in drei Phasen, in unserem Fall »Schritte« genannt, untergliedert, hat klar definierte Aufgaben und Bereiche und soll am Ende nur drei Monate dauern. Ganz offensichtlich ist das ein Ansatz der anspruchsvolleren Art. Aber im Grunde ist es auch eine Notwendigkeit, denn viel mehr Zeit und Aufwand darf es einfach nicht kosten, weithin erprobte Regeln, Maßnahmen und Prozesse in einem durchschnittlich strukturiert aufgestellten Unternehmen einzuführen.

Durch die Bereitstellung einfacher Werkzeuge und der Begleitung bei stark vereinfachten Projektschritten soll es gelingen, Sicherheit auch dorthin zu bringen, wo sie bislang nur eingeschränkt gelebt wird. Eingeschränkt bedeutet in diesem Fall so viel wie »lückenhaft« und genau an diesen offenen Flanken setzen Angreifer am liebsten an, um Daten zu entwenden oder IT-Systeme zu sabotieren.

Hinweis

In Anlehnung an die 70:30-Regel geht es in der IT-Sicherheit nicht darum, 70 % der Sicherheitsfelder zu 100 % abzudecken, sondern darum, 100 % der Bereiche abzudecken, und zwar zu einem Niveau, bei dem man guten Gewissens noch gut schlafen kann. Das wiederum kann dann 80 % oder auch 70 % von theoretisch möglichen 100 % bedeuten. Ein flächendeckendes, einheitlich hohes bis sehr hohes, also akzeptables Niveau, an IT-Sicherheit ist damit das Ziel.

Was möchte man aber letztendlich konkret erreichen? Die Frage, die sich dabei aufdrängt, ist ganz offensichtlich die nach der Definition, was »akzeptabel« denn im Einzelfall bedeutet. Eine Antwort darauf kann man in einer Art und Weise geben, wie sie sich durch das gesamte IT-Sicherheitsmanagement zieht: Ein akzeptables Niveau ist dann erreicht, wenn die Risiken für die Daten des Unternehmens (und die Daten von Kunden und Lieferanten) ein Niveau erreichen, das der für diese Daten Verantwortliche als tragbar bewertet. Tragbar ist ein Risiko so lange, wie die Kosten, die durch den Verlust der betroffenen Daten oder der IT-Systeme entstehen würden, tragbar sind. Das wird sich natürlich von Unternehmen zu Unternehmen unterscheiden, schließlich sind Unternehmen unterschiedlich stark von ihren Daten und ihrer IT-Infrastruktur abhängig. Trotzdem existiert aber gleichermaßen, über alle Branchen hinweg, eine mehr oder weniger große Menge an Datenbeständen, die den höchsten Schutzanforderungen unterliegen und damit müssen sich auch alle Verantwortlichen die gleiche Frage stellen: Sind wir sicher oder ist der Geschäftsbetrieb in Gefahr?

Um eine Bewertung bezüglich der Ausprägung des erforderlichen Maßes an IT-Sicherheit vornehmen zu können, benötigt die dafür zuständige Person demnach vor allem Wissen – Wissen über die Natur der verschiedenen Datenarten, wie deren Wichtigkeit für das Unternehmen und natürlich eine Einschätzung über die allgemeine und spezielle Gefährdungslage. Mit diesem Wissen und einer geübten Vorgehensweise in der Hand wird der Sicherheitsverantwortliche in die Lage versetzt, die richtigen Entscheidungen über die richtigen Maßnahmen zu treffen und wie er diese umzusetzen hat. Und das ist die Aufgabe, die es umzusetzen gilt.

IT-Sicherheit in einer vernetzten Welt

In einem Unternehmen kann eine kleine Schwachstelle in einem unbedeutenden Teil der IT-Infrastruktur oder innerhalb eines Prozesses genau der Ansatzpunkt sein, dessen Ausnutzung zu einem schwerwiegenden Sicherheitsproblem wird. In diesem Fall spricht man davon, dass das schwächste Glied im Verteidigungswall das Gesamtniveau der Sicherheit definiert. Betrachtet man nun nicht nur das eine Unternehmen, sondern alle verbundenen Unternehmen, die miteinander auf die unterschiedlichste Art und Weise miteinander interagieren, dann lautet der Satz: Das Unternehmen mit der am leichtesten anzugreifenden Infrastruktur definiert das Gesamtniveau aller miteinander verwobenen Unternehmen. Damit ist Folgendes gemeint: Es genügt schon lange nicht mehr, wenn punktuell nur einige Unternehmen durch immense Anstrengungen Datensicherheit schaffen. Damit sind diejenigen Unternehmen gemeint, die in die Sicherheit ihrer Daten schon seit geraumer Zeit sehr viel Geld und Mühe gesteckt haben. Diese Unternehmen führen entsprechende Prozesse ein, setzen Normen um und implementieren Software, die sie in den gefährdeten Bereichen unterstützt. Das geht dann so lange gut, bis ein einzelner, unsicher aufgestellter Lieferant oder auch ein Kunde oder Dienstleister mit Zugang zu diesem Netz oder mit Zugriff auf wichtige Daten dieses Unternehmens alle Anstrengungen auf einen Schlag wieder zunichtemacht. Dass dies nicht zur Gänze verhindert werden kann, ist natürlich jedem klar, der sich mit dieser Materie beschäftigt; dass es sich aber lohnt, in die Fläche zu gehen, Sicherheit auch zu denjenigen Unternehmen zu tragen, die heute vor dem Aufwand zurückschrecken, ist aber gleichfalls eine offensichtliche Notwendigkeit.

Daraus folgt: Datensicherheit ist nicht nur wichtig für die DAX-Konzerne oder andere weltumspannende Unternehmen, die mit äußerst brisanten Daten arbeiten. Sie ist vor allem auch wichtig für die breite Basis der Unternehmen. Damit ist die Masse an mittelgroßen und großen Unternehmen gemeint, die den deutschen und europäischen Mittelstand ausmachen. Hier wird ebenso Know-how entwickelt und hier werden genauso hochqualifizierte Mitarbeiter ausgebildet und beschäftigt. Diese Unternehmen sind mit ihren Kunden verbunden wie wiederum mit vielen weiteren Lieferanten. Kein Unternehmen arbeitet autark, alle sind miteinander durch Netzwerke, durch regen Datenaustausch, durch Mailverkehr und durch Verträge miteinander verbunden und aneinander gebunden – auch was die IT-Sicherheit betrifft.

Hinweis

Um es zu betonen: Es ist ein Irrtum zu glauben, dass die stetig steigenden Budgets für den Unternehmensbereich Datensicherheit gleichmäßig über alle Unternehmen und alle Branchen verteilt sind. Im Laufe der letzten Jahre hat sich immer mehr eine Schere aufgetan, was das Sicherheitsniveau in den verschiedenen Unternehmen angeht.

Die Schwächen in der IT-Sicherheit eines Zulieferers können selbst den bestgeschützten Großkonzern in die Knie zwingen, wenn Daten zu einem strenggeheimen Prototyp öffentlich werden. Das wiederum hätte Folgen für die Geschäftsbeziehung zum Kunden. Damit haben kleine und große Unternehmen das gleiche Interesse daran, dass das Gesamtniveau an Datensicherheit stetig wächst.

Zielsetzung und Zielgruppe des Buchs

Die drei Fragen, die an dieser Stelle vorrangig beantwortet werden sollen, lauten:

- In welche Kategorie an Büchern über IT-Sicherheit kann man das Buch einordnen?
- Warum sollte man das vorliegende Buch lesen?
- Und für wen ist es interessant?

Die ersten Anhaltspunkte, die zu einer Antwort führen, wurden bereits im letzten Abschnitt angerissen: Es soll anhand eines Vorgehenskonzepts ein möglicher Weg aufgezeigt werden, wie auch Unternehmen, die sich bislang nur beiläufig mit Datensicherheit, Information-Security-Management-Systemen oder den entsprechenden Prozessen beschäftigt haben, innerhalb eines Projekts zielgerichtet auf ein definiertes Sicherheitsniveau gehoben werden können. Das Projekt hat dabei einen definierten Anfang und ein definiertes Ende. Dies hilft dabei, den Aufwand und den Nutzen quantifizierbar darzustellen.

Hinweis

Der Unterschied zu anderen Büchern liegt darin, dass die Aufgabe mit den Mitteln und dem Vokabular normaler Projekte angegangen wird. Die Unterfütterung mit dem Wissen aus den international anerkannten Normen der ISO-2700x-Reihe, den Vorgaben des Bundesamtes für Sicherheit in der Informationstechnik, Gesetzen oder Best Practices aus der Praxis ist dabei ein weiteres Werkzeug, das den Weg bestimmen soll. Dazu kommt, dass das hier beschriebene Projekt bereits in der Unternehmenspraxis so oder sehr ähnlich erfolgreich durchgeführt wurde.

Eine aktuelle Übersicht über die deutschsprachigen Bücher, die sich mit dem Thema Datensicherheit beschäftigen, zeigt schnell folgende Kategorien auf:

- **Bücher, die sich um den Benutzer zu Hause kümmern.** Darin geht es um sicheres Banking, Viren und Trojaner, Verschlüsselung, Wireless-LAN-(WLAN-)Sicherheit und andere allgemeine Themen. Diese Bücher sorgen sich um die Basisanforderungen und helfen dabei, Personen zu sensibilisieren und zu schulen. Über diese Themen werden Sie nur dann etwas in diesem Buch finden, wenn sie, wie das Thema WLAN, auch im Unternehmenskontext Anwendung finden.
- **Die zweite Kategorie geht dann gleich in die Vollen.** In diesen Büchern dreht sich alles um Normen, IT-Compliance, IT-Governance, IT-Risikomanagement und den theoretischen Unterbau. Diese Bücher bilden die Grundlage, wenn man verstehen möchte, wie alle Puzzlesteine theoretisch aufgebaut sind und wie sie ineinandergreifen. Dementsprechend hoch ist der Zugangslevel. Im vorliegenden Buch werden diese Konzepte nur beiläufig aufgegriffen, um sie dann zielgerichtet einzusetzen, für den Fall, dass sie helfen, eine praxisnahe Fragestellung alltagsnah zu beantworten.
- **Die letzte Kategorie beschäftigt sich mit technischen Einzelthemen und behandelt diese punktuell aber umfassend.** Dazu gehören die Themen Penetrationstest und Social Hacking genauso wie Intrusion-Detection-Systeme, Verschlüsselungsalgorithmen, Sicherheit von Betriebssystemen, sichere Softwareentwicklung oder die Forensik. Wenn man etwas über ein ganz spezielles Thema wissen möchte, dann gibt es kaum einen Weg um diese Spezialliteratur herum.

Mit einem Seitenblick auf das geballte Wissen all dieser Bücher fragt man sich, ob die tatsächlich gelebte Datensicherheit in den Unternehmen damit schon umfassend beschrieben ist. In einigen Unternehmen scheint es sich so zu verhalten. Die vielen Stellenanzeigen für Fachleute aus dem Bereich IT-Sicherheit oder IT-Compliance zeigen eindrucksvoll, dass Personen in verantwortliche Positionen berufen werden, die genau die Ziele, die in diesen Büchern beschrieben werden, verfolgen sollen.

Die Erfahrungen verschiedener Berater im Thema IT-Sicherheit, die ich zu diesem Thema befragt habe, zeichnen wiederum ein völlig anderes Bild. Verlässt man die Top 500 der deutschen Betriebe und wendet sich den anderen, Tausenden von Unternehmen zu, dann stellt sich schnell heraus, dass eine ISO-Norm 27001 sehr häufig nicht einmal namentlich bekannt ist. Das Bundesamt für Sicherheit in der Informationstechnik (BSI) kennt man aus der

Tagesschau, auf die eigene Arbeit hat man es aber noch nie bezogen. Dabei handelt es sich aber nicht nur um den Schreinereibetrieb um die Ecke, sondern vielmehr um das Gros der Unternehmen mit einer Anzahl an PC-Arbeitsplätzen, die sich typischerweise zwischen 250 und 5.000 und, häufig genug, auch weit darüber hinaus bewegt. Dazu gehören Krankenhäuser und öffentliche Einrichtungen genauso wie Maschinenbauer oder Drogerieketten.

Vielen dieser Firmen ist eines gemeinsam: Der Einstieg in diese Thematik ist ihnen, bezogen auf die Vielfalt, Komplexität und der Vielzahl an angebotenen Lösungswegen, schlicht eine Hausnummer zu groß. Natürlich haben sie alle einen Virenscanner im Einsatz und installieren Sicherheitsupdates auf ihren Rechnern, wenn es aber schon nur um die Rechteverwaltung geht, stellt man oft genug fest, dass eigentlich jeder IT-Mitarbeiter mit den vollen administrativen Rechten unterwegs ist und dass dasselbe auch für jeden Azubi gilt, der jemals in der IT-Abteilung gearbeitet hat. Punktuelle Verbesserungen, wie eben der Virenscanner oder das Patchmanagement, wurden erreicht – strukturell, und hier setzt neben vielen Normen und Best Practices auch das vorliegende Buch an, ist in den letzten Jahren trotz aller Bemühungen und immer wieder neuen Ansätzen nicht viel passiert.

Hinweis

Damit kommen wir schon zu einem ersten Fazit. Um an der eben beschriebenen Situation etwas ändern zu können, muss eine Brücke von den Gesetzen und Normen, von der IT-Compliance, dem IT-Risikomanagement hin zum alltäglichen Arbeiten innerhalb der Unternehmen geschlagen werden. Das vorliegende Buch soll dabei helfen, IT-Sicherheit einzuführen, indem es die einzelnen Schritte auf diesem Weg auflistet und beschreibt.

Damit richtet sich das vorliegende Buch an alle diejenigen, die das Thema IT-Sicherheit interessiert, und alle diejenigen, die in das Thema eingebunden sein sollten. Zu diesem Personenkreis gehören die folgenden Zielgruppen:

- Alle, die Interesse am Thema IT-Sicherheit haben und ein Buch suchen, das sich stark an der Unternehmensrealität orientiert, ohne die Erfahrungen aus Normen und Standards zu vernachlässigen

- Administratoren, die in einem Unternehmen für die Zuweisung von Rechten, den Aufbau der Infrastruktur oder auch allgemein den Betrieb von IT-Systemen zuständig sind
- Das Management, das ein solches Sicherheitsprojekt initiiert und in letzter Instanz für das betriebliche Know-how verantwortlich ist

Mit einem solchen Projekt wird man nicht wirklich alles auf einmal erreichen können, aber zumindest eine große Strecke des Weges kann man so hinter sich bringen und verstellt sich dabei nicht den Weg für zukünftige Weiterentwicklungen. Nachhaltig am Thema dran zu bleiben, ist dann die Kür, die der Pflichtaufgabe nachfolgt.

Bedienungsanleitung für das Buch

Das Lesen eines Fachbuchs ist kein Selbstzweck. Der Leser möchte, verständlicherweise, in möglichst kurzer Zeit das Maximale der Inhalte aufnehmen und verstehen. Insbesondere wenn das Buch, wie im vorliegenden Fall, ein klares Ziel ausgibt. Dazu kommt, dass man kein Lexikon oder Nachschlagewerk in Händen hält, sondern eine Anleitung, wie man IT-Sicherheit in ein Unternehmen bringen kann.

Das Wichtigste zuerst: Die Inhalte des Buchs folgen dem Projektvorgehen. Wenn Sie also vorne beginnen und immer weiterlesen, dann können Sie kaum etwas falsch machen. Nicht zu empfehlen ist es, von vornherein wild zwischen den Kapiteln zu wechseln. Sie laufen dann Gefahr, über Begrifflichkeiten oder Formulierungen zu stolpern, die weiter vorne bereits erklärt wurden. Falls Sie allerdings bereits Experte sind, dann spricht auch nichts dagegen, wenn Sie direkt dort nachlesen, wo Ihr Interessensgebiet beginnt.

Wenn Sie das Vorwort hinter sich gelassen haben, dann beginnt mit der »Einführung in die IT-Sicherheit« ein Rundflug über diejenigen Inhalte, die man kennen sollte, bevor man sich daran macht, neue Prozesse und Regelungen einzuführen. Die Definitionen und Erläuterungen aus diesem Kapitel folgen der Nomenklatur der einschlägigen BSI-Handbücher oder ISO-Normen. Wenn Sie diese gebräuchlichen Worte in Ihren Wortschatz aufnehmen, dann werden Sie automatisch als Zugehöriger zum Kreis der IT-Sicherheits-Kenner wahrgenommen. Große Beratungshäuser benutzen mitunter eigene Wortkreationen, ich kann nur empfehlen, den internationalen Normen zu folgen und notfalls auch darauf zu bestehen.

Mit dem zweiten Kapitel beginnt die Einführung in das Projekt. Den Anfang machen die Projektvoraussetzungen und die Projektorganisation, bevor eine detailliertere Beschreibung der Projektschritte folgt. Das hört sich vielleicht etwas komplizierter an, als es ist. Ein Projekt, das für kleine und große Unternehmen und für homogene und heterogene Infrastrukturen gleichermaßen funktionieren soll, kann vom Grundaufbau her nicht so komplex gestaltet sein. Wir bewegen uns immer auf der Metaebene und müssen uns bemühen, die Feinheiten, die für Sie und Ihr Unternehmen wichtig sind, mit einzufügen.

Ab dem dritten Kapitel beginnt mit der Schaffung von Transparenz die Arbeit im größeren Stil. Alle Abschnitte, die mit dem Wort »Aufgabe« beginnen, beschreiben ein Arbeitspaket. Jedes dieser Arbeitspakete beginnt mit einer kleinen Tabelle, die folgende Informationen beinhalten kann:

- einen Hinweis auf weiterführende Literatur,
- dem Input, der hilfreich sein kann, die Aufgabe zu bewältigen,
- einer Festlegung, was in Form von Output im Rahmen des Pakets erarbeitet werden soll, und
- einer Einordnung der Aufgabe in die Kategorie »Basissicherheit« oder »Erweiterte IT-Sicherheit«. Die Unterschiede zwischen diesen beiden Kategorien werden bereits in Kapitel zwei erläutert.

Die nächsten drei Kapitel kann man als Projektarbeit zusammenfassen. In Aufgaben untergliedert gilt es nun, die Ist-Situation zu erfassen, die Soll-Situation festzulegen, den Weg dorthin zu bereiten, die Ergebnisse zu auditieren und mit der Arbeit zu beginnen. Die Struktur der Aufgaben ist jeweils gleich und an wichtigen Stellen sind, neben der Aufgabenbeschreibung, auch konkrete Lösungsvorschläge aufgeführt.

Vorkenntnisse

Es ist sicher von Vorteil, wenn Sie sich in den drei oben, anhand der verschiedenen Buchkategorien, beschriebenen Perspektiven auf die IT-Sicherheit bereits auskennen, bevor ein Projekt dieser Art begonnen wird. Es ist aber nicht unbedingt erforderlich. Manchmal macht es sogar Sinn, erst dann zu weiterführender Literatur zu greifen, wenn Sie ein tieferes Verständnis für ein Thema haben müssen oder wenn es Sie einfach interessiert. Anbieten werden sich Bücher, die eine der drei Sparten abdecken, die bereits im letzten

Abschnitt angesprochen wurden. Auch direkt die Normen zu lesen, kann Spaß machen, tut es aber in den meisten Fällen nicht wirklich.

Übergreifende Literatur wie mein Buch zum Thema »IT-Sicherheitsmanagement« ist – nicht ganz uneigennützig – stellvertretend für viele weitere Bücher genannt, sehr gut geeignet, als übersichtliches Nachschlagewerk zu dienen. Je praxisnäher, desto besser. Am Ende des Projekts, auch wenn Sie nur Teilbereiche umgesetzt haben, wissen Sie dann schon recht genau, wohin der Hase läuft, und dann wird es auch immer leichter werden, sich in immer mehr Aspekte einzuarbeiten.

1 Einführung in die IT-Sicherheit

1.1 IT-Sicherheit und wie man sie erreicht

Die produktive Auseinandersetzung mit einem Thema, insbesondere wenn man Ratgeber oder Literatur dafür hinzuzieht, setzt immer ein gemeinsames Verständnis für die benutzten Begriffe voraus. Im vorliegenden Buch dreht sich alles um das Thema »IT-Sicherheit« und deshalb möchte ich voranschicken, was sich dahinter, meinem Verständnis nach, verbirgt. Im folgenden Kapitel werden zudem weitere Begriffe erläutert.

Zunächst muss deutlich gemacht werden, dass, wie in vielen anderen Fachgebieten auch, Themen aus verschiedenen Perspektiven und aus verschiedenen Motivationen heraus betrachtet werden können. So kann eine Person aus der Abteilung Firewall-Administration eine andere Definition des Begriffs »IT-Sicherheit« finden als ein Support-Mitarbeiter. Das ist zunächst kein Problem, da beide Gruppen ihre Aufgabe getrennt voneinander bearbeiten. Treffen sie aber in einem Projekt aufeinander, in dem es um den Aufbau von IT-Sicherheit geht, dann kann es schnell zu Missverständnissen kommen. So ist einzusehen, dass eine Aufgabe, wie die Konfiguration und Überwachung von Firewalls, Teil der IT-Sicherheit ist, genauso wie das Aufstellen und Betreiben von Computern. Wie diese jeweils zu gewichten sind und wie sie zusammenhängen, steht wiederum auf einem anderen Blatt. Insbesondere die Frage nach der Priorität führt zu Diskussionen, wenn es darum geht, Entscheidungen zu treffen und Geld zu investieren. In diesen fachlichen Auseinandersetzungen ist es die Aufgabe des Verantwortlichen für die IT-Sicherheit, formale Kriterien mit in die Diskussion zu tragen, auf deren Basis die richtigen Entscheidungen getroffen werden können.

Es ist hilfreich, noch mal einen Schritt zurückzutreten und den Begriff »IT-Sicherheit« möglichst unvoreingenommen zu betrachten. Um zu einer einheitlichen Definition zu kommen, ist der gemeinsame Nenner zu finden. Der einfachste gemeinsame Nenner ist die Definition, dass IT-Sicherheit immer die Abwesenheit von IT-Unsicherheit ist. Unsicherheit wird in diesem Zusammenhang mit dem Begriff »Gefahren« übersetzt. Die Abwesenheit von Gefahren ist demnach gleichzusetzen mit Sicherheit. Angenommen, man übersetzt das Wort Gefahren mit einem Wort aus dem IT-Risikomanagement, und zwar dem Begriff »Bedrohung«, dann ist man noch ein bisschen näher am Wesen der IT-Sicherheit. Bedrohungen wiederum sind nur dann vorhanden, wenn es sowohl eine Schwachstelle gibt als auch eine Möglichkeit, diese auszunutzen. So ist ein Rechner unter Windows 8.1 auf Betriebssystem-Ebene nur dann einer Bedrohung ausgesetzt, wenn sowohl eine technische Schwachstelle, wie z. B. ein Programmfehler, existiert als auch ein Exploit, der diesen Fehler ausnutzen kann. Hat ein Hacker sowohl die Möglichkeit, zum Zielrechner vorzudringen, als auch den Exploit zur Verfügung, dann entsteht eine Bedrohung für diesen Rechner.

IT-Sicherheit ist also dann gegeben, wenn einem Angreifer entweder die Schwachstelle entzogen wird, z. B. durch Patchen des Rechners, oder aber die Möglichkeit zum Angriff über das Netzwerk, z. B. durch die Implementierung einer Firewall, entzogen wird.

Beide vorher genannten Gruppen arbeiten damit an verschiedenen Stellen am gleichen Ziel mit, und zwar parallel zueinander und gleichberechtigt. Um zu beantworten, was denn nun wichtiger ist, die Firewall oder das Patchen des PC, ist eine Rechnung aufzustellen, die die Faktoren »Bedrohung«, »Eintrittswahrscheinlichkeit der Gefährdung« und die dann entstehenden Kosten mit einbezieht. Ein solcherart errechnetes Risiko dient dann dazu, von subjektiven Meinungen zu objektiven Einschätzungen zu gelangen.

Hinweis

Die Abwesenheit von IT-Unsicherheit ist dann gegeben, wenn keine Schwachstellen oder keine Möglichkeiten, diese auszunutzen, vorliegen. Die IT-Sicherheit hat sich damit genau darum zu kümmern: Sie merzt Schwachstellen aus oder macht das Ausnutzen derselben schwierig oder gar unmöglich.

Um dies möglichst lückenlos zu bewerkstelligen, arbeitet die IT-Sicherheit wie ein Uhrwerk, in dem zahllose kleine Zahnrädchen im Gleichtakt ticken. Fällt ein Zahnrädchen aus, so kann das Gesamtsystem bereits kompromittiert werden. Damit dies nicht unbemerkt passiert, gibt es IT-Sicherheitsprozesse und Regelwerke. Die Prozesse legen Vorgehensweisen fest und sollen damit verhindern, dass das Uhrwerk aus dem Takt gerät, wenn eine Stelle von der korrekten Vorgehensweise abweicht.

Ein Beispiel wäre die Aufstellung eines Windows-8.1-Rechners ohne Sicherheits-Patches. Die Aufgabe der IT-Sicherheitsprozesse wäre es in diesem Fall, ein solches Vorgehen von vornherein als regelwidrig zu entlarven und, wenn möglich, komplett zu unterbinden. Das Regelwerk legt dazu die Rahmenbedingungen fest und dient im Nachhinein als Vorlage für eine Überprüfung der IT-Systeme im Rahmen eines Audits.

Ein weiterer Gedanke wäre, auch wenn es sich zunächst wie eine zu kurz gedachte Methodik anhört: Sicherheit ist durchaus auch dann gegeben, wenn das Asset, das schützenswert ist, vom potenziellen Angreifer nicht gesehen werden kann. Im Englischen spricht man dann von der fehlenden »visibility«. Das macht keinen Sinn, wenn man Daten vor dem Mitarbeiter schützen möchte, der das Unternehmen verlassen wird und gerne die Daten mitnehmen würde. Aber schon, wenn es darum geht, IT-Systeme zu benennen, zeigt sich der Nutzen. Warum soll man den Server mit den kritischen Daten denn »Berlin-SRV-Prod-Daten« nennen? Viel zu viele Informationen werden alleine schon mit der Bezeichnung an den potenziellen Angreifer weitergegeben. So ist dessen Standort vermutlich in Berlin zu verorten, produktive Daten sind darauf gespeichert und es handelt sich bei dem System um einen Server. Praktisch für den Administrator, kontraproduktiv hinsichtlich der IT-Sicherheit.

Aus den bislang gewonnenen Erkenntnissen kann man nun schlussfolgern, dass ein Unternehmen Sicherheit für die zu schützenden Assets entweder dadurch erreicht, dass es die Bedrohungen für das jeweilige Asset beseitigt oder aber das Asset von den Bedrohungen trennt. Ein Server, der in einem Raum mit einer Tür ohne Verriegelung untergebracht ist, kann also entweder durch das Einsetzen einer vernünftigen Schließanlage gesichert werden oder aber dadurch, dass man ihn in einem entsprechenden Computerraum mit sinnvollem Zugangsschutz verlegt. Diese Maßnahme schützt den Server dann gegen genau diese eine Bedrohung. Eine weitere, mögliche Bedrohung, nämlich dass jemand über das Netzwerk unbefugten Zugang erhält, bleibt dabei zunächst außen vor. Anhand dieser Beispiele ist schnell zu erkennen, dass die Schaffung von IT-Sicherheit in den meisten Fällen nur durch die Umsetzung einer ganzen Reihe von Maßnahmen, die verschiedene Perspektiven abdecken, zu erreichen ist.

Hinweis

Die Kunst der IT-Sicherheit besteht darin, die Gefährdungen, denen die IT-Systeme und Daten ausgesetzt sind, möglichst aus den verschiedensten Perspektiven zu betrachten und dann diejenigen Maßnahmen auszuwählen, die unter Berücksichtigung von Kosten und Nutzen den meisten Erfolg im Zusammenspiel versprechen. Dieser Gedanke muss in allen Phasen des Projekts und später auch im Betrieb der IT-Sicherheit im Vordergrund stehen.

Ein paar Worte noch zum eben erwähnten »Zusammenspiel von Maßnahmen«. Nicht jede Maßnahme, die für sich selbst gesehen das Risiko für ein Asset verringern kann, muss auch im Gesamtkontext gesehen eine gute Wahl darstellen. So ist es durchaus denkbar, dass gerade durch die Implementierung einer eigentlich sinnvoll erscheinenden Maßnahme neue Verwundbarkeiten erst entstehen. So gibt es ein Beispiel aus der Vergangenheit, bei dem die Installation eines Antivirenprogramms zwar zunächst dabei geholfen hat, Viren auf Client-Computern zu entdecken und zu löschen, aber auf der anderen Seite hatte die Applikation selbst wiederum Schwachstellen, die ausgenutzt werden konnten, den Zielrechner, mit lokalen Administrationsrechten ausgestattet, zu übernehmen. Es wurden dann zwar bald Updates bereitgestellt, diese wurden aber nicht automatisch installiert, sondern mussten von Hand eingespielt werden. Eine Implementierung eines solchen Programms ohne flankierende Maßnahmen, die sich um das Patchen der Anwendung selbst kümmern, führte damit zu einem erhöhten Risiko.

1.2 Wichtige Begriffe

Wie viele andere Fachbereiche auch hat die IT-Sicherheit eine ganze Reihe an Begriffen geprägt, die sich in den letzten Jahren zunehmend durchgesetzt haben. Die meisten davon werden von englischen Worten abgeleitet, manchmal existieren sie auch nur in dieser Sprache, sie wurden neu geprägt oder ganz und gar neu erfunden. Aus diesen Gründen kann es durchaus dazu kommen, dass ganze Vorgaben und Ziele aufgrund einer missverständlichen Wortwahl unverständlich bleiben oder in einer kontroversen Diskussion zerpflückt werden. Das ist der eine Grund, warum ich an dieser Stelle mein Verständnis der wichtigsten Begriffe erläutern möchte.

Hinweis

Die eben kurz angerissene Unschärfe mancher Begriffe zeigt schon auf, dass es für ein Unternehmen durchaus Sinn macht, speziell hierfür ein Dokument anzulegen, in dem zumindest diejenigen (Fach-)Begriffe erläutert werden, die in den eigenen Richtlinien, Präsentationen oder in der täglichen Kommunikation verwendet werden.

Der andere Grund ist schlicht der, dass nicht jeder, der vor die Aufgabe gestellt wird, ein Projekt dieser Art zu leiten oder zu begleiten, automatisch auch ein Experte für IT-Sicherheit sein muss. Der Weg dorthin ist lang und steinig und das Nahebringen der wichtigsten Fachbegriffe kann man auch als kleinen Einführungskurs betrachten, mit der Aufgabe, ein paar Abkürzungen einzubauen.

1.2.1 Normenreihe ISO 2700x und Dokumente des BSI

Es ist immer sinnvoll, etwas als Grundlage zu nutzen, das bereits, am besten international, als gutes Vorgehensmodell akzeptiert wird. In der IT-Sicherheit stellt sich diese Grundlage unter anderem als eine Reihe von ISO-Standards dar, die auch bereits in die DIN-Normenreihe übernommen wurden. Diese Standards bilden alle wesentlichen Aspekte der IT-Sicherheit ab und bestehen zum Teil bereits seit vielen Jahren im Markt. Das heißt, ihre Bestandteile bilden nicht nur ein rein akademisches Grundwissen ab, sondern sind bereits in der täglichen Praxis erprobt.

Hinweis

Auch wenn die Normen wichtig sind, ist deren Kenntnis keine Grundvo raussetzung, das IT-Sicherheitsprojekt zu einem erfolgreichen Ergebnis zu führen.

Für das IT-Sicherheitsprojekt sind die Normen ISO 27001 und 27002 am interessantesten. Die Norm ISO 27005, die sich um das Thema Risikomanagement kümmert, bildet einen weiteren Pfeiler, der in einigen wichtigen Prozessen eine Rolle spielt, und die ISO 27035 beschreibt die Funktion und den Aufbau eines sogenannten CERT – dazu mehr in späteren Abschnitten.

Neben den eben genannten Normen hat auch das Bundesamt für Sicherheit in der Informationstechnik (BSI) einige sehr wichtige Dokumente veröffentlicht, die auf die Herausforderungen Bezug nehmen, denen wir uns im Projekt gegenübersehen werden. In den entsprechenden Abschnitten verweise ich dann jeweils auf die wichtigsten Quellen und gebe dem Leser dann die Möglichkeit, sein Wissen zu vertiefen. Die Kenntnisse, die man aus diesen Leitfäden herauslesen kann, sind wichtig, um Regelungen und Vorgaben in unternehmerischen Alltag einzuführen und zu betreiben.

1.2.2 Information-Security-Management-System

Die ISO 27001, auf die immer wieder referenziert wird, wenn es um IT-Sicherheit geht, trägt den Begriff »Information-Security-Management-System«, abgekürzt ISMS, bereits prominent im Titel. Des Weiteren wird es im Rahmen der Norm folgendermaßen definiert:

> *Teil des gesamten Managementsystems, der auf der Basis eines Geschäftsrisikoansatzes die Entwicklung, Implementierung, Durchführung, Überwachung, Überprüfung, Instandhaltung und Verbesserung der Informationssicherheit abdeckt.*

Auch wenn es sich etwas kryptisch anhört, bietet diese Definition doch einige gute Anhaltspunkte. Zum einen geht es hier nicht um etwas völlig Neues. Es kann als Teil eines in einem Unternehmen bereits gelebten Managementsystems, wie es z.B. ein Qualitätsmanagement-System vorgibt, implementiert werden und damit auf vorhandenen Prozessen aufsetzen. Der Gedanke der stetigen Verbesserung im Rahmen eines Zyklus wird bereits in solchen Systemen aktiv angewandt.

Ein ISMS bezieht sich nicht auf ein bestimmtes Unternehmensfeld oder eine definierte Unternehmensgröße. Daraus kann man ableiten, dass sich nicht ein Unternehmen verbiegen muss, um einem ISMS gerecht zu werden, sondern ganz im Gegenteil, ein ISMS muss so adaptierbar sein, dass es auf die Unternehmenswirklichkeit angepasst werden kann. Natürlich unter der Prämisse, dass der Sinn, ein höheres Sicherheitsniveau zu erreichen, nicht verfehlt wird.

Des Weiteren ist der Risikomanagement-Ansatz zu nennen. Dieser wird uns auch im IT-Sicherheitsprojekt immer begleiten, auch wenn er hier nicht die Detailschärfe erreichen wird, wie es in den Normen eigentlich verlangt wird.

Dies liegt vor allem daran, dass das Ziel eines umfassenden und tragfähigen Sicherheitskonzepts zwar nicht ohne Einbezug eines IT-Risikomanagements erreichbar ist, das Ziel aber, wirklich alles danach auszurichten, würde den Umfang dieses Projekts zu stark erweitern und wäre demnach kontraproduktiv. Aus diesem Grund wird auch immer wieder von der »Basissicherheit« und einer »angestrebten Sicherheit« die Rede sein. Beides liegt auf dem gleichen Weg, wenn auch die »angestrebte Sicherheit« einiges mehr an Aufwand erfordert. Davon aber später mehr.

Ansonsten gilt das, was Bruce Schneier, der Experte für umfassende IT-Sicherheit schlechthin, bereits vor einigen Jahren treffend formuliert hat: IT-Sicherheit ist keine bestimmte Software oder eine einzelne gezielte Maßnahme, sondern ein Prozess, der sich immer weiter verbessert. Daraus abgeleitet ist ein angestrebtes Niveau an IT-Sicherheit nicht dadurch zu erreichen, dass nur ausgewählte Sicherheitsthemen, wie das Patchmanagement oder die Firewall-Betreuung, ausgebaut werden, es ist immer darauf zu achten, dass alle Felder der IT-Sicherheit Beachtung finden und in ein übergreifendes Kontrollsystem eingebunden werden. Diese Betrachtung fasst die Definition eines ISMS, denke ich, am besten zusammen.

1.2.3 IT-Sicherheitsorganisation

In Bezug auf ein Unternehmen oder eine Behörde umfasst die IT-Sicherheitsorganisation alle Stellen, die sich mit dem Schutz der Vertraulichkeit, Verfügbarkeit und Integrität von Daten, und im weiteren Sinne von Informationen, auseinandersetzen. Zu klären sind die Schnittstellen zwischen Organisationseinheiten wie z.B. dem Werkschutz, der das Rechenzentrum, als Teil eines Gebäudes, schützt, und dem IT-Sicherheitsmanager, der parallel dazu auch für den physischen Schutz des Rechenzentrums verantwortlich sein kann.

Sind in einem Unternehmen für die operative IT-Sicherheit und das IT-Sicherheitsmanagement unterschiedliche, kaum organisatorisch miteinander verbundene Organisationseinheiten zuständig, so kann sich der Gesamtkomplex »IT-Sicherheitsorganisation« dennoch über alle diese Stellen erstrecken. In diesem Fall ist es entscheidend, entsprechende übergreifende Prozesse und Kommunikationsbeziehungen aufzusetzen.

Es ist unerheblich, ob ein Unternehmen eine umfangreiche IT-Sicherheitsorganisation mit vielen Mitarbeitern unterhält oder ob eine einzelne Person diese Aufgabe wahrnimmt, die Vernetzung zu anderen Einheiten wie die IT-

Abteilung, zur Personalabteilung, zum Werkschutz, zum Betriebsrat und zum Datenschutzbeauftragten ist von kritischer Wichtigkeit, um die Effizienz über eine sinnvolle Durchdringung zu steigern.

1.2.4 Unternehmenswerte

Das Wort »Werte« leitet sich von dem englischen Begriff »assets« ab, der in der Norm ISO 27001 entscheidend geprägt wird. Dort steht, dass unter »Werten« alles zu verstehen ist, was für ein Unternehmen von Wert ist. Zunächst einmal hört sich dies wie eine Binsenweisheit an. Auf den zweiten Blick wird aber auch deutlich, dass wir von viel mehr reden als nur Daten auf Servern. Kritische Informationen können auf verschiedensten Wegen und auf verschiedenen Medien im Unternehmen kursieren. Dazu kommt, dass Daten nicht im luftleeren Raum existieren können und damit ist auch immer die Infrastruktur mit einzubeziehen. Zu guter Letzt ist zu bedenken, dass der Verlust von Informationen auch weitreichende Folgen für Werte haben kann, die man zunächst nicht auf dem Schirm hat. Dies hat vor Kurzem ein großes Unternehmen erfahren müssen, als Kreditkartendaten der Kunden »verloren gegangen« sind. Auf einen Schlag kann in einem solchen Fall die Reputation unwiderruflich beschädigt werden. Die IT-Sicherheitsorganisation wiederum hat die Aufgabe, direkt oder auch indirekt, diese Werte zu schützen. Sinnvollerweise sind dabei vor allem folgende Werte zu betrachten:

- Informationen in Form von **Daten:** Darunter fallen alle Arten von Daten. Diese können sich unter vielen anderen Ausprägungen auf Datenservern, Datenbanken, auf Netzwerkkomponenten oder auch auf Wechseldatenträgern befinden.
- Informationen in Form von **Dokumenten:** Hierunter fallen alle Informationen, die z.B. in Verträgen, Gesprächsnotizen, Besprechungsprotokollen, Handbüchern, E-Mails, auf Flipcharts oder in Aktenordnern abgelegt sind.
- **Physische Werte:** Darunter fällt die Hardware des Unternehmens – also alle Arten an Rechnern, Servern, Netzwerkkomponenten, die Verkabelung, aber auch Datenträger wie DVDs oder Backup-Medien wie Bandkassetten.
- **Software:** Neben Anwendungsprogrammen sind hier vor allem Applikationen zur Softwareentwicklung und die Betriebssysteme von Computern oder Netzwerkkomponenten gemeint.

- **Dienstleistungen:** Das Rechenzentrum ist ein typisches Beispiel für eine Infrastruktur, für die Dienstleistungen erbracht werden. Innerhalb des Rechenzentrums arbeiten interne und externe Stellen, um z. B. die unterbrechungsfreie Stromversorgung, die Installationen zur Bekämpfung von Feuer oder Wasser, den Aufbau von Serverschränken oder auch eines doppelten Bodens zu initiieren oder zu betreiben.
- **Mitarbeiter:** Mitarbeiter haben Qualifikationen und Fähigkeiten, die im Grunde einen großen Teil des Know-hows des Unternehmens darstellen.
- **Immaterielle Werte** wie der Ruf eines Unternehmens, der unter einem Sicherheitsvorfall leiden könnte.

Manche dieser Werte werden gedanklich automatisch mit der IT-Sicherheit verknüpft, da es sich um klassische Werte handelt, die etwas mit elektronischen Daten oder Computerhardware zu tun haben. Andere Werte wiederum, wie z. B. die Kostenkalkulation auf einem Flipchart, werden zwar als schützenswert wahrgenommen, aber eher in der Verantwortung des Einzelnen gesehen. Aus Sicht der ISO-27002-Norm ist es unerheblich, in welcher Form Informationen bewahrt oder dargestellt werden, und dementsprechend behandeln wir auch die Werte des Unternehmens im IT-Sicherheitsprojekt.

1.2.5 Dateneigentümer und Risikoeigentümer

Der Dateneigentümer (*data owner*) ist für einen bestimmten Teil der Unternehmensdaten verantwortlich. Darunter fallen vor allem die durch ihn selbst erstellten und verwalteten Daten. Damit folgt man dem Gedanken, dass derjenige, der Daten erfasst oder erzeugt, auch am besten darüber entscheiden kann, welchen Schutzbedarf diese Daten haben und, davon abgeleitet, wie diese Daten sicher gehalten werden sollten. Damit ist der Dateneigentümer der erste Ansprechpartner, wenn es darum geht, den Schutzbedarf von Daten zu bestimmen, Risiken zu bewerten oder Maßnahmen zur Risikoverringerung abzuschätzen.

Im Rahmen der IT-Sicherheit führte eine solche Vorgehensweise aber auch dazu, dass es mit steigender Komplexität und einer steigenden Masse an Daten immer schwieriger wird, den Dateneigentümer zu bestimmen. Oftmals war der Dateneigentümer, aus seiner Rolle im Unternehmen heraus, nicht in der fachlichen Position, die damit verbundenen Aufgaben wahrzunehmen. Das sind zwei der Gründe, warum mit der überarbeiteten Version der ISO 27001:2013 der Risikoeigentümer (*risk owner*) eingeführt wurde. Damit wird die Verantwortung für Daten wieder mehr in die Richtung der Führungskräfte gelenkt.

1.2.6 Asset-Management

Im Zusammenhang mit den Unternehmenswerten ist auch oft von einem »Asset-Management« die Rede. Wieder ein Begriff, bei dem es fast keinen Sinn macht, ihn ins Deutsche zu übersetzen. Das Asset-Management besteht aus einem systematischen Prozess, der die Aufgabe hat, Assets, also Unternehmenswerte, zu erfassen und zu verwalten. Der Prozess reicht in Form eines sogenannten »Lebenszyklus« dabei von der Anschaffung, über die Inbetriebnahme, die Wartung, den Vorgang der Erweiterung bis hin zur Entsorgung oder dem Verkauf. Es ist offensichtlich, dass dieser Prozess nicht auf alle, in Abschnitt 1.2.4 genannten, Werte angewendet werden kann.

Hinweis

In den meisten Unternehmen existiert bereits ein Datenpool, der viele Arten an Werten auflistet. Dies ist der Fall, da viele dieser Informationen, unter anderen was die Hardware und Software angeht, auch von anderen Bereichen, wie z.B. der Buchhaltung zu Abschreibungszwecken oder der IT zur Planung, benötigt werden. Es kann durchaus Sinn machen, diese Datenbank für die eigenen Zwecke mit zu benutzen. Um damit sinnvoll arbeiten zu können müssen oft weitere Arten an Werten, wie z.B. Daten, hinzugefügt werden und dann noch den entsprechenden Systemen zugeordnet werden. Es geht also oft nicht um die Neuentwicklung des Rades, sondern darum, herauszufinden, wo die benötigten Informationen im Unternehmen zu finden sind und wie sie genutzt werden können, um im Rahmen eines Information-Security-Management-Systems als Datenbasis zu dienen.

Aus den eben beschriebenen Bestandteilen eines solchen Prozesses lassen sich entsprechende, erforderliche Eigenschaften ableiten, die ein Asset-Management-System erfüllen sollte. Aus Sicht der IT-Sicherheit sind die nachfolgenden Eigenschaften relevant und sollten in jedem Fall erfasst werden:

- Jeder Unternehmenswert hat einen Eigentümer (*data owner*) . Dieser heißt auch Dateneigentümer oder Informationseigentümer.
- Unternehmenswerte müssen zunächst identifiziert, also als solche erkannt werden, bevor sie sinnvoll geschützt werden können. Dazu kommt, dass jeder Unternehmenswert entsprechend gekennzeichnet bzw. dokumentiert sein sollte.
- Jeder Unternehmenswert hat einen bestimmten monetären Wert. Da dieser in den allermeisten Fällen nicht auf den Euro bekannt ist, kann eine vereinfachte Einteilung Sinn machen. So könnte eine Einschätzung des Werts zwischen 1 Euro und 5.000 Euro als »niedrig« angelegt werden und so weiter. Diese Thematik wird im Zusammenhang mit der Klassifizierungsrichtlinie vertieft. Es ist wichtig, dass man immer im Hinterkopf behält, dass der Aufwand, den man zum Schutz eines Unternehmenswertes aufbringen sollte, vom jeweiligen (z. B. monetären) Wert bzw. der Einstufung zwischen »niedrig« und »sehr hoch« abhängt.
- Wie mit einem Unternehmenswert umgegangen werden soll, wird in den entsprechenden Richtlinien festgelegt.

Im Rahmen der IT-Sicherheit ist nicht nur der jeweilige Wert als Teil des Asset-Managements als solcher wichtig, sondern auch eine Reihe seiner Attribute. So hat der Wert »Server A« Attribute wie eine Netzwerkadresse und einen Standort. Genauso aber auch Eigenschaften wie einen Patchstand oder eine Version des darauf installierten Virenscanners. Gerade diese Eigenschaften sind für die IT-Sicherheit wichtig und stellen einen wichtigen Eckpfeiler der Aufgabe, Transparenz zu schaffen, dar.

1.2.7 Schutzbedarf, Schutzziele, Schutzstufen und die Klassifizierung

In der IT-Sicherheit dreht sich alles darum, Unternehmenswerte zu schützen. Gegen was genau und in welchem Ausmaß etwas zu schützen ist, beschreibt der **Schutzbedarf**. Im Zuge der Schutzbedarfsfeststellung wird dabei der Grad des erforderlichen Schutzes definiert. So kann dabei z. B. herauskommen, dass der Unternehmenswert »CAD-Zeichnung Prototyp« sehr stark gegen das Einsehen durch nicht autorisierte Personen geschützt werden muss. Der Schutzbedarf hinsichtlich dieses **Schutzziels** wäre daraus abgeleitet z. B. »sehr hoch«.

Die Schutzziele beschreiben diejenigen Ziele, die definieren, hinsichtlich was ein Wert zu schützen ist. Zu den bekanntesten Schutzzielen gehören die folgenden drei:

- **Vertraulichkeit** (*confidentiality*): Die Vertraulichkeit des Unternehmenswerts, z.B. einer Information, wird geschützt. Anders ausgedrückt: Informationen werden nur dafür autorisierten Subjekten, wie Personen, Prozessen oder Applikationen, zugänglich gemacht.
- **Integrität** (*integrity*): Unternehmenswerte, wie Informationen, werden vor nicht autorisierten Änderungen geschützt. Das spielt z.B. dann eine große Rolle, wenn diese Informationen in einer Datenbank abgelegt sind und es ausdrücklich gewünscht ist, dass nur befugte Personen oder Prozesse Änderungen an diesen Daten, wie z.B. dem Monatsgehalt der Mitarbeiter, vornehmen können.
- **Verfügbarkeit** (*availability*): Unternehmenswerte, wie Server oder auch Daten, stehen dafür autorisierten Benutzern oder auch IT-Systemen zur Verfügung. Dabei handelt es sich um ein eher technisches Schutzziel, das im Gegenzug leichter überprüfbar und definierbar ist, wie z.B. in Service Level Agreements (SLAs).

Die genannten drei Schutzziele sind die sogenannten »klassischen Schutzziele«. Im Englischen hat sich die Abkürzung »CIA« eingebürgert, ein Begriff, der sich aus den ersten Buchstaben der Worte *confidentiality, integrity* und *availability* zusammensetzt. Neben diesen Schutzzielen ist eine beliebige Anzahl weiterer Schutzziele denkbar, an denen ein Unternehmen die Strategie zum Schutz der Unternehmenswerte ausrichten kann.

Es ist nicht ganz leicht, den Schutzbedarf mathematisch exakt zu definieren. Aus diesem Grund bedient man sich häufig einer gewissen Unschärferegelung und unterteilt den Schutzbedarf in gröbere **Schutzstufen**. So würde es sich anbieten, den oben genannten Unternehmenswert »CAD-Zeichnung Prototyp« in eine von, sagen wir, drei Stufen einzuordnen. Diese Stufen könnten von »Niedrig« über »Mittel« bis »Hoch« reichen. Jede dieser Stufen muss dabei hinreichend definiert werden, um dem Dateneigentümer und allen, die eine solche Einschätzung vornehmen müssen, die Möglichkeit zu bieten, dieses System anzuwenden. So könnte die mittlere Schutzstufe so definiert sein: Bei Verlust der Vertraulichkeit würde ein größerer Schaden, maximal 100.000 Euro auftreten. Damit verbindet man die Schutzstufe mit einer Schadensumme zur besseren Handhabung. Im Abschnitt, der sich um die Erstellung der Klassifizierungsrichtlinie dreht, wird dieser Vorgang noch detaillierter erläutert.

In der **Klassifizierungsrichtlinie** finden die Schutzbedarfe, die Schutzstufen und deren Beschreibung wieder zusammen. Sie definiert, wie ein Unternehmenswert zu klassifizieren ist, und stellt damit eine wichtige Grundlage für das Risikomanagement dar, denn ein hoher Schutzbedarf ist einem großen monetären Verlust bei Eintritt des Risikos gleichzusetzen und daraus folgt eine hohe Risikoeinstufung.

1.2.8 Risiko, Risikoberechnung, Risikobehandlung und Maßnahmen

Mit der Berechnung des Risikos für eine mögliche Verletzung eines Schutzziels visualisiert man die Höhe einer Gefährdung und macht sie dadurch erst handhabbar. Anders ausgedrückt: Der Eintritt eines Risikos verhindert die Erreichung eines Schutzziels und mithilfe der Risikoberechnung wird das Risiko des Eintretens quantifiziert. So kann man z. B. berechnen, wie hoch das Risiko ist, dass das Schutzziel Vertraulichkeit bezüglich einer CAD-Zeichnung nicht erreicht wird. Für diese Berechnung benötigt man die Werte von drei Variablen, wobei ich hier von einer recht einfachen von vielen möglichen Arten der Risikoberechnung ausgehe.

Die erforderlichen Variablen sind:

- **Eintrittswahrscheinlichkeit:** Mit welcher Wahrscheinlichkeit wird das Risiko tatsächlich eintreten?
- **Möglicher Verlust:** Welcher monetäre Verlust würde eintreten, falls das Risiko eintritt?
- **Maßnahmen, die das Risiko mindern** und die bereits umgesetzt wurden.

Die Berechnung lautet nun:

> *Risiko = (Eintrittswahrscheinlichkeit x Möglicher Verlust) – Mindernde Maßnahmen*

Ist es bereits im letzten Jahr zweimal vorgekommen, dass CAD-Zeichnungen gestohlen wurden, und lag der Schaden jeweils bei 10.000 €, dann wäre das

Risiko, vorausgesetzt es macht Sinn, diese Daten fortzuschreiben, und ohne den Einbezug von mindernden Maßnahmen:

2 x 10.000 € = 20.000 €

Wurde in der Zwischenzeit aber als **Maßnahme** ein Sicherheitssystem eingeführt, das zu 50% einen solchen Diebstahl verhindern soll, dann würde sich das Risiko auf 10.000 € halbieren.

Das offensichtliche Problem bei solchen Berechnungen liegt in den vielen Annahmen, die zu treffen sind und die jeweils Schätzungen darstellen, die wiederum auf Erfahrungen aus der Vergangenheit beruhen. Dennoch ist es unabdingbar, in der IT-Sicherheit in Kategorien von Risiken und Maßnahmen zu denken.

Ist ein Risiko berechnet oder auch nur bekannt, dass es existiert und eine gewisse Schwere hat, dann existieren grundsätzlich vier verschiedene Möglichkeiten, damit umzugehen. Den Vorgang dazu nennt man die »**Risikobehandlung**«. Die Festlegung, wie mit Risiken umzugehen ist, ist eine typische Managementaufgabe.

Die vier gängigen Arten, mit einem bekannten Risiko umzugehen, sind:

- **Das Risiko kann eliminiert werden.** Ein riskanter Prozess wird ersetzt oder ein Betriebssystem, das nicht mehr mit Sicherheitsupdates versorgt werden kann, wird ersetzt.
- **Das Risiko wird akzeptiert und damit getragen.** Ein Risiko ist immer auch gleichzeitig eine Chance. So kann es unter Umständen unter dem Strich viel Geld sparen, ein Risiko zu akzeptieren und es hinzunehmen, statt es mit hohem Geldaufwand zu reduzieren oder zu eliminieren.
- **Ein Risiko kann aus dem eigenen Verantwortungsbereich heraus verlagert werden.** Dazu können z. B. entsprechende Versicherungen abgeschlossen werden, mit denen man sich z. B. gegen Angriffe von Hackern durch sogenannte »Cyber-Crime-Versicherungen« versichern kann.
- **In den häufigsten Fällen wird man ein aufgedecktes Risiko reduzieren wollen.** Durch eine oder mehrere entsprechende Maßnahmen wird die Eintrittswahrscheinlichkeit vermindert oder es werden entsprechende Maßnahmen umgesetzt, um den möglichen Schaden im Falle des Eintritts des Risikos zu reduzieren.

Maßnahmen werden in den verschiedenen Standards nach Kategorien gegliedert, um sie besser handhaben zu können. So werden die Maßnahmen aus Anhang A der ISO 27001 nach Maßnahmenzielen gegliedert und ihnen zugeordnet. Deren Sortierung erfolgt wiederum auf Ebene von Funktionsbereichen oder Themen. So gibt es Maßnahmen z. B. aus dem Bereich der Personalabteilung, der physischen Umgebung, der Zugangs- und Zugriffskontrolle oder auch der allgemeinen Sicherstellung des Geschäftsbetriebs.

Ein anderer Ansatz ist die Gliederung von Maßnahmen nach rein technischen Gesichtspunkten. Dies wird immer dann Sinn machen, wenn Maßnahmen tatsächlich in erster Linie dazu dienen, Gefahren für die Unternehmenswerte aufzuspüren, z. B. im Rahmen von Penetrationstests, und technisch zu lösen. In solchen Fällen lassen sich Maßnahmen z. B. Themenbereichen wie der Authentifizierung, Autorisierung, der Netzwerktrennung, der Verschlüsselung oder der Absicherung von Gerätschaften zuordnen. Im täglichen Betrieb der IT-Sicherheit ist dann zu beobachten, dass beide Ansätze, individuell von Unternehmen zu Unternehmen auf unterschiedliche Weise, miteinander verschmelzen.

1.2.9 Angriffspfad, Schwachstellen und Bedrohungen

Grundsätzlich gilt, dass ein System nur dann einer **Bedrohung** ausgesetzt ist, wenn es eine **Schwachstelle** hat und eine Möglichkeit existiert, diese auszunutzen. Schadcode, der dazu geeignet ist, eine vorhandene Schwachstelle für einen Angriff zu nutzen, nennt sich »Exploit«. So kann selbst ein Sicherheitsloch in einer Betriebssystemsoftware akzeptiert werden, falls es kein denkbares Mittel gibt (*exploit*), diese Schwachstelle auszunutzen. Dies kann z. B. dann der Fall sein, wenn sich das entsprechende System in einem Rechenzentrum befindet und nicht mit dem Netzwerk verbunden ist. Ein Angreifer müsste also zunächst in das Rechenzentrum eindringen, um das System anzugreifen. Der **Angriffspfad** ist damit, falls man annimmt, der Angreifer kann nur von außen kommen, und das Rechenzentrum entsprechend geschützt wurde, an dieser Stelle nicht durchgängig vorhanden.

1.2.10 Richtlinien

Ein zentrales Thema des IT-Sicherheitsprojekts ist die Erstellung von Richtlinien. Wichtig ist dabei, dass die Erstellung einer Richtlinie implizit auch deren Umsetzung bzw. Durchsetzung beinhaltet. Wenn also eine Richtlinie erstellt wird, dann geht man davon aus, dass die Vorgaben, die darin formuliert werden, auch tatsächlich umgesetzt werden. Eine Richtlinie als Dokument muss deshalb alle Informationen beinhalten, die erforderlich sind, um die darin enthaltenen Vorgaben auch umsetzen zu können.

Der Begriff »Richtlinie« wird der Einfachheit halber mit den Ausdrücken »Vorgabe«, »Regelung« oder aus dem Englischen »Policy« gleichgesetzt. Alle diese Begriffe haben gemeinsam, dass damit ein Dokument beschrieben wird, das **verbindliche** (*mandatory*) Vorgaben über ein bestimmtes Thema macht. Wie eine Richtlinie ausgestaltet werden kann und welche Komponenten sie beinhalten sollte, wird in Abschnitt 4.1.4 detailliert beschrieben.

Eine Unterscheidung zwischen Richtlinie und Verordnung, wie sie z.B. im europäischen Recht üblich ist, wird im Bereich der Informationstechnik (IT) üblicherweise nicht gemacht. Wie man daran gut erkennen kann, ist letztendlich vor allem wichtig, sich auf eine unternehmensweite, einheitliche Sprachregelung zu verständigen.

1.2.11 IT-Sicherheitskonzept

Das IT-Sicherheitskonzept ist die Beschreibung der Gesamtheit aller Maßnahmen im Bereich der IT-Sicherheit und deren Zielvorgaben. Damit ist es mehr als nur die Summe aller operativen Vorgänge in der IT-Sicherheit. Das IT-Sicherheitsprojekt versucht, die regulativen Bestandteile eines IT-Sicherheitskonzepts zu beschreiben und deren operative Umsetzung zu begleiten. Das IT-Sicherheitskonzept ist also mehr als nur ein Dokument oder ein Prozess.

Im Rahmen des Projekts werden einige grundlegende Komponenten des Konzepts bearbeitet. Dies reicht vom

- Projektauftrag, inklusive dem Geltungsbereich,
- über die IT-Sicherheitsorganisation,
- die Schutzbedarfsanalyse im Rahmen der Business-Impact-Analyse,
- die Richtlinien, der Überprüfung derselben,
- vom Audit abgeleitete Maßnahmen,
- das IT-Risikomanagement
- bis hin zu den IT-Sicherheitsprozessen.

Alle diese Komponenten und noch mehr sind Teil eines umfassenden IT-Sicherheitskonzepts.

Die IT-Sicherheit hat eine klare Aufgabe im Unternehmen. Diese Aufgabe leitet sich wiederum von den Zielen des Unternehmens und den Zielen der IT ab. Aus diesem Grund können sich die Ziele der IT-Sicherheit von Unternehmen zu Unternehmen erheblich voneinander unterscheiden. So wird ein Unternehmen aus dem Einzelhandel andere Schwerpunkte in der IT und in der IT-Sicherheit legen als ein Unternehmen, das Produkte herstellt. Kurz: Die Ziele der IT-Sicherheit und damit das IT-Sicherheitskonzept ist stark mit dem Geschäftszweck und damit der Unternehmensstrategie verbunden.

1.3 Das Hamsterrad

Sisyphos, ein Held der griechischen Mythologie, wird gezwungen, einen Felsblock einen Hang hinaufzurollen. Ganz knapp, bevor er es hinbekommt, entgleitet ihm der Stein aber und rollt den Hang wieder hinab. Also beginnt seine Arbeit von Neuem. Er eilt den Hang hinab, nimmt den Stein erneut auf und rollt ihn wieder nach oben – bis er ihm wieder entgleitet. Da er dies nun schon seit sehr langer Zeit tut, ist kaum zu erwarten, dass der Stein einmal oben zu liegen kommt.

Was hat nun die IT-Sicherheit mit Sisyphos zu tun? Die Gemeinsamkeiten sind vielfältiger, als man zunächst annimmt. Das wird deutlich, wenn man es ein wenig abgewandelt ausdrückt: Der Prozess, dem Sisyphos folgt, schreibt ihm vor, den Stein nach oben zu rollen. Ihn oben zu platzieren, käme einem 100%igen Erfolg gleich, den er aber nie erreichen wird, genauso wie es niemals 100%ige IT-Sicherheit geben kann.

Mit etwas Weitsicht wird er aus dem Vorgang des Hinaufrollens und der Analyse des Scheiterns Folgerungen ziehen, die dem nächsten Versuch zugutekommen. Mit anderen Worten, er folgt einem kontinuierlichen Verbesserungsprozess mit dem Ziel, einem perfekten Ergebnis möglichst nahe zu kommen. Da Sisyphos es schon sehr lange probiert, und das ohne Unterlass, ist davon auszugehen, dass sein Ergebnis schon heute sehr gut ausfällt. Dass er alles den existierenden Regeln und Vorgaben entsprechend tut und alle Rahmenbedingungen einhält, davon gehe ich, trotz der mageren Kenntnislage, einfach mal aus.

IT-Sicherheit ist per definitionem ein Zustand, den es anzustreben gilt. Erreichen wird man ihn niemals in Perfektion. Diesen Zusammenhang zu verstehen ist wesentlich, um den Erfolg oder Misserfolg eines Projekts im Nachhinein messen zu können. Denn es gilt, dass es nicht nur wichtig ist, IT-Sicherheit einzuführen, sondern noch viel wichtiger ist es, dies aus den richtigen Gründen mit den richtigen Erwartungen zu tun. Der Unterschied zwischen fast perfekter Sicherheit und perfekter Sicherheit, die es nie geben wird, kann ein Sicherheitsvorfall sein, der einen großen Schaden anrichtet. Damit geht es letztendlich um Wahrscheinlichkeiten und das Ziel, besser zu werden, ohne jemals wirklich fertig zu sein.

1.4 Die allzu menschlichen Fallstricke

Wie viele andere Felder im Unternehmen hat die IT-Sicherheit mit einer Reihe von, zumeist menschlichen, Unwägbarkeiten zu kämpfen. Diese zu kennen ist der erste Schritt, um sie im Rahmen eines IT-Sicherheitsprojektes zu adressieren und, im besten Fall, zum eigenen Vorteil einzusetzen.

Das erste Problem ist eines, das jeder Mensch hat, wenn auch in unterschiedlicher Ausprägung. Es geht um die Art und Weise, in der man Entscheidungen trifft. Viele Entscheidungen, da ist man sich einig, werden aus dem **Bauch heraus getroffen**. Damit basieren sie auf der eigenen Erfahrung, der eigenen Kompetenz und der Größe des eigenen Selbstbewusstseins. Das muss nicht schlecht sein und, wie es eine Redensart schon sagt, wenn man auf seinen Bauch hört, dann liegt man schon sehr häufig richtig. Das mag sogar stimmen, das Problem ist nur, dass jeder Bauch anders tickt und damit auch anders entscheidet. Das ist in vielen Bereichen des täglichen Lebens kein Problem. Wenn es aber um Entscheidungen im Bereich der IT-Sicherheit geht, dann ist dies ein Unding!

Entscheidungen müssen **formal korrekt** und jederzeit **nachvollziehbar** sein. Dies kann erreicht werden, wenn Entscheidungen formalen Kriterien, wie z. B. einem vorgelagerten Risikomanagement, unterliegen. Aus diesem Grund liegt der maßgebliche Fokus der wichtigsten Normen genau auf dem Thema der Einführung der Bestandteile eines Information-Security-Management-Systems (ISMS). Nur ein solches Regelungsinstrument ist in der Lage, weitgehend automatisiert formal korrekte Entscheidungen zu erzwingen.

Die nächste Herausforderung betrifft wieder den eigenen Bauch. Es geht um die **selektive Wahrnehmung**, die aufgrund vergangener Erfahrungen geprägt ist. Kommt ein IT-Sicherheitsmanager aus dem Bereich der Serveradministration, so liegt es nahe, dass er bei Fragen, die diesen Bereich betreffen, mit einer ganz anderen Verve Entscheidungen trifft als bei Fragen, die aus dem Bereich Softwareentwicklung kommen – ein Bereich, den er vielleicht nicht im Detail kennt. Die Sicherheit, die er auf ihm bekanntem Terrain verspürt, kann von Vorteil, aber auch von Nachteil sein. Der Nachteil kommt immer dann zum Tragen, wenn er Fehlentscheidungen trifft, einfach aus Erfahrungen heraus, die zwar objektiv gesehen falsch sind, ihm aber aufgrund des täglichen Umgangs vertraut und sicher erscheinen.

Apropos tägliche Erfahrungen: An dieser Stelle setzt ein weiterer Automatismus ein. Nennen wir ihn den »das hat auch schon in der Vergangenheit immer gut funktioniert«-Mechanismus. Den als vertraut empfundenen **Status quo zu überhöhen** und Neuem als übertrieben positiv entgegenzustellen, ist menschlich. Bewährtes zu ändern, anzupassen oder zu ersetzen, fällt schwerer, als etwas vollkommen Neues einzuführen. Da wird dann gerne das Bewährte bewahrt. Dieser Zustand wird weiter verschärft, wenn eine bestimmte Vorgehensweise bereits als erfolgreich und komplett umgesetzt nach oben kommuniziert wurde. In diesem Fall wird man nicht nur den direkt Verantwortlichen überzeugen müssen, sondern zudem Personen aus den Hierarchien darüber. Diesem Mechanismus muss mit Werkzeugen entgegengetreten werden, die Bewertungen, z. B. in Form von Entscheidungsmatrizen, auf einen möglichst objektiven Entscheidungspfad setzen.

Unzählige IT-Sicherheitsprojekte sind aus den falschen Gründen gescheitert: den **Kosten**. Das liegt zum einen darin begründet, dass Kosten generell schwer einzuschätzen sind, und zum anderen darin, dass dies in noch größerem Maße für Kosten im IT-Sicherheitsumfeld gilt. So werden Aufwände häufig nur punktuell betrachtet, ohne die Kosten für anhängige Systeme ausreichend genau zu hinterfragen. Die Einführung eines neuen Internetzugangs für eine neue Fabrik zieht, das wissen die Verantwortlichen, die Installation und den Betrieb einer Firewall nach sich. Dazu kommt dann noch ein Internetproxy, um den Benutzern den Zugang zum Internet zu erleichtern und um zusätzliche Sicherheit zu schaffen. Auf dem Proxy wird selbstverständlich auch eine Antivirensoftware benötigt mit laufenden Kosten für die Virensignaturen. Das Netzwerk zwischen dem internen Core-Router und dem Internet muss dazu noch von einem Intrusion Detection System (IDS) überwacht werden. Das macht es nicht alleine und damit wird entsprechendes Personal benötigt. Die Meldungen, die dieses System macht, müssen bewertet und im Falle eines Ereignisses an wiederum weitere Personen geschickt werden, die entscheiden, ob eine Maßnahme, wie das Abschalten des Zugangs, erforderlich ist. In diesem Fall müssen Maßnahmen für eine Backup-Leitung zum Internet getroffen werden. Und so weiter und so fort. Sehr häufig zieht eine Sicherheitsmaßnahme einen Rattenschwanz an weiteren Maßnahmen nach sich. Es ist gefährlich, diesen Prozess nicht vollständig zu durchdenken oder an einer beliebigen Stelle abzubrechen und als »nicht projektrelevant« zu markieren. Im weiteren Verlauf, eventuell erst nach Monaten, werden die Folgekosten sichtbar werden und die dann unweigerlich folgenden negativen Erfahrungen werden sich dann wiederum auf Entscheidungen hinsichtlich späterer Projekte auswirken.

Eng mit Kosten ist auch das eingesetzte Verfahren zum **Risikomanagement** verbunden. Hier geht es darum, Risiken einzuschätzen und die korrekten Maßnahmen zu treffen, um identifizierte Risiken zu reduzieren. Dieser Ansatz funktioniert häufig nicht flächendeckend. Menschen tendieren dazu, diejenigen Risiken, die sie als beherrschbar einstufen, vorrangig zu betrachten. Das führt dann zu Situationen, in denen Unternehmen viel Geld und Zeit in das Management des WLAN-Zugangs stecken, während der Zugang zum Internet wenig Beachtung findet. Das gleiche Phänomen ist zu beobachten, wenn es um das Einspielen von Sicherheits-Updates geht. Man fokussiert sich automatisch auf diejenigen Produkte, bei denen das Update einfach und am besten zudem automatisiert möglich ist. Andere Software-Produkte, die ein Herunterfahren des IT-Systems erfordern oder die einfach komplex sind, werden ausgeblendet. Man verliert den Blick auf die Gesamtsituation und fühlt sich dennoch sicher, man tut ja schließlich auch etwas dafür.

Die nächste hier aufgeführte Herausforderung ist die des **fehlgeleiteten Fokus**. Völlige Sicherheit ist nicht erreichbar. Das ist ein Fakt, der jedem einleuchten muss. Daraus folgt, dass es darum geht, so viel wie möglich an IT-Sicherheit zu erreichen. Und dies ist nicht durch, häufig kostenintensive, gezielte Maßnahmen möglich, sondern nur durch die Erhöhung des Gesamtsicherheitsniveaus. Anders ausgedrückt: Wenn ein CEO von einem Berater bzw. Verkäufer davon überzeugt wird, für sein Rechenzentrum eine Personenvereinzelungsanlage zu beschaffen, die bei jedem Zutritt die jeweilige Person und ihr Gepäck wiegt, um es mit dem Gewicht beim Verlassen zu vergleichen, dann ist dies unleugbar ein Schritt hin zu mehr Sicherheit. Ob es aber der richtige Schritt ist, lässt sich nur im Gesamtzusammenhang abschätzen. Denn vor dem Kauf einer solchen Anlage stehen der Brandschutz, die unterbrechungsfreie Stromversorgung, geregelte und sichere Prozesse für Besucher und das Reinigungspersonal, Maßnahmen zur Sicherung der IT-Systeme inklusive des Netzwerks, die Unterbringung der Originaldaten in von den Sicherungsbändern getrennten Brandabschnitten und viele andere Maßnahmen, die zunächst umgesetzt werden können, da sie unter Umständen eine höhere Priorität besitzen, im Vordergrund. Ist dies alles bereits vorhanden, dann handelt es sich um eine Erweiterung der Sicherheit. Ist ein einzelner der genannten Punkte noch nicht vollständig umgesetzt, dann liegt die Vermutung nahe, dass ein Akt des fehlgeleiteten Aktionismus stattfindet und damit der Blick auf die näher liegenden Aufgaben verschleiert wird.

Der letzte Punkt betrifft die Art der Entscheidungsfindung aus Teams heraus. Dabei soll keine Überhöhung »diktatorischer Entscheidungen« gegenüber den Entscheidungen, die aus einem **Team-Konsens** heraus getroffen werden, stattfinden. Dennoch möchte ich zumindest am Rande die Herausforderungen erwähnen, denen sich ein Entscheider in der IT-Sicherheit gegenübersieht, und der Schwierigkeit, sich auch einmal dem Konsens in größeren Runden zu entziehen, um eine formal korrekte Entscheidung zu treffen. Jede größere Entscheidung wird immer unterschiedliche Interessen berühren, und wenn diese Entscheidungen in Teamsitzungen getroffen werden, dann ist es nicht leicht, sich gegen den Strom zu stemmen. Manchmal ist dies aber erforderlich und das sollte sowohl dem Vorgesetzten als auch dem IT-Sicherheitsmanager selbst immer bewusst sein.

1.5 Motivation, die IT-Sicherheit zu erhöhen

1.5.1 Externe Vorgaben

Sehr häufig ist es ein äußerer Zwang, der Unternehmen dazu bewegt, sich verstärkt für die Aufgabenstellungen der IT-Sicherheit zu engagieren. Dabei ist es zweitrangig, ob es sich um immer neue Enthüllungen, die in der Tagesschau über den Schirm flimmern, handelt, die aufzeigen, wie gefährlich es heutzutage ist, Daten auszutauschen oder überhaupt zu kommunizieren, oder ob es sich um klar definierte Anforderungen der Kunden oder, wie im Falle des Datenschutzgesetzes, des Gesetzgebers handelt. Auch Unternehmen, die sich bislang aus Kostengründen gescheut haben, das Thema IT-

Sicherheit intensiv und ganzheitlich zu betrachten, beginnen immer mehr, es auch formal in Form von Regelungen und einer eigenen Organisationseinheit zu etablieren. Das kann in sehr kleinem Rahmen beginnen, um dann über die Zeit ausgedehnt zu werden.

Am Beginn werden dementsprechend die klassischen Themen, die auch im privaten Umfeld relevant sind, angegangen. Dazu zählen die üblichen Vorkehrungen, wie Virenscanner zu installieren, Firewalls oder ein Patchmanagement einzurichten. Geht es aber in Richtung eines ISMS und damit einer Vernetzung dieser einzelnen Puzzlestücke, dann ist Planung und ein konzertiertes Vorgehen nicht nur sinnvoll, sondern notwendig. Wegweisend für die jeweilige Vorgehensweise sind dann wiederum die Ziele, die man sich steckt, und diese, und hier schließt sich der Kreis, werden maßgeblich durch externe Vorgaben definiert.

Es existiert kein Gesetz, das die Etablierung einer Organisationseinheit »Datensicherheit« im Unternehmen fordert. Bezüglich des Datenschutzes verhält es sich anders. Hier ist ein Datenschutzbeauftragter einzusetzen und mit definierten Vollmachten auszustatten. Warum werden diese beiden so stark voneinander abhängigen Themen so unterschiedlich behandelt? Der Grund liegt unter anderem darin begründet, dass der Datenschutz vorrangig die Belange der Arbeitnehmer schützt und die Datensicherheit die des Unternehmers. Der Gesetzgeber stärkt mit dem Datenschutzbeauftragten die Rechte der Arbeitnehmer und die Durchsetzung der Regelungen des Bundesdatenschutzgesetzes.

Bei einem Unternehmer geht man davon aus, dass Vorschriften zum ordnungsgemäßen Betreiben eines Unternehmens, wie z. B. im GmbH-Gesetz gefordert, ausreichend sein müssten, dass der Unternehmer seine Aufgabe wahrnimmt und durch Maßnahmen auch umsetzt. Schließlich ist der Unternehmer nicht nur verantwortlich dafür, sondern im höchsten Maße auch daran interessiert, dass der Geschäftsbetrieb durch den Diebstahl, die verbrecherische Veränderung oder die Nicht-Verfügbarkeit seines Know-hows, sprich von seinen Daten und denen der Kunden und Lieferanten, nicht gefährdet wird. Aus dieser Gemengelage heraus ist auch zu verstehen, warum es die ureigenste Aufgabe und auch das Bedürfnis der Unternehmensleitung sein muss, die Aufgabe der Datensicherheit durch ein geeignetes IT-Sicherheitsmanagement wahrzunehmen. Dass dies nicht immer der Realität entspricht, ist Fakt und die Ursachen dafür sind mannigfaltig.

1.5.2 Verpflichtung zur Datensicherheit

Unternehmerische Entscheidungen beruhen auf dem ständigen Abwägen verschiedener Faktoren. Die Grundlage wird dabei in den meisten Fällen die Abwägung zwischen Kosten und einem Risiko bzw. einer Chance bilden. Es gibt keine Grundregel und kein Gesetz, das einem Unternehmer vorschreibt, wie er mit einem Risiko umgehen muss. Aber abwägen, das zumindest muss er tun, um die erforderliche unternehmerische Sorgfalt walten zu lassen. Um wiederum abwägen zu können, benötigt der Entscheider Informationen. Dazu gehören Faktoren wie die genauen Kosten, die eine Maßnahme erzeugen würde, aber genauso auch eine möglichst genaue Einschätzung, was passieren würde, wenn er Aufgaben, wie den Schutz des Unternehmens-Knowhows, nicht in ausreichendem Maße wahrnehmen würde. An diesem Punkt zögern viele Unternehmer und berufen sich auf nicht erhältliche, kaufmännisch belastbare Daten, wie z. B. die Kosten für den möglichen Eintritt eines Sicherheitsereignisses. Eine weitere Reaktion, die zu beobachten ist, ist die schlichte Ausblendung des Risikos, da andere, handfeste Probleme zu jedem Zeitpunkt priorisiert im Fokus stehen. Auch wenn diese Reaktionen auf den ersten Blick nachvollziehbar erscheinen, so sind sie dennoch falsch oder zumindest gefährlich.

Hinweis

In einem Gespräch mit einem IT-Leiter eines Klinikums hat es sich so dargestellt, dass in Folge langjähriger Tradition eine ganze Reihe von Prozessen mit dem Umgang von Patientendaten auf Papier befasst ist. Von der Verwaltung der Ordner über die Ausgabe und die Eingabe sind alle Prozessschritte genau definiert und bei der Belegschaft in Fleisch und Blut übergegangen. Dies hat sich auch einige Monate nach der parallelen Einführung einer IT-gestützten Patientenverwaltung nicht geändert. Die Daten auf Papier werden sorgfältig verwahrt und sind strengen Zugriffsregeln unterworfen. Auf die Daten in der Datenbank können dagegen neben dem Standard-Systemuser, dessen Passwort im Übrigen nie geändert wurde, nahezu alle Mitarbeiter zugreifen.

Die gleichen Daten, in zwei verschiedenen Systemen, die aus dem Blickwinkel der Datensicherheit völlig unterschiedlich betrachtet werden. Wer glaubt, dass dies ein Einzelfall ist, der irrt.

Der Grund dafür liegt eigentlich auf der Hand: In jeder modernen Firma ist ein Datensicherheitsproblem denkbar, das den Fortbestand der Firma gefährden kann. Der Verlust aller Finanzdaten im äußersten Fall ist ein markantes Beispiel. Wenn es also grundsätzlich in jeder Firma wichtig ist, bestimmte Daten vor Verlust oder Manipulation zu schützen, dann ist auch ein bestimmtes Maß an Aufwand im Bereich Datensicherheit zwingend erforderlich. Dies sagt aber natürlich nichts über den Umfang eines solchen Projekts aus. Und damit gilt wieder die Regel, dass man als Unternehmer genau den notwendigen Teil umsetzt, der nach einer Abwägung von Kosten und Risiken sinnvoll ist.

An diesem Punkt setzt das vorliegende Projekt auf. Das Ziel ist es nicht, alles zu tun, was möglich ist. Das Ziel ist auch nicht, das zu tun, was Berater als notwendig erachten. Der Weg, den das Projekt geht, sieht eher so aus, dass es an Ihr Unternehmen angepasst diejenigen Maßnahmen umsetzen soll, die Sie zu Beginn des Projekts als erforderlich definiert haben. Das dabei verwendete Modell fängt grundsätzlich bei den wichtigsten Daten und IT-Systemen an, setzt eine grundlegende Basissicherheit um und arbeitet sich dann von innen nach außen hin zu immer mehr Sicherheit. Es ist Ihr Risiko und damit auch Ihre Entscheidung, wie weit Sie jeweils gehen wollen. Das Projekt liefert dazu die Methodik und eine Beschreibung der wichtigsten Maßnahmen.

Unabhängig davon, wie die einzelnen Maßnahmen zu einem Mehr an Datensicherheit aussehen sollen. Unabhängig davon, wie stark sich das Unternehmen engagieren und finanziell einbringen möchte, und auch unabhängig davon, ob es eine dedizierte Organisationseinheit geben soll, die sich des Themas annimmt, ist es unbedingt erforderlich, dass sich die Unternehmensleitung über die folgenden Fakten klar wird:

- Der Schutz der eigenen Daten, der Daten der Mitarbeiter, der Daten der Kunden und der Daten von Lieferanten und aller mit dem Unternehmen verbundenen Unternehmen und Personen ist wichtig.
- Die Unternehmensleitung ist für den Schutz dieser Daten verantwortlich.
- Der Schutz dieser Daten geschieht einzig und allein zum Nutzen des Unternehmens.

Eines der Ergebnisse aus vielen Projekten und Studien zu diesem Thema ist, und dabei handelt es sich um einen der wirklich grundlegenden Punkte, dass nur ein konsequenter **Top-down-Ansatz** im Bereich der Datensicherheit wirklich Erfolg verspricht.

1.5.3 Haftung auf verschiedenen Ebenen

Haftung beginnt, wie so vieles, zunächst mit einer Regelung. Das Unternehmen, der Gesetzgeber oder eine andere Instanz stellt eine Regel auf, überprüft deren Durchführung und belegt denjenigen, der dagegen verstößt, mit einer Strafe. Genau diese Konstellation wird mit dem wolkigen Begriff »Compliance« beschrieben. Dabei kann es sich z. B. um einen Kunden handeln, der die Regel aufstellt, dass seine Daten, die er Ihrem Unternehmen zur Verfügung stellt, nicht weitergegeben werden dürfen. Vor allem nicht an die Konkurrenz, aber auch an sonst niemanden. Diese Regel packt er in einen Vertrag und definiert dort auch gleich, was im Falle eines Verstoßes passiert. Das kann eine Kündigung des Geschäftsverhältnisses sein oder aber eine Strafe, die zu bezahlen wäre. Dieser Vertrag wird vonseiten des Unternehmens von einer Person unterschrieben, die in den meisten Fällen mit dem Zusatz »per procura« unterschreibt. Diese Person handelt also im Namen des Unternehmens. Passiert nun etwas mit diesen Daten, sagen wir ein IT-Administrator verschickt sie versehentlich per E-Mail an einen Bekannten, der zufällig für die Konkurrenz des Kunden arbeitet, so wird sich der Kunde an das Unternehmen wenden und die Strafe vollstrecken wollen.

Während einer Einigung, ob gütlich oder durch Richterspruch, stehen sich zunächst einmal zwei Unternehmen gegenüber. In einer zweiten Runde wird es aber auch intern darum gehen, wer die Schuld trägt und in einem weiterführenden Prozess haften könnte. Genau an dieser Stelle geraten nun irgendwann auch der IT-Leiter und, in letzter Konsequenz, der IT-Administrator in den Fokus. Im Gegensatz zu Arbeitnehmern aus IT-fremden Arbeitsgebieten können sich diese beiden Personen nicht herausreden und sagen, dass sie nicht wussten, was sie taten. Und somit ist es tatsächlich möglich, dass beide oder einer von beiden tatsächlich in irgendeiner Form für den Schaden haften muss. Wie diese Haftung von der Höhe her aussieht, hängt dann wiederum davon ab, ob Vorsatz oder Fahrlässigkeit im Spiel war, und von anderen Punkten wie zum Beispiel, ob es geeignete Regelungen gibt, an die sich der IT-Administrator hätte halten müssen.

Es ist nicht möglich, einen solchen Vorgang grundsätzlich vollständig zu verhindern. Es ist aber sehr wohl möglich, die Wahrscheinlichkeit für sein Eintreten zu verringern. Dies fängt bei den generellen Zugriffregeln an und endet bei der Möglichkeit, sie unverschlüsselt an Dritte per Mail zu versenden. An den verschiedensten Punkten kann man ansetzen, um durch geeignete Maßnahmen das Risiko möglichst gering zu halten, dass ein solcher, versehentlicher, Verstoß geschieht. Die Maßnahmen, die im Laufe des Projekts umgesetzt werden, dienen damit nicht nur dazu, die Datensicherheit zu erhöhen, sondern auch dazu, Sicherheit für Arbeitnehmer zu schaffen, indem klare Regeln und klare Prozesse definiert werden, die den Freiraum für Fehler so weit wie möglich eingrenzen.

Unternehmen, die Güter herstellen und verkaufen, häufen Wissen in Form von Daten an und sind auf das gesammelte Know-how angewiesen. Unternehmen, die Daten Dritter verarbeiten, wie z. B. Hostingunternehmen oder Webmailer, arbeiten direkt mit Daten, die ihnen nicht gehören, für die sie aber die Verantwortung tragen. In beiden Fällen spielt die IT und jeder einzelne Arbeitnehmer eine maßgebliche Rolle und ist verpflichtet, sorgfältig mit den ihnen anvertrauten Informationen umzugehen. Selbst wenn diese Informationen ausschließlich dem Unternehmen selbst gehören, verpflichtet das GmbH-Gesetz zum ordnungsgemäßen Umgang, da ein Verlust ein unternehmerisches Risiko für das Unternehmen darstellen könnte. Diese Verantwortung überträgt sich von der Unternehmensleitung herunter bis zu den Administratoren und auch auf alle anderen Mitarbeiter, die tagtäglich direkten Kontakt zu den IT-Systemen haben, auf denen diese kritischen Daten abgelegt und verarbeitet werden.

1.6 Reduzierung des Risikos

1.6.1 Angriffe durch eigene Mitarbeiter

Mitarbeiter und dazu zählt man häufig auch Externe, die im Namen des Unternehmens ihnen aufgetragene Arbeit verrichten, verursachen aus Fahrlässigkeit oder aufgrund von gezieltem Diebstahl oder Sabotage mehr als 70 % des gesamten Schadens, der in den Bereich der Datensicherheit fällt. Diese Zahl wird immer wieder genannt, und auch wenn es fraglich ist, dass sie wirklich statistisch untermauert ist, zeigt sie doch einen wichtigen Punkt auf. Es wird nämlich schnell ersichtlich, dass Aufwand, der in Maßnahmen, die zum Schutz vor dieser Kategorie an Angreifern gesteckt wird, am effektivsten ist. Zu den direkten Maßnahmen, die sich darauf fokussieren, zählen alle Punkte, die sich mit Zugriffsrechten beschäftigen, alle Maßnahmen, die zur Protokollierung von Zugriffen dienen, und Aktionen wie Awareness-Maßnahmen. Auch Unternehmen, die dazu tendieren, ihren Mitarbeitern und Administratoren grundsätzlich zu vertrauen, sollten darüber nachdenken, ob ihre Kunden hinsichtlich dieser Sichtweise den gleichen Maßstab anlegen.

Die Abgrenzung von Kundendaten gegeneinander, die Verhinderung von kritischen Rollen in Buchungssystemen und das Verbot des Einsatzes von Wechseldatenträgern sind weitere Beispiele für Maßnahmen im Bereich der Basissicherheit und demnach allgemein als erforderlich anerkannt.

1.6.2 Angriffe von außen

Beginnend in den Jahren 2013 und 2014 sind immer neue Fakten über die staatlichen Spionagetätigkeiten, insbesondere in den USA, an die breite Öffentlichkeit gelangt. Dabei handelt es sich durchgehend um Punkte, die zwar schon lange vermutet wurden, deren Umfang aber selbst Fachleute erstaunt. Des Längeren zeigt schon der jährliche Verfassungsschutzbericht auf, dass viele Staaten wirtschaftliche Spionage gezielt verfolgen. Davon auszugehen, dass nur Länder wie Russland oder China, beides Staaten, die in diesen Berichten explizit aufgeführt werden, ganz vorne mit dabei sind, wäre weltfremd. In der Zwischenzeit ist selbst der Bundesnachrichtendienst (BND) in den Verdacht geraten für die amerikanischen Dienste die Kommunikation von inländischen Wirtschaftsunternehmen abzuhören.

Natürlich werden Daten im großen Stil direkt aus den nationalen und transatlantischen Kabeln heraus gespeichert und zum Teil auch ausgewertet. Alles, was technisch möglich und wirtschaftlich vertretbar ist, wird auch umgesetzt. Neu ist nur, dass jetzt der Punkt erreicht zu sein scheint, an dem es tatsächlich möglich ist, beinahe alle Daten über einen längeren Zeitpunkt abzuspeichern und durch Software komplett auswerten zu lassen. Damit fällt das letzte Argument, das bislang immer hieß: »Alles können die auch nicht sehen und so interessant ist meine Firma auch wieder nicht«. Heute muss man davon ausgehen, dass alle Daten gesichert werden und man vielleicht erst später, bei Bedarf, gezielt darauf zurückgreifen wird.

Es ist davon auszugehen, dass selbst, wenn die Welle der Empörung wieder abflachen wird, die Zeit der Unschuld nun endgültig vorüber ist und dieses Thema die breite Öffentlichkeit erreicht hat. Zukünftig werden Verantwortliche, die jetzt noch den Kopf in den Sand stecken, im Falle eines Falles kaum noch Argumentationsstoff haben, um sich zu rechtfertigen. Es nicht besser gewusst zu haben, zieht nicht mehr als Ausrede.

Auf der anderen Seite stehen die sogenannten »Hacker«, die eigentlich »Cracker« heißen, die mit einiger krimineller Energie versuchen, in Firmennetzwerke einzudringen und, zum Teil im Auftrag, zum Teil aus Eigenantrieb, versuchen, Daten zu entwenden oder aber gezielt Schaden anzurichten.

Der Unterschied zwischen der Kategorie »Hacker« und »staatliche Stelle« ist vor allem an einer Sache festzumachen: den technischen Möglichkeiten. Für einen erfolgreichen Angriff auf ein gut gesichertes Netzwerk von außen ist es erforderlich, über möglichst viele Detailinformationen zu verfügen. Dies erreicht ein Staat durch eine Komplettüberwachung von Telefonen, Netzwerkkommunikation, Diebstahl von Unterlagen und Gerätschaften bis hin zum Einbruch auf dem Campus. Gegen einen massiven Zugriff auf breiter Front ist es dementsprechend schwer, wirklich wirksame Gegenmaßnahmen zu implementieren. Aus diesem Grund ist selbst auf dem erweiterten Level kein vollständiger oder auch nur befriedigender Schutz möglich. Das gilt aber nicht gegen Angriffe durch weniger gut ausgerüstete Hacker oder gar ambitionierte Laien (Script-Kiddies), die nur über wenige dieser Möglichkeiten verfügen. Hier ist es durchaus möglich, wirksame Schutzwälle aufzubauen, die durch diese Art an Angreifern kaum überwunden werden können.

2 Das IT-Sicherheitsprojekt

2.1 Kurz zusammengefasst

Das Erreichen von IT-Sicherheit ist eine Frage der Perspektive und deshalb existiert grundsätzlich eine unüberschaubar große Anzahl an möglichen Projektansätzen, um dem gesteckten Ziel eines angemessenen Sicherheitsniveaus gerecht zu werden. So werden Dienstleister aus dem Netzwerkbereich zunächst einmal Produkte wie Firewalls oder Network Access Control (NAC) in den Vordergrund stellen. Dienstleister, die sich auf Prozessdesign spezialisiert haben, werden zunächst vorschlagen, Berechtigungsprozesse und Ähnliches zu optimieren. Das ist nachvollziehbar, denn jeder hat seine Spezialgebiete und seine persönlichen Ansichten. Um aber eine möglichst hohe Effizienz zu erreichen, muss man diese Präferenzen und Kernkompetenzen zunächst einmal auf die Seite legen und sich zwingen, das Gesamtbild zu betrachten. Zu Beginn haben alle Themen die gleiche Daseinsberechtigung und erst im Verlauf der nächsten Schritte werden sich diejenigen Punkte herauskristallisieren, auf die verstärktes Augenmerk gerichtet werden muss. Das ist die erste und wichtigste Regel, die sich alle Beteiligten verinnerlichen sollten. Das ist auch der ursächliche Grund dafür, warum man sich von Anfang an auf anerkannte und bewährte Normen und Best Practices verlassen sollte, statt ausschließlich auf Erfahrungen, die sich auf die eigene, gelebte Praxis stützen. Falls es sich später herausstellt, dass diese durchaus alle wichtigen Kriterien erfüllen, so ist es umso besser. Falls nicht, dann sollte man sich darauf einstellen, sich in einigen Punkten anzupassen.

Hinweis

Die Normenreihe ISO 2700x bildet alle Teilbereiche der IT-Sicherheit ab. Insbesondere die Norm ISO 27002 nimmt konkret und realitätsnah Stellung zu den einzelnen Themenbereichen. Aus diesem Grund sollte sich ein umfassendes IT-Sicherheitsprojekt nicht nur an den Kernkompetenzen von Dienstleistern orientieren, sondern an diesen, international anerkannten, Vorgaben und Empfehlungen. Bei vorhandenen Lücken in diesen Standards, insbesondere wenn es um regionale, länderspezifische oder branchenspezifische Besonderheiten geht, können bei Bedarf weitere Standards und Gesetze, wie das Bundesdatenschutzgesetz, herangezogen werden.

Ein Projekt benötigt einen griffigen Namen und deshalb bekommt unser IT-Sicherheitsprojekt den Namen »3SCHRITTE«. Der Hintergrund des Namens ist schnell erzählt: Es bekommt diesen Namen, weil sich das Projekt maßgeblich in drei Hauptschritte unterteilen lässt. Inwieweit diese Schritte wiederum in Teilschritte unterteilt werden sollen, bleibt letzten Endes eine Entscheidung des Projektleiters und hängt stark vom Umfang des Projekts in der eigenen Umgebung ab. Von einer übergeordneten Ebene aus betrachtet können die drei Hauptschritte wie folgt verstanden werden:

1. **Der erste Schritt** soll dem Unternehmen detailliert aufzeigen, welchen Stand an Datensicherheit es bereits erreicht hat und wie dieses Wissen genutzt werden kann, um die damit einhergehende erweiterte **Transparenz** jeweils auf einem aktuellen und wirklichkeitsnahen Stand zu halten. Die Aufgaben, die das Projekt abzuarbeiten hat, ergeben sich dann aus der Differenz aus dem, was man erreichen möchte, und dem bereits Erreichten.
2. **Der zweite Schritt** baut auf den Aufgaben auf, die sich aus dem ersten Schritt ergeben, und hat zum Inhalt, **Regeln zu definieren**, die einzuhalten sind, um ein gewünschtes Sicherheitsniveau zu erreichen. Diese Regeln haben auch die Aufgabe, den Ziel-Zustand zu beschreiben und den Verantwortlichen aufzuzeigen, welche Maßnahmen erforderlich sind, um diesen zu erreichen. Die Umsetzung der Regeln erfolgt parallel zu diesem Schritt oder auch nachfolgend. Die jeweils beste Herangehensweise ergibt sich aus den Faktoren: Branche, in der das Unternehmen tätig ist, Größe des Unternehmens und dem aktuellen Stand der IT-Sicherheit. Manche Unternehmen werden nur einzelne Punkte verbessern wollen, andere wiederum fangen buchstäblich bei null an.
3. **Der dritte Schritt**, das **Auditieren**, nimmt die Aufgabe wahr, zu überprüfen, ob die Regeln eingehalten werden, und definiert, was geschehen muss, falls dies nicht der Fall ist.

Die drei Schritte werden nicht einfach abgearbeitet, um sich danach zurückzulehnen. Wie Sie bereits erfahren haben, folgt nach dem dritten Schritt, nach der Übergabe des Projekts an den Betrieb, wieder der erste Schritt. Auf diese Weise wird der Kreislauf des kontinuierlichen Verbesserungsprozesses in Gang gesetzt. Transparenz schaffen, Regeln einführen, diese umsetzen und die Umsetzung überprüfen, um dann, falls erforderlich, die Regeln im nächsten Durchlauf an geänderte Rahmenbedingungen anzupassen.

Hinweis

Es ist wichtig, zu betonen, dass nicht alle Vorgaben, die in Schritt zwei festgelegt werden, auch innerhalb des Projekts umgesetzt werden können. Vielmehr macht es sehr häufig durchaus Sinn, umfangreichere Maßnahmen in weitere Projekte auszugliedern. Dies ist selbst dann noch sinnvoll, wenn diese weiteren Projekte parallel zum IT-Sicherheitsprojekt gestartet werden.

Bei dem eben Geschilderten handelt es sich nicht um ein völlig neues Konzept und das ist auch nicht erforderlich. Das Thema IT-Sicherheit ist wichtig genug und wird seit einigen Jahren laufend verbessert und verfeinert, sodass es bereits genügend Vorgehensweisen gibt, die man nur aus der Schublade zu holen braucht. Dieses vorhandene Wissen aufzunehmen und in der Praxis auf die Straße zu bekommen, darin liegt die Kunst.

Die Schwierigkeit liegt damit nicht darin begründet, dass es an Wissen und Literatur mangelt, sondern daran, die Verbindung zu schaffen zwischen theoretischen Abhandlungen und dem echten Leben. So ist nicht jedes Unternehmen auf dem Weg zu einem vertretbaren Sicherheitsniveau gleich weit gekommen und vermutlich ist auch nicht jedes Unternehmen überhaupt auf dem richtigen Weg. Unterschiedliche Interpretationen und eine allgemein mit vielen konturlosen Fachbegriffen gespickte Diskussion machen vor allem den Einstieg unnötig schwer. Dem versuchen wir, praktische Erfahrungen im Rahmen der entsprechenden Normen entgegenzusetzen. Dies wird in keinem Fall ohne individuelle Anpassungen funktionieren und auch die Arbeit selbst kann Ihnen niemand abnehmen. Zur Belohnung winkt aber ein über das Unternehmen in einheitlicher Höhe gespanntes Sicherheitsnetz, das Ihr Know-how schützt.

2.2 Rahmenbedingungen und Erfahrungen

2.2.1 Das Wesen eines Projekts

Ein Projekt ist ein Vorhaben, das im Wesentlichen durch die Einmaligkeit der Bedingungen in ihrer Gesamtheit gekennzeichnet ist, z. B. Zielvorgabe, zeitliche, finanzielle, personelle und andere Begrenzungen, Abgrenzung gegenüber anderen Vorhaben und projektspezifische Organisation.

Folgt man der DIN 69901, dann wird ein Projekt im Wesentlichen dadurch gekennzeichnet, dass es ein Ziel hat, einen Anfang und ein Ende. Wenn am Ende das zuvor definierte Ziel erreicht wird, dann wird es meistens als ein erfolgreiches Projekt gewertet. Da ein Projekt zudem etwas Einmaliges an sich hat, wird es einen Anlass geben, warum es initiiert wird. Dieser Anlass ist der Grund, warum ein Unternehmen Geld und Zeit investiert, um ein Ziel zu erreichen. Schon alleine deshalb ist es wichtig, dass der Anlass des Projekts und das Projektziel im Einklang stehen.

Hat man ein typisches Projekt vor Augen, dann fallen einem sofort eine ganze Reihe von Eigenschaften ein, die ein Projekt auch hat: Ressourcenmangel, Zeitmangel, Komplexität, abteilungsübergreifendes Arbeiten und oft genug ein Auslöser für interne Machtkämpfe. Alles in allem Herausforderungen, denen sich der Projektleiter und das ganze Team stellen müssen.

Ein IT-Sicherheitsprojekt macht, was die Durchführung, die Projektschwierigkeiten und die Verwaltung angeht, keine Ausnahme und reiht sich nahtlos in all die anderen Projekte eines Unternehmens ein. Es ist nun aber entscheidend zu verstehen, dass dieses Projekt Eigenschaften hat, die es von den meisten anderen (IT-)Projekten unterscheidet. So umfasst der Umfang eines IT-Sicherheitsprojekts nicht nur die IT oder IT-gestützte Prozesse, sondern den Kern des Unternehmens selbst. Alle Mitarbeiter und alle Daten, die diese erarbeitet haben und weiter erarbeiten werden, sind in irgendeiner Form betroffen. Diese Daten fließen sowohl durch das Unternehmen als auch hin zu anderen Unternehmen. Diesen Datenfluss, und dazu die Ablageorte für Daten, zu kennen, zu kontrollieren und sicher zu gestalten, das ist die Aufgabe. Daraus folgt automatisch, dass nicht die IT diejenige Instanz ist, die ein solches Projekt in Auftrag gibt, sondern die Unternehmensleitung, und zwar aus deren ureigenster Motivation heraus: um den Geschäftsbetrieb aufrechtzuerhalten.

Ein Projekt entsteht nicht aus dem Nichts heraus. Für ein IT-Sicherheitsprojekt gilt dies noch weniger als für die meisten anderen Projekte. Schließlich will man ein Ergebnis erzielen, das auch in den Augen Dritter standhält. Oft genug sprechen wir dabei von Audits durch Kunden oder die Überprüfung durch eine Behörde und hier ist es immer ratsam, wenn man die Zusammenhänge zwischen der eigenen Vorgehensweise und den Empfehlungen internationaler und nationaler Gremien darstellen kann. So wirbt das Bundesamt für Sicherheit in der Informationstechnik (BSI) genauso wie der Verband der deutschen Automobilhersteller (VDA) für die Befolgung der Normen DIN ISO 2700x und das sind nur zwei Beispiele. Damit ergibt sich schon fast zwangsläufig die Notwendigkeit, dass Prozesse, technische Maßnahmen, Dokumentationsregeln oder die Einführung von Methoden der IT-Sicherheit so eng wie möglich an diesen Vorgaben ausgerichtet werden. Aus diesem Grund orientiert sich die in diesem Kapitel und seinen Unterkapiteln beschriebene Vorgehensweise an der Einführung eines Information-Security-Management-Systems (ISMS) nach ISO 27001.

2.2.2 IT-Sicherheit als Top-down-Ansatz

Angenommen, Sie arbeiten in einem Unternehmen, das entweder eigene schützenswerte Daten verarbeitet oder schützenswerte Daten von Kunden oder Lieferanten erhält, um Produkte herzustellen. Also in einem vollkommen durchschnittlichen Unternehmen. Weiter angenommen, es existieren bislang nur eingeschränkt organisierte Prozesse, um die Aufgaben der IT-Sicherheit wahrzunehmen. Formal ausgedrückt: Wenn Sie den Status der bei Ihnen gelebten IT-Sicherheit nach dem Reifegrad-System bewerten müssten, würden Sie Ihr Unternehmen auf einer der Stufen zwischen null und drei einordnen. Also irgendwo zwischen »das Unternehmen hat keine Prozesse installiert, um Daten zu schützen« und »Prozesse sind installiert und diese werden laufend überprüft und gegebenenfalls angepasst, aber die Prozesseffizienz wird nicht gemessen«. Mit hoher Wahrscheinlichkeit wird es Verbesserungspotenzial hinsichtlich der IT-Sicherheitsstrukturen geben. Aus dieser Tatsache heraus erwächst bei Ihnen das Bedürfnis, die entsprechenden Prozesse und Techniken auf den Weg zu bringen. Dieses Bedürfnis heißt es nun, auf eine breite Basis gestellt, in die Tat umzusetzen.

Aus den von vielen Personen über die Jahre gesammelten Erkenntnissen heraus haben sich grundlegende Vorgehensweisen herausgebildet, die in den nächsten Abschnitten kurz angerissen werden. Diese werden aber nur dann funktionieren, wenn das **gemeinsame Verständnis** von Unternehmensleitung, IT-Leitung und IT-Sicherheit besteht, dass die aktuelle Einstufung von IT-Sicherheit bzw. die existierenden Lücken nicht akzeptabel sind, verbessert werden müssen und aus diesem Grund ein gemeinsames Projekt vonnöten ist.

Hinweis

Der erste Schritt besteht immer darin, den Auftrag durch die Unternehmensleitung zu erhalten, Maßnahmen zur Steigerung des Sicherheitsniveaus festzulegen und umzusetzen. Die Umsetzung kann dann in Form eines Projekts stattfinden. Anders ausgedrückt: Ein IT-Sicherheitsprojekt folgt, soll es erfolgreich sein, immer einem Top-down-Ansatz und es ist essenziell, dass der Vorwärtstrieb auf Anforderungen aus den obersten Leitungsebenen basiert.

Aus den eben genannten Gründen wird der Top-down-Ansatz so stark betont. Dabei ist es unerheblich, ob ein Berater aus dem Nähkästchen plaudert, ein gescheiterter Projektleiter die gemachten Fehler aufzeigt oder man in die einschlägigen Normen blickt. Der gemeinsame Tenor ist, dass nur dann, wenn ein IT-Sicherheitsprojekt von ganz oben abgesegnet und laufend unterstützt wird, es Aussicht auf Erfolg hat. Dementsprechend muss der Ansprechpartner, dem man die Ergebnisse aus der Ist-Analyse präsentiert, auch genau dieser Vertreter »von ganz oben« sein. Dies wird noch nicht spürbar, wenn es sich um die Umsetzung von technischen Spezifikationen innerhalb der IT-Infrastruktur handelt. Falls es aber an das Eingemachte geht, wie z.B. die Reorganisation der IT-Sicherheitsorganisation und die Definition von Rechten und Pflichten auch außerhalb der IT-Abteilung, dann trennt sich die Spreu vom Weizen, sprich derjenige, der scheitert, von demjenigen, der Erfolg hat – maßgeblich aufgrund der jeweiligen Rückendeckung, die man »von oben« erhält.

An dieser Stelle gehen wir davon aus, dass ein Auftrag der Unternehmensleitung vorliegt und ein gemeinsames Verständnis für die Ziele eines IT-Sicherheitsprojekts vorherrscht. Der erste und vielleicht wichtigste Schritt ist damit bereits vollzogen. Im Workshop, mit dem das Projekt beginnen wird, soll dies weiter verfestigt und formal festgehalten werden.

2.2.3 Die kontinuierliche Verbesserung

Being ignorant is not so much a shame, as being unwilling to learn.

Benjamin Franklin hat es mit kurzen und knappen Worten auf den Punkt gebracht: Fehler geschehen, nicht vollständig ausgereifte Prozesse werden in Betrieb genommen, Regeln werden missinterpretiert oder Gefahren schlicht nicht gesehen. Was für alle Bereiche des unternehmerischen Alltags wahr ist, gilt ganz besonders auch für den schnelllebigen Bereich der IT und damit auch der IT-Sicherheit. Immer am Puls der Zeit zu sein und mit Hackern, Wirtschaftsspionen und den eigenen Schwachstellen fertig zu werden, ist per se keine leichte Aufgabe. Alle diese Punkte adressiert das Konzept der kontinuierlichen Verbesserung und stellt die Grundlage des Regelkreises, das der 3SCHRITTE-Methodik zugrunde liegt, dar. Dieser Regelkreis baut auf den Komponenten Wissen erlangen, Regeln und Maßnahmen daraus ableiten und die Wirklichkeit gegen die Theorie zu prüfen auf. Im Projekt nennen sich diese drei Schritte »Transparenz schaffen«, »Regeln festlegen« und »Audits durchführen« und sagen im Grunde nichts anderes aus, als eben konstatiert.

An dieser Stelle sei noch ein weiteres Zitat erlaubt:

> *Die größte Gefahr besteht für die meisten von uns nicht etwa darin, ein Ziel zu hoch anzusetzen und zu scheitern, sondern es zu niedrig anzusetzen und es zu erreichen.*

Dieses Zitat stammt von Michelangelo und spielt mit der Frage nach dem Ziel, das irgendwann am Ende der stetigen Verbesserung erreicht werden soll. Dieses Ziel gibt es nicht. Hat man erst einmal erreicht, was zuvor noch als unerreichbar gegolten hat, dann findet sich wieder ein Defizit und der Regelkreis beginnt erneut. Hier schließt sich auch der Kreis mit Sisyphos, der bereits in Abschnitt 1.3 als Beispiel herhalten musste, um darzustellen, dass IT-Sicherheit keine Software ist oder ein Zertifikat, sondern ein Prozess.

Wenn feststeht, dass es keine 100%ige Sicherheit gibt und dass man auch nie das Ende des Weges auch nur erblicken wird, wie weiß man dann, dass man zu jeder Zeit zumindest die drängendsten Probleme bearbeitet? Dies ist in der Tat eines der Hauptprobleme, denen sich IT-Sicherheitsverantwortliche weltweit gegenübersehen. Hat man aber von vornherein kein Ziel, dann ist auch der Weg nur sehr schwer zu finden und diese Frage schlicht nicht zu beantworten. An dieser Stelle setzt in unserem Projekt das Konzept der definierten Sicherheitslevel auf. Irgendwo muss man anfangen und irgendwann muss man auch abschließend beurteilen können, dass zumindest ein gewisses, definiertes Niveau so flächendeckend wie möglich erreicht ist. Dazu dienen die genauen Vorgaben, was in welchem Niveau bearbeitet werden soll und was nicht. Diese Punkte werden maßgeblich in den folgenden Abschnitten erläutert.

Im Fokus steht aber vor allem das Projekt und dieses besteht klassischerweise aus einer Reihe von Schritten, oder auch Projektphasen genannt, und den darin enthaltenen Arbeitspaketen. Dabei handelt es sich um mehr als nur um Schritte, die einmal getan in Vergessenheit geraten. Diese drei Schritte stehen in einem logischen Zusammenhang und ergeben zusammen einen sich immer wieder wiederholenden Prozess.

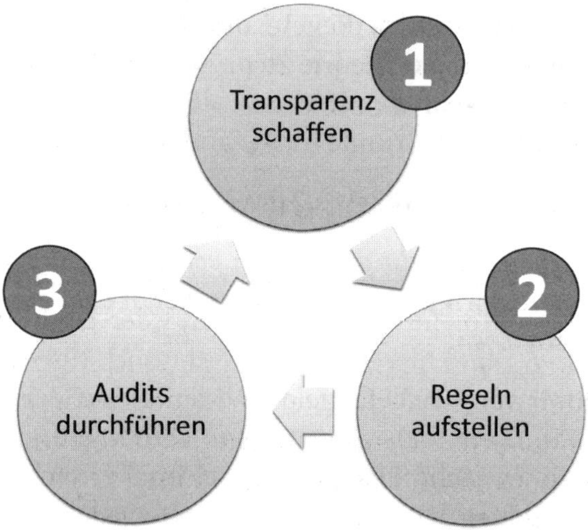

Abbildung 2.1: Der Regelkreis des 3SCHRITTE-Projekts

An dieser Stelle kann man natürlich einwerfen, dass es so etwas Ähnliches doch schon in den immer wieder erwähnten Normen der ISO-2700x-Reihe gibt – dort nennt sich dieser Regelkreis PDCA-Zyklus. PDCA steht dabei für *Plan, Do, Check* und *Act* und beschreibt damit etwas sehr Ähnliches wie der vereinfachte 3SCHRITTE-Zyklus. »Plan« kann in diesem Zusammenhang wie der Schritt »Regeln einführen« gesehen werden, »Do« steht dann für die Umsetzung der Regeln, »Check« für die Durchführung von Audits und »Act« für die nachfolgende Umsetzung von Verbesserungsmaßnahmen und dabei zu schaffende Transparenz.

Hinweis

Die Einführung eines Information-Security-Management-Systems (ISMS), wie die Gesamtheit der Prozesse und Regelungen genannt wird, ist das Ziel des 3SCHRITTE-Projekts – ähnlich wie es auch die Umsetzung der Norm ISO 27001 vorsieht.

Ich kann Sie also bereits jetzt beruhigen, dass eine Umsetzung des 3SCHRITTE-Projekts einer Vorgehensweise nach ISO 27001 oder auch den BSI-Grundschutz-Katalogen nicht zuwiderläuft. Es hat sich nur im Lauf der Zeit herausgestellt, dass eine vereinfachte und eingängigere Vorgehensweise sinnvoll ist, um ein entsprechendes Projekt effektiv und kostengünstig durchzuführen. Deshalb fassen wir das PDCA-Konzept in den oben genannten drei Teilschritten zusammen und schöpfen damit Synergie-Effekte, indem die einzelnen Aufgaben besser ineinandergreifen.

2.3 Die Ziele des IT-Sicherheitsprojekts

Von Beginn an stehen die Ziele, die der Auftraggeber erreicht sehen möchte, im Mittelpunkt eines Projekts. Diese Ziele sind der Dreh- und Angelpunkt und deren Erfüllungsgrad entscheidet schlussendlich über Erfolg oder Misserfolg. Daher richten sich alle Aktivitäten direkt oder indirekt nach diesen Zielen. Müsste man nun die Ziele eines IT-Sicherheitsprojekts in einem Satz formulieren, dann könnte dieser wie folgt aussehen:

»Es soll innerhalb des **Geltungsbereichs** (*scope*) des Projekts innerhalb einer **Zeitspanne** von drei Monaten ein **akzeptables**, weitgehend **flächendeckendes** IT-Sicherheitsniveau erreicht werden.«

Die beiden Schlüsselbegriffe, die uns jetzt vorrangig interessieren, sind der »Geltungsbereich« des Projekts und der Begriff »akzeptables IT-Sicherheitsniveau«. Andere Ziele, wie die Formulierung, dass die Laufzeit eines Projekts zeitlich begrenzt sein muss, verstehen sich von selbst, und dass Sicherheit nicht punktuell, sondern nur flächendeckend erreicht werden kann, wurde bereits ausreichend beschrieben. Damit bleiben zwei offene Variablen, die es mit Inhalt zu füllen gilt.

Was Teil des Projekts sein wird und was nicht, wird im Abschnitt »Aufgabe: Der Geltungsbereich« erläutert. Hier findet sich auch die erste Aufgabe des Projekts, die das Ziel hat, die gewonnenen Erkenntnisse schriftlich festzuhalten.

Was ein Sicherheitsniveau ist und woran man die Entscheidung festmachen kann, was für das eigene Unternehmen ausreichend ist und was nicht, wird im Abschnitt »Aufgabe: Sicherheitsniveau als Projektziel« erläutert. In der angeschlossenen Aufgabe geht es aber nicht darum, die Themenfelder zu bestimmen, die man bearbeiten möchte. Diese Aufgabe ist umfangreicher und wird erst in einem späteren Abschnitt umgesetzt. Hier geht es zunächst nur darum, die allgemeinen Projektziele und damit die Vision der IT-Sicherheit zu diskutieren und den Konsens zu dokumentieren. Eine Vision kann ruhig vage sein. Sie ist aber ein wichtiges Steuerungsinstrument, wenn es später darum geht, generelle Richtungsentscheide zu treffen.

Die Projektdauer von drei Monaten ist zunächst einmal willkürlich, aber nicht ohne Hintergedanken genannt. Natürlich wird die Dauer von vielen Faktoren abhängen, die von Unternehmen zu Unternehmen anders ausgeprägt sind. Auf der anderen Seite aber hat sich gezeigt, dass es selbst in größeren Unternehmen durchaus möglich ist, falls man stringent und diszipliniert genug an die Aufgabe herangeht, die gesetzten Ziele in diesem Zeitraum zu erreichen. Da es im Projekt nicht vorrangig um die Umsetzung der definierten Vorgaben geht, sondern um die Definition der Rahmenbedingungen, in denen sich die Bereiche der IT-Sicherheit bewegen sollen, hat sich dieser Zeitraum als eine vernünftige Zielgröße herausgestellt. Ich kann daher empfehlen, die einzelnen Schritte und darunter die verschiedenen Aufgaben so zu planen, dass insgesamt ein Zeitstrahl mit einer Länge von ca. 12 Wochen entsteht.

2.3.1 Aufgabe: Der Geltungsbereich

Output	Projektdokument »Geltungsbereich Projekt IT-Sicherheit«

Der Geltungsbereich legt detailliert fest, für welche Bereiche des Unternehmens das Projekt Anwendung finden soll. Dies umfasst die Definition, welche geografischen Standorte, welche Rechenzentren, welche Infrastrukturen oder auch welche IT-Systeme und Daten innerhalb des Projekts betrachtet werden sollen.

Hinweis

Auch der Geltungsbereich kann eine Größe sein, die durch externe Vorgaben beeinflusst wird. So legt der von der deutschen Bundesregierung verabschiedete Entwurf des IT-Sicherheitsgesetzes ganz neue Maßstäbe für Firmen an, die direkt oder indirekt im Umfeld von kritischen Infrastrukturen tätig sind. Die dort aufgeführten Meldevorgaben bei Sicherheitsvorfällen erhöhen den Druck, sich ganz genau anzuschauen, welche Prozesse und Produkte involviert sind und deshalb einer ganz genauen Beobachtung unterstellt werden müssen.

Es ist leicht einzusehen, dass, wenn man nicht das gesamte Unternehmen betrachtet, alle ausgenommenen Bereiche einem höheren Risiko ausgesetzt sein werden. Innerhalb eines internen Netzwerks sind schließlich alle Geräte mehr oder weniger schrankenlos miteinander verbunden. Ein kompromittiertes System in einer fernen Region stellt damit unter Umständen eine Bedrohung auch für eigentlich abgesicherte Systeme lokal vor Ort dar. Auf der anderen Seite ist es oftmals auch von Vorteil, klein zu starten, um die Aufwände in einem überschaubaren Rahmen zu halten und dann erst in einem zweiten Schritt den Geltungsbereich auszudehnen. Wie auch immer Sie sich entscheiden, zum Projektstart muss dies geklärt sein.

Hinweis

Üblicherweise umfasst der Geltungsbereich (*scope*) neben dem Arbeitsbereich der IT auch die Personalabteilung, den Gebäudeschutz, die Aufnahme von Regelungen wie Betriebsvereinbarungen, das Risikomanagement oder die Rechtsabteilung. Auf die Auswahl und die Definition, welche Unternehmensbereiche an diesem Projekt teilnehmen sollen, sollte man einige Zeit investieren. Wie immer gilt, wirft man zu kurz, dann können die Ergebnisse unter Umständen infrage gestellt werden, nimmt man alle und jeden mit ins Boot, dann torpediert man das Projekt von vornherein, da mit den vielen unterschiedlichen Interessen auch Komplikationen und Mehraufwand verbunden sind. Es gilt, die goldene Mitte zu finden.

Um die Aufgabe abzuarbeiten, kann es hilfreich sein, auf umgekehrte Weise an die Thematik heranzugehen und zu entscheiden und auch zu begründen, welche Bereiche des Unternehmens man aus dem Projektumfang **herausnimmt**. In einem Unternehmen, das Schokolade herstellt, könnte man z.B. den gesamten Fertigungsbereich innerhalb des Projekts ansiedeln, zusammen mit allen Produktdaten und Fertigungsprozessen und abgetrennt davon den Logistikbereich mit all seinen Systemen als außenstehend betrachten. Je stärker die technische Trennung ausgestaltet ist (Netzwerk, IT-Systeme, Datenhaltung etc.), desto mehr wäre dies auch von technischer und organisatorischer Seite her vertretbar. Auch dieses Beispiel zeigt, dass es schwer ist, eine solche Trennung sinnvoll vorzunehmen.

2.3.2 Aufgabe: Sicherheitsniveau als Projektziel

Output	Projektdokument »Projektziele Projekt IT-Sicherheit«

Der Begriff des »akzeptablen IT-Sicherheitsniveaus« zieht sich durch das gesamte Buch. Wenn man den bisherigen Diskurs zusammenfassen möchte, dann kommt die Feststellung heraus, dass das angestrebte und dann akzeptierte Niveau an IT-Sicherheit ein Parameter ist, der zum einen weitgehend frei definiert werden kann, der zum anderen aber dennoch so gewählt werden sollte, dass er Sinn ergibt. Über Sinn und Unsinn einer solchen Festlegung entscheidet dann wiederum eine Risikobetrachtung. So wird das Niveau von den Zielen und den Ansprüchen des Unternehmens beeinflusst und damit dem Risiko, das man einzugehen bereit ist.

Dem Top-down-Ansatz folgend ist es immer eine gute Idee, wenn dieser Parameter von der Unternehmensleitung festgelegt wird. In der Folge wird es sich im Projekt an Faktoren, wie dem Ausmaß der zugewiesenen Ressourcen und der allgemeinen Management-Awareness, zeigen, inwieweit dies geglückt ist.

Ich möchte noch erwähnen, dass natürlich auch die Entscheidung fallen kann, nur als Beispiel, dass auch das Fehlen von Schutzmechanismen auf Arbeitsplatzrechnern und Servern akzeptabel ist. Das macht in den allermeisten Unternehmen wenig Sinn, da dieser Entschluss viele andere Maßnahmen ad absurdum führen würde. Dennoch kann es, als Beispiel, Unternehmen geben, die ihr Netz derart abgeschottet haben, dass es auszuschließen ist, dass Schadsoftware auf ein IT-System gelangen kann, und in einer solchen Umgebung kann man sich dann die Ausgaben für Maßnahmen, wie einen Antivirenschutz, sparen. Durch dieses Beispiel soll deutlich werden, dass es durchaus Stoff für Diskussionen geben kann und dass diese im besten Fall auf einer Abwägung von Risiko und Chance basieren sollten.

Von diesem sicher sehr seltenen Beispiel abgesehen haben sich, und hier kommen wieder die Standards und Best Practices als Quelle ins Spiel, bestimmte IT-Sicherheitsfelder durchgesetzt, deren Implementierung als Basis für ein akzeptables Sicherheitsniveau anerkannt sind und die für die allermeisten Unternehmen als Grundlage dienen können. Angelehnt an den Standard »Control Objectives for Information and Related Technology« (COBIT), die Vorgaben vom Bundesamt für Sicherheit in der Informationstechnik (BSI), den Voraussetzungen an eine Zertifizierung nach ISO 27001 und nicht zuletzt abgeleitet aus den Erfahrungen aus verschiedenen IT-Sicherheitsprojekten, unterscheiden wir im Projekt zwei verschiedene Sicherheitsniveaus:

- **Basissicherheit** und die
- **erweiterte IT-Sicherheit (Zertifizierungslevel)**

Der Grund für diese Unterteilung liegt darin begründet, dass es Unternehmen erfahrungsgemäß viel leichter fällt, zunächst den Level Basissicherheit anzustreben und dann später, darauf aufbauend, den nächsten Level. Dazu kommt, dass der beschriebene Level »Basissicherheit« für die allermeisten Unternehmen bereits das akzeptable Sicherheitsniveau bietet, das sie sich wünschen. Ein Griff nach den letzten berühmten 10%, um die maximal erreichbaren 98% – wir erinnern uns daran, dass es keine 100%ige Sicherheit geben kann – zu erreichen, wäre zudem in vielen Fällen aus Sicht einer Risiko-Kosten-Abwägung heraus nicht mehr vertretbar.

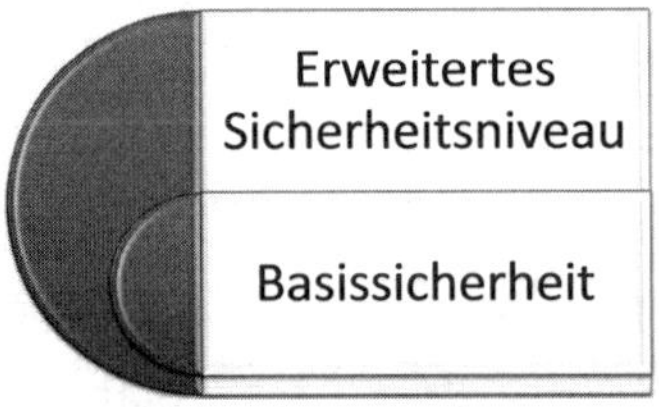

Abbildung 2.2: Zusammenhang der Sicherheitsniveaus

Nicht immer hat ein Unternehmen das Ziel, über das Niveau einer Basissicherheit hinauszugehen, und nur ein Bruchteil aller Unternehmen wird letztendlich eine Zertifizierung anstreben. Hier ist zu beachten, dass hinter dem Begriff **Basissicherheit** mehr steckt, als der Begriff zunächst vermuten lässt.

Sie bietet durchgängige Sicherheit auf einem hohen Niveau, das auch einen Vergleich mit dem gehobenen Branchendurchschnitt nicht zu scheuen braucht. Das entscheidende Wort ist hier das Attribut »durchgängig« oder auch »flächendeckend«.

Hinweis

Der hier geprägte Begriff »Basissicherheit« lässt sich nicht eins zu eins vom englischen Ausdruck »IT-Security Baseline« ableiten. In der Literatur und in verschiedenen Normen werden einige grundlegende Sicherheitstechniken, wie Antivirusprogramme oder das Patchmanagement unter diesem englischen Begriff zusammengefasst. Die Basissicherheit, wie wir sie hier verstehen, geht über diese Definition deutlich hinaus.

Auch innerhalb des Levels Basissicherheit können natürlich unterschiedliche Niveaus erreicht werden. So müssen nicht alle Themenfelder umgesetzt werden und nicht alle umgesetzten Themenfelder müssen den gleichen Durchdringungsgrad erreichen. An dieser Stelle stehen die individuellen Erfordernisse an erster Stelle. Gründe, so vorzugehen, liegen z.B. darin begründet, dass nicht alle Themengebiete der IT-Sicherheit für alle Unternehmen die gleiche Wichtigkeit besitzen. Dies hängt von Faktoren wie der Branche, der Unternehmensgröße oder der Art der verarbeiteten Daten ab. Dazu kommen die Compliance-Anforderungen von Kunden oder der eigene Anspruch, den die Unternehmensleitung anlegt. So wird ein Krankenhaus deutlich mehr im Bereich des Datenschutzes und den damit verbundenen technisch-organisatorischen Sicherheitsmaßnahmen tun müssen als ein Großhändler für Gemüsegurken. Andererseits wird der Großhändler sich vielleicht im Bereich der Einkaufssoftware und der Verwaltung von Kunden-Stammdaten über den allgemeinen Basisschutz hinausgehend engagieren wollen.

Auch spielen zukünftige Technologien eine große Rolle. Plant ein Unternehmen, sich als Vorreiter von Industrie 4.0 zu etablieren, dann muss die Messlatte, die man an die IT und damit an die IT-Sicherheit legt, ganz neu entwickelt werden, bevor man sie dann höher anlegt. Immer wenn sich die Art der Kommunikation radikal wandelt, kann es geschehen, dass die alten Konzepte und auch Standards zu kurz oder gar überhaupt nicht mehr greifen. Heute ist es ein wichtiges Ziel, die eigene IT-Infrastruktur weitgehend abzuschotten –

dazu dienen Zugriffskonzepte und Netzwerktechnologien wie Firewalls. Setzt man die Konzepte von Industrie 4.0 um, dann wird ein treibender Faktor sein, dass alles mit allem kommuniziert, und dies beinhaltet sowohl die eigenen Systeme als auch die Systeme von Kunden und Lieferanten. In einem solchen Umfeld ist die Abschottung einer Produktionsanlage nicht mehr ohne Weiteres möglich. Neue Ideen müssen entwickelt werden und die IT-Sicherheit muss sich anpassen. Dieses Beispiel zeigt sehr schön auf, wie ganz neue Ansätze der Informationsverarbeitung direkten Einfluss auf die Arbeit aller beteiligten Stellen nehmen.

Nicht alle Unternehmen, aber doch einige, streben letzten Endes eine Zertifizierung nach ISO 27001 oder ISO 27001 auf Basis von IT-Grundschutz an. Die Maßnahmen, die im Weiteren unter der Überschrift **Erweiterte IT-Sicherheit** geführt werden, sind diejenigen Arbeitspakete, die ergriffen werden sollten, um das Unternehmen zusätzlich fit zu machen und, falls angestrebt, reif für eine Zertifizierung zu machen. Dabei handelt es sich um Punkte, die natürlich auch ohne eine Zertifizierung anzustreben, das Sicherheitsniveau heben und demnach grundsätzlich empfehlenswert sind.

Einen weiteren Aspekt möchte ich an dieser Stelle auch anführen: Wir konzentrieren uns im Rahmen dieses Projekts zunächst vor allem auf technische Details der IT-Sicherheit und das ist auch der Fokus von 99% aller Verantwortlichen für diesen Bereich. Wir befinden uns also in guter Gesellschaft. Diesen technischen Ansatz versuchen wir dann, um Prozesse und die kontinuierliche Verbesserung zu erweitern. Dann erst können wir von einem IT-Sicherheitsmanagement sprechen. An dieser Stelle endet aber auch schon die öffentliche Diskussion. Aber ist das tatsächlich schon alles? Wurde tatsächlich bis zum Ende gedacht? Wie uns der Fall Snowden zeigt, ganz offensichtlich nicht. Denn er war berechtigt, auf die Geheimdokumente zuzugreifen. Die Benutzeranlage, die Authentifizierung und die Autorisierung haben funktioniert und dennoch hat er Tausende von brisanten Dokumenten kopiert und mitgenommen. Ich gehe davon aus, dass auch alle Audits grünes Licht gegeben haben. Was ist also schiefgelaufen? Zunächst einmal hatte er als Systemadministrator Zugriff auf Daten. Das müsste aber nicht so sein. Also die Trennung von IT-System und Daten hätte schon mehr Sicherheit gebracht. Weiterhin hat er diese Daten kopieren können. Es hätte also Mechanismen geben können, die Kritikalität der Daten zu erkennen und den Kopier- oder Druckvorgang zu unterbinden. Um dies zu unterstützen, existieren durchaus geeignete Tools. Diesen weiteren Aspekt sollte man immer im Hinterkopf behalten, wenn es darum geht, über Klassifizierung zu sprechen und Themen wie Data Leak Protection anzugehen.

Die Aufgabe soll die Einzelziele des Projekts auflisten. Da diese bereits beim Projektantrag vorliegen sollten, müssen sie, ähnlich wie der Geltungsbereich, bereits frühzeitig vorliegen. Es muss aber auch allen Beteiligten, also dem Auftragnehmer und dem Auftraggeber des Projekts, bewusst sein, dass diese Ziele zum jetzigen Zeitpunkt nur recht oberflächlich und wenig quantifiziert abgegeben werden können. Die Hinterlegung der Ziele mit Daten und Fakten wird dann im Rahmen der Abarbeitung weiterer Aufgaben möglich sein.

2.4 Der Projektablauf

2.4.1 Das Vorgehen im Überblick

Das 3SCHRITTE-Projekt hat zum Ziel, das IT-Sicherheitsniveau strukturiert und nachvollziehbar zu erhöhen. Da nicht jedes Unternehmen dabei die gleichen Prioritäten setzt, muss es flexibel eingesetzt werden, um genau diejenigen Bereiche zu erreichen, die speziell für Ihr Unternehmen von Wert sind. Dafür werden verschiedene Techniken aus dem Projektmanagement oder Werkzeuge, wie die Business-Impact-Analyse oder das Reifegradmodell, eingesetzt.

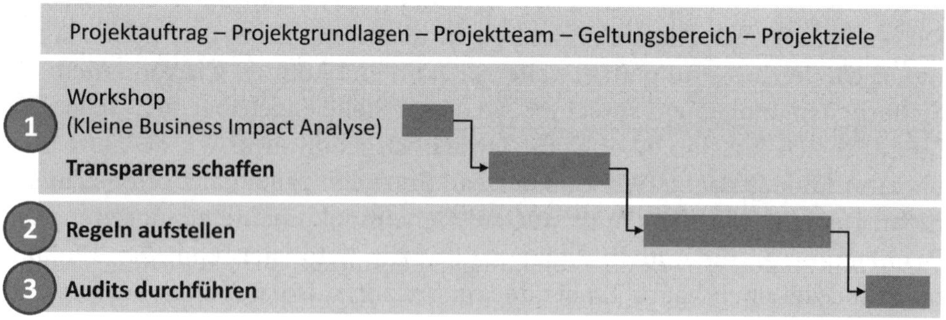

Abbildung 2.3: Grober Projektablauf

Die Thematik, um die sich alles dreht, und auch die Abarbeitung der einzelnen Aufgaben des Projekts sind recht komplex und deshalb ist es immer anzustreben, dass zumindest der Projektrahmen möglichst stringent und übersichtlich aufgebaut ist. In unserem Fall stellt Abbildung 2.3 den Projektverlauf dar. Man kann daraus ablesen, dass die einzelnen Schritte in einer Abhängigkeit voneinander stehen. Sind alle Aufgaben eines Schritts, oder auch Projektphase genannt, abgearbeitet, dann ist ein Meilenstein abgeschlossen und die nächste Projektphase kann eingeleitet werden. In Abbildung 2.4 wird der Zusammenhang erneut detaillierter dargestellt.

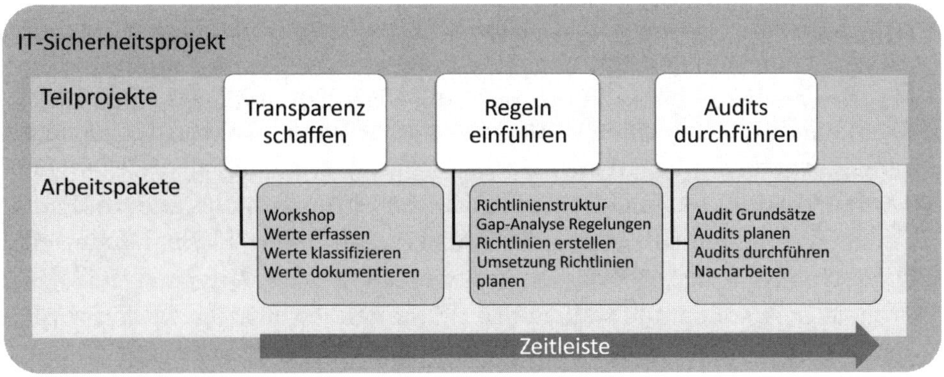

Abbildung 2.4: Projektüberblick

So wird es zunächst einen Projektauftrag geben und eine Projektstartsitzung (*Kick-off-Meeting*), bei der das Vorgehen abgestimmt wird und die verschiedenen Aufgaben den entsprechenden Abteilungen bzw. Personen zugeordnet werden. Die Meilensteine (*milestones*) des Projekts werden regelmäßig vom Lenkungsausschuss (*steering committee*) begutachtet und abgesegnet. Alle diese Schritte sind individuell von Unternehmen zu Unternehmen unterschiedlich. Aus diesem Grund verzichte ich an dieser Stelle auf Details und gehe davon aus, dass die nachfolgend beschriebenen Schritte in das entsprechende, bei Ihnen vorherrschende, Projektumfeld eingebettet werden.

2.4.2 Aufgaben, Input und Output

Bevor wir zu den einzelnen Projektphasen kommen, die das Projekt strukturieren, ist noch etwas zu den eigentlichen Arbeitsinhalten zu erwähnen. Diese werden im Folgenden »Aufgaben« genannt und die ersten wurden bereits einige Abschnitte früher eingeführt. Wann immer eine Aufgabe ansteht, ist dies bereits im Titel des jeweiligen Abschnitts zu erkennen. Ein Blick in das Inhaltsverzeichnis zeigt damit auf, dass mit dem Fortschreiten des Buches und damit dem Fortschreiten des Projekts auch die Anzahl an Aufgaben zunimmt.

Eine Aufgabe ist nur ein wertneutrales Wort für den Begriff »Arbeitspaket« aus dem Projektmanagement. Jedes Arbeitspaket gehört entweder zu den

Projektvorbereitungen oder aber zu einem der drei Schritte und sollte demnach auch abgearbeitet werden, bevor die jeweilige Projektphase als »erledigt« gekennzeichnet werden kann.

Hinweis

Die Aufgaben aus dem Bereich der Projektvorbereitung und auch diejenigen, die im Rahmen des Workshops und generell des Schrittes »Transparenz schaffen« abgearbeitet werden, sollten in jedem Fall angegangen werden. Ab dem Kapitel »Regeln einführen« kann sich dies ändern. Hier findet eine Individualisierung des Projekts statt und es bleibt dem jeweiligen Unternehmen überlassen festzulegen welche Aufgaben Teil des Projekts sein sollen und welche Priorität ihnen jeweils zugewiesen wird.

Immer wieder wird im Zusammenhang mit den Aufgaben von »Input« und »Output« die Rede sein. Abbildung 2.5 soll den Zusammenhang exemplarisch verdeutlichen.

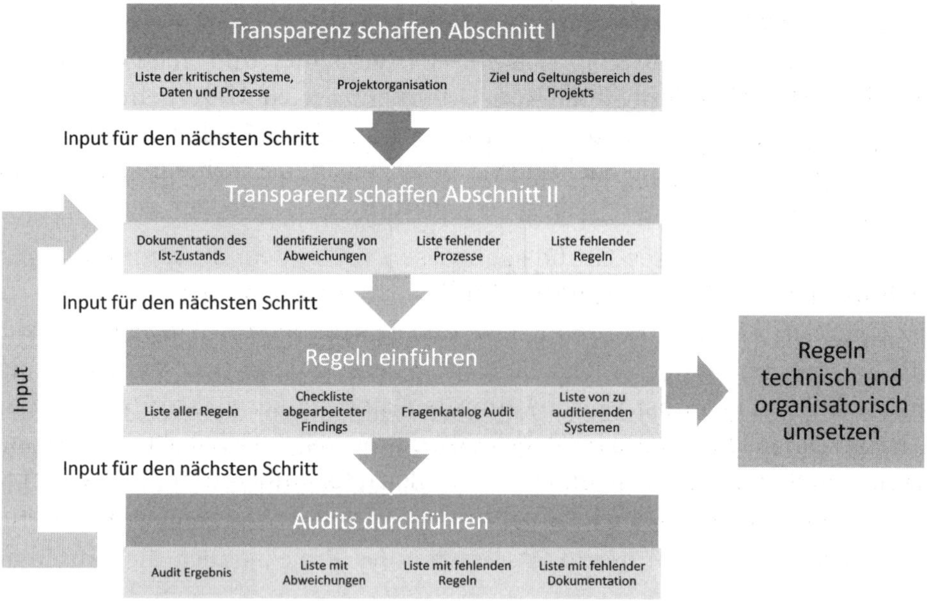

Abbildung 2.5: Der Datenflusses zwischen den Schritten des Projekts

Jeder Schritt, jede einzelne Aufgabe erzeugt Informationen. Diese werden dokumentiert, um dann im jeweils nachfolgenden oder auch in einem späteren Schritt darauf aufzubauen. So wird, als Beispiel, im ersten Abschnitt des Schritts »Transparenz schaffen« eine Datenbank als wichtig für das Unternehmen identifiziert. Im zweiten Abschnitt des ersten Schritts werden dann die zu dieser Datenbank gehörenden Prozesse und Datenflüsse ermittelt. Daraus wiederum kann man diejenigen IT-Systeme schlussfolgern, die für diesen Prozess erforderlich sind. Alle diese Informationen werden dokumentiert. Zum einen für ein späteres Notfallmanagement, das sich darum kümmert, diese Datenbank im Fehlerfall schnell wieder auf die Beine zu bringen, und des Weiteren, um als Input für den nächsten Schritt zu dienen: dem Schritt »Regeln einführen«. An diesem Punkt angelangt werden für die zugrunde liegenden IT-Systeme Regeln für den sicheren Betrieb erstellt und eventuelle Mängel behoben. Diese Regeln, die Liste der IT-Systeme und die Mängelliste (*list of findings*) werden im letzten Schritt herangezogen und dienen als Grundlage für die Durchführung eines Audits. In diesem werden die Systeme auf der Liste gegen die Regeln geprüft. Hier auffallende Mängel in der Dokumentation oder fehlende Vollständigkeit, was die Umsetzung der Regeln betrifft, fließen danach wieder in den Kreislauf ein, der wiederum mit der Dokumentation und Schaffung von Transparenz beginnt.

2.4.3 Transparenz schaffen

Transparenz bedeutet im Zusammenhang mit dem Projekt nichts anderes als das Schaffen von Wissen. Wissen über die wichtigen Daten und diejenigen IT-Systeme, Applikationen und Prozesse, die diese Daten verarbeiten oder speichern. Nur wenn dieses Grundlagenwissen vorhanden ist, kann ein Unternehmen überhaupt erst beginnen, für IT-Sicherheit zu sorgen. Intransparenz ist demnach z. B. dann vorhanden, wenn IT-Sicherheit nicht gelebt wird, weil die entsprechenden Schwachstellen nicht bekannt sind oder aber weil überhaupt nicht bekannt ist, dass bestimmte Daten stärker zu schützen sind als andere. Daraus folgt, dass im Rahmen des Projekts zunächst damit begonnen wird, den Status quo zu ermitteln, die Ziele zu formulieren und beides gegen diejenigen Punkte abzugleichen, die im angestrebten Sicherheitsniveau beinhaltet sein müssen.

Die Vorgehensweise, wie man diesen ersten Schritt abarbeitet, kann völlig unterschiedlich aussehen. Aber ob Sie als externer Berater engagiert werden, als langjähriger Mitarbeiter neu mit dem Thema konfrontiert werden oder bereits seit Längerem in der IT-Sicherheit arbeiten, zumindest das Ziel wird immer das Gleiche sein: Ohne Schönfärberei muss ein möglichst vollständiges Statusbild der IT-Sicherheit aufgenommen werden.

»Vollständigkeit« ist an dieser Stelle so zu verstehen, dass in der Bandbreite alle Bereiche untersucht werden sollten. Es ist dabei nicht erforderlich, dass alle Unternehmenswerte aufgenommen werden. Ein solcher Schritt wäre auch nicht in kurzer Zeit zu leisten. Anders ausgedrückt: Jeder Bereich, den ein Themenfeld der IT-Sicherheit berührt soll untersucht werden ohne dabei so weit in die Tief zu gehen, dass man aufgrund der schieren Datenmenge bereits handlungsunfähig wird.

Um mit dem Projekt starten zu können, genügen also bereits komprimierte Informationen. So ist es ausreichend zu wissen, dass Daten der höchsten Wichtigkeitsstufe auf Server A gesichert sind und das Backup dieser Daten auf Tape B liegt. Weitere Detaillierungsstufen wären zwar auch hilfreich, nur verliert man sich dann schnell in einer Komplexität, die kaum noch zu verarbeiten ist. Dieser Punkt ist wichtiger, als man zunächst annimmt. Im Laufe des Projekts und später im Betrieb, wenn es darum geht, die Regeln umzusetzen, macht der Detaillierungsgrad den Unterschied zwischen einem Projekt, das erfolgreich zu Ende geführt wird, und einem Projekt, das bereits in den ersten Aufgaben stecken bleibt. Der Projektleiter hat damit immer auch die Aufgabe, die jeweils erforderliche Detailtiefe festzulegen und eine gesunde Abwägung zwischen Aufwand und dem Drang nach mehr Wissen vorzunehmen.

Mit der Zeit, getrieben vom kontinuierlichen Verbesserungsprozess, den drei Schritten, und im Rahmen einer gesteigerten Sensibilität für das Thema wird kein Weg daran vorbeiführen, die Unternehmenswerte immer tiefgehender zu erfassen, zu klassifizieren und zu schützen. Dies wird dann, unterstützt durch ein Asset-Managements und das Risikomanagement, fast schon automatisch erfolgen. Unter diesen beiden Stichworten verbergen sich die Auflistung von IT-Systemen, von Software und eine Beschreibung der IT-Prozesse und deren Priorisierung unter Nutzung eines IT-Risikomanagement-Ansatzes. Dies muss nur nicht gleich zu Beginn des Projekts in voller Tiefe geschehen. Ein guter Kompromiss ist es, innerhalb des Projekts die Vorgehensweise bezüglich der Klassifizierung festzulegen und dann nach und nach in der Praxis umzusetzen. Auch hier gilt das 80:20-Prinzip: Zunächst sollte man sich auf die wirklich wichtigen Werte konzentrieren. Im Projekt werden die ersten

Ansätze dazu im Rahmen der kleinen Business-Impact-Analyse gelegt. Das Vorgehen dazu wird im entsprechenden Abschnitt im Kapitel »Transparenz schaffen« ausführlich beschrieben.

Der nächste wichtige Punkt betrifft die Qualität der Ergebnisse. Nicht alles, was es gibt, muss betrachtet werden und manchmal sind auch scheinbar unwichtige Dinge wichtig für das Projekt. Somit steht und fällt die Aussagekraft der Ergebnisse mit den Personen, die diese sammeln und bewerten. So ist es wichtig, sich für diese Aufgabe gute Interviewpartner zu suchen und die Ergebnisse vernünftig, d.h. möglichst einfach und effizient, zu dokumentieren. Das Ergebnis sollte ein möglichst umfassendes Gesamtbild ergeben. Hilfreich sind ein Besuch des Rechenzentrums und die Anfertigung von Bildern, sofern es die internen Regeln zulassen.

Hinweis

Das Material, das Sie hier sammeln, bildet die »IT-Sicherheits-Baseline« für das Projekt und damit das Material, gegen das später der Projekterfolg gemessen werden wird.

Ein weiterer nicht zu unterschätzender Punkt sind die Erfahrungen, die man macht, wenn man die beteiligten Unternehmensbereiche aus der Perspektive der IT-Sicherheit durchleuchtet. Mit dem Projektauftrag im Rücken kann man die völlige Offenlegung von Prozessen und Prozeduren erwarten und erhält diese zumeist auch problemlos. Diese Erfahrungen sind extrem wichtig für die eigene Urteilsfähigkeit hinsichtlich wichtiger Entscheidungen.

Eine Bestandsaufnahme und Darstellung der aktuellen Sicherheitslage in Form einer IT-Sicherheitsübersicht (*vulnerability landscape*) ist vergleichbar mit der Darstellung der Ergebnisse einer Inventur. Auch dafür wird gezählt, beobachtet, erfasst und vor allem auch dokumentiert. Spätere Audits finden ihre Zahlenbasis immer in der ersten Bestandsaufnahme und den danach durchgeführten Änderungen. Selbst offensichtliche Abweichungen (*findings*), wie offene Türen zum Rechenzentrum oder wichtige Server unter den Tischen von Kollegen, sollten erfasst werden. Bei der nächsten oder übernächsten Durchsicht sind das, falls abgestellt, die offensichtlichsten positiven Erfolge (*quick wins*). Gerade zu Beginn eines länger laufenden Projekts sind diese »quick wins«, auch ganz nett »low hanging fruits« genannt, extrem hilfreich, sich eine gute Ausgangsbasis zu verschaffen. Dokumentieren und Kommunizieren geht hierbei Hand in Hand.

Diese Dokumentation zusammen mit den Interviews und schriftlichen und fotografischen Beweisen können Sie dann im nächsten Schritt nutzen, Ihren Auftraggeber oder Vorgesetzten über den Status quo zu informieren. Das anzustrebende Ergebnis eines solchen Gesprächs ist es, die Rückendeckung für die Durchführung der geplanten, weiteren Projektschritte zu erhalten. Die Freigabe von Schritten oder die Anerkennung von erreichten Zielen wird zudem zukünftig daran gemessen werden, inwieweit Verbesserungen auf Grundlage der erfassten Ausgangssituation zu erkennen sind. Es wird im Umkehrschluss später schwierig werden, aufzuzeigen, was alles erreicht wurde, wenn es nicht der Ausgangssituation, die sinnvoll dokumentiert wurde, gegenübergestellt werden kann.

Alle Ergebnisse einer jeder Bestandsaufnahme sollten in einen Bericht eingehen, der, aufbereitet für die jeweiligen Empfänger, ob Administrator, IT-Leitung oder Unternehmensleitung, in regelmäßigen Abständen verschickt wird. Hierbei ist es erforderlich, diplomatisch vorzugehen. Etwas zu finden und mit dem Verursacher über mögliche sinnvolle Maßnahmen zu diskutieren, kann und muss ohne Häme und Besserwisserei vonstattengehen. Dazu kommt, dass an diesen Punkten immer wieder verschiedene Prioritäten und Perspektiven aufeinandertreffen werden. Beispiele für solche unterschiedlichen Prioritäten sind Zugriffe contra Vertraulichkeit oder Patchmanagement contra Verfügbarkeit. Verständnis für die Beweggründe des Gegenübers zu haben und die Hintergründe zu verstehen, hilft dabei, maßgeschneiderte Maßnahmen zu entwickeln, und nicht zuletzt auch dabei, ein Netzwerk an Unterstützern aufzubauen.

Hinweis

Die hier beschriebene Bestandsaufnahme geht im täglichen Betrieb über in eine umfassende Erfassung und laufende Dokumentation aller (kritischen) Unternehmenswerte (*assets*) im Rahmen eines Asset-Managements.

Innerhalb des Projekts wird die Bestandsaufnahme mit dem Terminus »Transparenz schaffen« umschrieben. Durch die einzelnen Aufgaben zieht sich dabei der rote Faden, für jedes Teilgebiet der Datensicherheit den Status quo zu dokumentieren, um später aus dem Gefundenen Regeln für die Zukunft abzuleiten und diese im Rahmen von Audits wieder abzuprüfen. Es ist dabei zunächst davon auszugehen, dass es so gut wie immer jemanden gibt, der die guten und die schlechten Seiten kennt. Da man natürlich lieber von den guten Prozessen spricht, ist oftmals Einfühlungsvermögen gefragt, wenn es darum geht, auch die unschönen Details zu erfahren. Alles, was zu diesem Zeitpunkt in Erfahrung gebracht werden kann, wird einen später nicht mehr überraschen und dazu zwingen, von der geplanten Vorgehensweise abzuweichen und zusätzlich abzuarbeiten. Es lohnt sich also in jedem Fall, in diese Punkte eher mehr Zeit und Energie zu stecken.

2.4.4 Regeln einführen

Regeln beseitigen Unsicherheiten und Missverständnisse und definieren, was getan werden muss, um ein gestecktes Ziel zu erreichen. Im Zusammenhang mit der Thematik IT-Sicherheit haben sie immer die Sicherstellung oder Steigerung des IT-Sicherheitsniveaus zur Aufgabe. Regeln streben aber auch die Standardisierung von Prozessen und technischen Installationen auf einem genau definierten Niveau an. Sie bilden damit den Rahmen, in dem sich die zu schützenden Unternehmenswerte bewegen müssen. Damit adressieren Regeln im täglichen Betrieb den Unterschied zwischen dem bereits erreichten und dem Idealzustand. Ihre Umsetzung konzentriert sich demnach auf das Gap zwischen Ist-Zustand und Soll-Zustand. Das ist wichtig, wenn es darum geht, den Zusammenhang zwischen Transparenz, der Darstellung der aktuellen Situation, und dem Einführen von Regeln zu verstehen.

Hinweis

Alles Relevante muss in Form von Regeln definiert sein. Im Umgang mit Daten darf es kein Bauchgefühl und keine Unsicherheit geben, wenn es darum geht, mit einer bestimmten Fragestellung umzugehen. Regeln dienen nicht der Einschränkung, sie dienen als Richtschnur. Sie sind verbindlich, aber nicht in Stein gemeißelt. Das bedeutet, dass, wenn es Verbesserungspotenziale hinsichtlich des Inhalts von Regeln gibt, dann müssen diese schnell und effektiv auch umgesetzt werden.

Die Überwachung von IT-Systemen und Prozessen (*monitoring*) und auch das Audit haben in diesem Bild die Aufgabe, ein Ausbrechen aus diesem Rahmen zu identifizieren, zu melden, Maßnahmen abzuleiten und daraus zu lernen. Der Prozess der Auditierung, Thema des letzten Schritts, spielt darin zum einen die Rolle des Kontrollorgans, das regelmäßig überprüft, ob alle beteiligten Personen und Systeme nach den vorgegebenen Regeln spielen, und zum anderen nimmt es Verbesserungspotenziale auf, um mit diesem Wissen wiederum das Regelwerk zu verbessern.

In den meisten Vorgehensbeschreibungen steht der Begriff »Gap-Analyse« für den Vorgang, Abweichungen zwischen bestehenden Vorgaben und den in der Ist-Analyse gefundenen Tatsachen zu identifizieren. Dabei wird meistens davon ausgegangen, dass die anzustrebende Situation, zumindest in groben Zügen, allgemein bekannt ist und dass damit ein Blick auf die Ergebnisse der Ist-Analyse ausreicht, um einen entsprechenden Maßnahmenkatalog zu definieren, der Ist und Soll zusammenbringt. In der Praxis zeigt sich jedoch häufig, dass es nicht an der Aufnahme der Ist-Situation mangelt, sondern vielmehr an der klaren Definition einer anzustrebenden Soll-Situation. Deutlicher ausgedrückt: Ein Mangel an klaren und nachvollziehbaren Vorgaben verursacht häufig überhaupt erst einen Mangel an IT-Sicherheit. Die Durchführung einer Sicherheitsinventur ist ein sequenzieller Vorgang, der unter Nutzung der richtigen Methodik recht unkompliziert zu einem sinnvollen Ergebnis führen wird. Die Definition dessen aber, was am Ende erreicht werden soll, und gegen das eine Ist-Analyse abzugleichen ist, ist die größere Herausforderung. Damit zeigt sich, dass eine Gap-Analyse regelmäßig komplizierter ist, als zunächst gedacht.

Hinweis

Die Umsetzung aller Regeln kann im Rahmen eines dreimonatigen IT-Sicherheitsprojekts nicht geleistet werden. Aber zumindest die wichtigsten Regeln, diejenigen, die das Fundament bilden, sollten ohne Verzug angegangen werden – üblicherweise geschieht dies bereits im Laufe des Projekts.

Aufgelöst werden kann dieses Dilemma nur durch einen strukturierten Aufbau eines Bildes, das genau aufzeigt, was am Ende des Tages, also zum Ende des Projekts, in Form der Zieldefinition herauskommen soll. An dieser Stelle setzen übrigens die am Beginn des Buches aufgezeigten Fallstricke an und beschreiben die dabei zu erwartenden Schwierigkeiten. Aus diesem Grund werden wir uns in diesem Buch zu einem großen Anteil damit beschäftigen, zu erarbeiten, welche Themenfelder der IT-Sicherheit verwirklicht werden sollen, um am Ende das angestrebte Sicherheitsniveau zu erreichen. Liegen diese Ziele klar auf dem Tisch, dann reicht ein einfacher Vergleich mit der dokumentierten Ist-Situation, um die jeweilige Abweichung (*gap*) zu erkennen und das Projektteam in die Lage zu versetzen, entsprechende Maßnahmen zu entwickeln.

Bevor Regeln definiert werden können, bedarf es einer gemeinsamen Vision, die auf die Unternehmensziele und die Ziele der IT abgestimmt ist. Mir ist bewusst, dass der Begriff »Vision« zum Teil inflationär benutzt wird und dementsprechend einen Beigeschmack hat. Dennoch beschreibt er am besten das, was ein Verantwortlicher für Datensicherheit als strategische Ausrichtung in seine Planung mit einbeziehen muss. Nur wenn er weiß, wohin er möchte, kann er vom Ausgangspunkt aus die richtige Richtung einschlagen. Zurück auf den Boden: Im letzten Abschnitt hat sich alles darum gedreht, das Management davon zu überzeugen, dass Datensicherheit wichtig ist. Danach hat eine Bestandsaufnahme der aktuellen Situation stattgefunden. Nun geht es darum, zu entscheiden, welche Richtung eingeschlagen werden soll, um ein bestimmtes Ziel zu erreichen. Dieses Ziel, nennen wir es doch unsere Vision, kann z.B. sein, alle Kriterien der ISO-2700x-Reihe in der Praxis umzusetzen. Ein anderes Ziel wäre, alle Aufgaben, die in diesem Buch gestellt werden, abzuarbeiten.

Um ein Beispiel auf der Arbeitsebene zu bemühen: Im Anhang A der ISO 27001 ist davon die Rede, dass während der Beschäftigung eines Mitarbeiters sorgfältig darauf geachtet werden muss, dass er trotz interner Umzüge und Wechseln zwischen Abteilungen immer nur die Zugriffsrechte besitzt, die er für seine aktuelle Aufgabe benötigt. Eine Vision hilft nicht, festzustellen, was denn konkret an Handlungen abzuarbeiten ist. Dafür muss diese Version erst in handliche und wirklichkeitsnahe Ziele übersetzt werden. Diese Ziele wiederum werden über Richtlinien formal festgelegt. Aus diesen Vorgaben lassen sich eine Reihe von Maßnahmen und Prozesse ableiten. Diese können von der Einführung eines Identity-Management-Prozesses bis hin zu regelmäßigen Überprüfungen der Zugriffsrechte reichen. Ausgehend von der aktuellen Ausgangslage kristallisiert sich also im Zusammenspiel mit einer Vision eine Vorgehensweise heraus.

Hinweis

Die Darstellung der Ist-Situation auf allen Ebenen in Zusammenhang gebracht mit den Zielen und einer Einschätzung des jeweiligen Risikos ist unerlässlich, weil nur dadurch gewährleistet wird, dass die Aufgaben, die das höchste Sicherheitsrisiko adressieren sollen, auch priorisiert abgearbeitet werden. In der Datensicherheit ist nicht jedes Arbeitspaket von gleicher Wichtigkeit. Es muss ständig an der Reihenfolge justiert werden, solange nicht ausreichend Ressourcen vorhanden sind, alles gleichermaßen parallel anzugehen.

Die Vision oder Ziele der IT-Sicherheit leiten sich von den Unternehmenszielen ab. An dieser Stelle hat bereits die kleine Business-Impact-Analyse angesetzt, um diese Brücke zu schlagen. Wir gehen also im Folgenden davon aus, dass die Ziele darin liegen, die kritischen Unternehmenswerte, in den meisten Fällen werden dies Daten, IT-Systeme und Prozesse sein, zu schützen. Diese Ziele werden demnach von den Richtlinien adressiert.

Noch mal zusammengefasst: Ist die Vision definiert und auf konkrete Ziele heruntergebrochen, dann ist es möglich, das Gap zwischen dem aktuellen Stand und diesen Zielen darzustellen. Eine solche Darstellung ist sehr wichtig, da sie nicht nur der Überprüfung der Zielerreichung dient und dem vorliegenden Projekt Inhalt verschafft, sondern auch, weil sie als Instrument dient, um Budgets zu erhalten, und der Unternehmensleitung die Möglichkeit gibt, einzelne Ziele zu priorisieren und damit direkt Einfluss zu nehmen. Im besten Fall erreicht man damit, dass die Ziele der Datensicherheit und der IT in die gleiche Richtung zielen wie die strategischen Unternehmensziele.

2.4.5 Durchführung von Audits

Die Überprüfung der Einhaltung von Regeln erfolgt im Rahmen von sogenannten Audits. In Audits wird, z.B. auf Basis eines Fragenkatalogs, abgefragt, welchen Umsetzungsgrad Vorgaben aus den verschiedenen Bereichen der Datensicherheit innerhalb eines definierten Geltungsbereichs haben. Der Fragenkatalog wiederum wird direkt von den bestehenden Regelungen abgeleitet. Die Ergebnisse aus den Audits dienen der Transparenz und bilden die Grundlage, das Delta zwischen dem Ist-Zustand und den definierten Zielwerten festzustellen. Jedes Delta wird bewertet und je nach Priorität unter Anwendung entsprechender Maßnahmen bearbeitet – immer mit dem Ziel, in einer festgelegten Zeitspanne ein definiertes Ziel zu erreichen. Audits stellen damit die letzte Instanz des kontinuierlichen Verbesserungsprozesses dar und deren Ergebnisse dienen als direkter Input für die Schaffung von mehr Transparenz und die Überarbeitung von Regelungen.

Hinweis

Es besteht ein Unterschied zwischen den Vorgängen »Umsetzung prüfen« und »Wirksamkeit prüfen«. Zu wissen, dass lokal eine Regel umgesetzt wurde, bedeutet nicht, dass diese auch zu einem Grad von x% Wirkung entfaltet. An dieser Stelle ist es wichtig, neben der Frage nach »ist die Regel in Kraft« auch die entsprechenden Nachweise (*proof*) einzufordern und gegebenenfalls Stichproben (*samples*) zu nehmen und diese auszuwerten.

Da diese Aufgabe wichtig ist, kann durchaus angedacht werden, unterschiedliche Arten von Audits durchzuführen. Neben den klassischen Vor-Ort-Audits sind Selbstauskünfte und auch auf technischer Ebene durchgeführte regelmäßige Penetrationstests denkbar. Dabei sollte genau abgewogen werden, welche Art an Audit in welcher Umgebung ein zufriedenstellendes Ergebnis abliefern kann. Allgemein anerkannt ist, dass ein Vor-Ort-Audit durch einen geschulten und unabhängig agierenden Auditor das beste Ergebnis liefern wird, wenn es um die Überprüfung der Umsetzung von Regelungen geht. Sollen Erkenntnisse über technische Schwachstellen gefunden werden, bieten sich Netzwerkscanner oder, insbesondere wenn es um die gezielte Überprüfung von einzelnen Systemen geht, die Beauftragung von darauf spezialisierten Firmen an. Diese werden dann Penetrationstests durchführen, die über das hinausgehen, was kommerzielle Tools automatisiert ableisten können.

Der Verfolgung von Maßnahmen, die sich aus gefundenen Abweichungen (*findings*) ableiten, muss großes Augenmerk gewidmet werden. Je nach Anzahl an Abweichungen und Komplexität der Maßnahmen kann sich deren Abarbeitung über Wochen und Monate hinziehen. Außerdem sind davon häufig viele Personen aus verschiedenen Fachbereichen betroffen, was eine strukturierte, dokumentierte und mit Mitteln des Projektmanagements durchgeführte Bearbeitung erforderlich macht. Im Grunde handelt es sich auch bei jeder Maßnahme um ein kleines bis großes Projekt mit allen Herausforderungen, die Projekte mit sich bringen. Und genauso müssen diese Maßnahmen auch behandelt werden.

3 Transparenz schaffen

3.1 Übersicht über die Vorgehensweise

Wissen entsteht dort, wo Transparenz herrscht. Wissen wiederum ist die Grundlage für jede unternehmerische Entscheidung. Dabei ist es nicht nur wichtig zu wissen, wie etwas funktioniert, sondern es ist auch wichtig zu wissen, warum. Die beiden Schlagworte in diesem Zusammenhang sind »Know-how« und »Know-why«. Auch wenn dies natürlich für alle Fachgebiete innerhalb eines Unternehmens mehr oder weniger ausgeprägt richtig ist, so ist es innerhalb der IT-Sicherheit eine unabdingbare Notwendigkeit. Eine Entscheidung, die auf Basis einer Kosten-Nutzen-Relation oder einer Abwägung von Risiko und Chance basiert, kann nur dann formal korrekt erfolgen, wenn alle zur Entscheidungsfindung erforderlichen Parameter auch bekannt sind.

Warum dies extra betont werden muss, liegt wiederum in der Natur der immer komplexer werdenden IT-Umgebung. Das Wissen um den Status eines sicherheitsrelevanten Sachverhalts fällt einem nicht automatisch in den Schoß, sondern muss zunächst hart erarbeitet werden. Es wäre also viel leichter, auf Wissen zu verzichten, sich einem fiktiven guten Gefühl hinzugeben und das Beste zu hoffen, statt Problemen auf den Grund zu gehen. Dazu kommt, dass Wissen häufig genug dazu führt, dass Fehlentwicklungen und Fehlentscheidungen aus der Vergangenheit sichtbar werden. Aus all diesen Gründen und aus der reinen Notwendigkeit heraus steht das Kapitel »Transparenz schaffen« ganz zu Beginn des Projekts. Zur besseren Gliederung und um die Übersicht nicht zu verlieren, unterscheiden wir im Rahmen dieser Projektphase die folgenden Teilschritte:

1. Erstellung der beiden Basisdokumente »Information Security Policy« und der »Klassifizierungsrichtlinie«
2. Im Rahmen des Workshops die Durchführung der kleinen Business-Impact-Analyse. In diesem Teilschritt werden auch die kritischen Pro-

zesse, IT-Systeme, Prozesse und Daten identifiziert. Hier findet also die Ist-Aufnahme statt.

3. Die Festlegung der Themengebiete der IT-Sicherheit, die im Rahmen des Projekts abgearbeitet werden sollen

Im Grunde geht es darum, zunächst die formale Grundlage für die Arbeit der IT-Sicherheitsorganisation und damit auch des IT-Sicherheitsprojekts zu schaffen. Dazu dienen die beiden erwähnten Richtlinien. Hierzu den Rahmen des Projektauftakts zu nutzen, ist von hoher psychologischer Bedeutung und unterstreicht die Wichtigkeit der Management-Awareness.

Ist diese Aufgabe abgearbeitet, dann findet der Prozess statt, der bereits an früherer Stelle mit der Verknüpfung von Vision und Arbeitsebene beschrieben wurde. Von den Geschäftsprozessen ausgehend wird eine Verbindung bis herunter auf System- oder Datenebene geschaffen und daraus abgeleitet dokumentiert, welche Werte mit welcher Priorität versehen im Rahmen des Projekts zu betrachten sind und welche nicht.

Zu diesem Schritt gehört auch die Dokumentation des Ist-Zustands. Das heißt, dass zum einen die eben definierten Werte dokumentiert werden müssen, und zum anderen, dass auch alle bestehenden Regeln und Prozesse aus dem IT-Sicherheitsumfeld aufgenommen werden müssen. Diese Aufnahme dokumentiert damit, was bereits im Bereich der IT-Sicherheit getan wird, und bildet die Grundlage für die Entscheidung, was davon übernommen werden kann, was verworfen werden muss und was nur angepasst werden soll. Über die IT-Abteilung hinaus kann dies auch Bereiche wie die Personalabteilung, den Prototypenbau, die Fertigung oder auch Zentralfunktionen wie den Gebäudeschutz betreffen.

Grundsätzlich gilt es, bei der Recherche auf zwei Dinge zu achten. Zum einen möchte man natürlich viele Dokumentationen und bestehende Prozesse weiterverwenden oder möglichst nur geringfügig ändern. Alles, was bereits existiert und in das Gesamtkonzept hineinpasst, spart Zeit und Ressourcen. Wenn es also später darum geht, Listen zu erstellen, dann macht es jeweils Sinn, zuvor herauszufinden, an welchen Stellen im Unternehmen es bereits diesbezüglichen Input gibt. Es gilt damit, zuallererst im Fundus bereits dokumentierten Wissens zu stöbern, und alles, was im Entferntesten wiederverwendbar ist, auch zu nutzen.

Abbildung 3.1: Identifizierung zu schützender Unternehmenswerte

Zudem sollte man sich immer die Frage stellen, was denn überhaupt vorrangig geschützt werden soll. Das Wort »vorrangig« impliziert bereits den Gedanken, dass eine Priorisierung erforderlich ist und dass man immer wissen muss, was zuerst kommt und was danach, vielleicht auch niemals, folgen soll. Die Reihenfolge ist also von entscheidender Bedeutung. Damit verhindert man, dass zunächst viel Energie in ein nachrangiges Thema der IT-Sicherheit gesteckt wird, einfach weil es werbewirksamer oder auch einfacher ist, und dabei die wirklich großen Risiken zu spät betrachtet. Die Grundlage für diese Priorisierung schafft die kleine Business-Impact-Analyse.

Der letzte Teilschritt besteht dann darin, unter die Diskussionen über Wichtigkeit und Nichtrelevanz einen Strich zu ziehen und klar und vorläufig endgültig eine Liste mit den Themengebieten aufzustellen, die im Rahmen des Projekts bearbeitet werden sollen.

3.2 Die Basisdokumente der IT-Sicherheit

Das IT-Sicherheitsmanagement baut auf einem Fundament auf, das im Wesentlichen aus einer Reihe von grundlegenden Festlegungen besteht.

Diese elementaren Festlegungen werden in den Basisdokumenten der Informationssicherheit festgehalten. Etwas aufzuschreiben und in Umlauf zu bringen, ist dabei natürlich nur die halbe Miete. Wesentlicher ist es, dass das Wesen der Aussagen, die diese Dokumente widerspiegeln, auch verstanden und akzeptiert wird. Sie sind sowohl für das Projekt als auch für den späteren Betrieb essenziell.

Zu den eben erwähnten Schriftstücken gehören die grundlegenden Sicherheitsdokumente wie die Information Security Policy oder die Klassifizierungsrichtlinie. Diese werden gemeinsam erarbeitet und dienen ab diesem Zeitpunkt als Fundament für die Arbeit der Informationssicherheitsorganisation, das Projekt und damit für alle Dokumente oder Maßnahmen.

3.2.1 Aufgabe: Information Security Policy

Referenzen und Hilfestellungen	ISO 27002 Kapitel 5 Information Security Policy ISO 27001 Anhang A.5 Information Security Policy ISO 27002 Kapitel 6 Organisation der IT-Sicherheit BSI Standard 100-1 Kapitel 7.2 BSI Standard 100-2 Kapitel 3.3
Output	Richtlinie »Information Security Policy«
Sicherheitslevel	Basissicherheit

Der erforderliche Top-down-Ansatz bei der Umsetzung eines unternehmensweiten Sicherheitsprojekts wurde bereits mehrfach betont. Dieser spiegelt die Verantwortung der Unternehmensleitung wider und findet seinen formalen Ausdruck in der Information Security Policy. Abgeleitet von diesem englischen Begriff findet man in Normen und anderer Literatur auch Bezeichnungen wie »Leitlinie zur Informationssicherheit« (ISO 27001) oder auch »Sicherheitspolitik« (diverse Fachbücher).

Um Unklarheiten vorzubeugen, werde ich den englischen Begriff verwenden. Alle Begriffe haben den gleichen Ursprung und leiten sich maßgeblich aus der Anforderung aus der ISO 27001 und der ISO 27002 ab, in der es heißt, dass auf oberster Unternehmensebene eine Richtlinie erstellt werden soll, die folgende Punkte adressiert:

- Den Zusammenhang zwischen der Unternehmensstrategie, Anforderungen aus Gesetzen, Anforderungen von Kunden und aus Verträgen und der IT-Sicherheitsstrategie darzustellen. Dazu gehört auch die Übernahme der Verantwortung für die Informationssicherheit durch die Unternehmensleitung.
- Den Geltungsbereich der Richtlinie, und damit indirekt der IT-Sicherheitsorganisation, festzulegen.
- Die Ziele der IT-Sicherheit und die Rolle der IT-Sicherheitsorganisation zu definieren. An dieser Stelle macht es zudem Sinn, die Schutzziele aufzuführen und auf die Klassifizierungsrichtlinie zu verweisen.
- Die Verantwortung der Mitarbeiter für die Daten, die sie verarbeiten, zu betonen. Passend dazu können die Begriffe »Dateneigentümer« und »Risikoeigentümer« eingeführt werden.

Damit sind die grundsätzlichen Punkte beschrieben, die eine solche Richtlinie beinhalten sollte. Wie beginnt man aber nun am besten, wenn es um deren Umsetzung geht? Zuallererst ist festzustellen, dass es sich bei der Information Security Policy um ein Dokument handelt, das von der Unternehmensleitung abgesegnet werden sollte. Damit steht schon fest, dass diese in den Entwicklungsprozess involviert oder zumindest über ihren Inhalt informiert werden muss. Dazu kommt, dass sich die Änderungszyklen eher im Rahmen von mehreren Jahren statt von Monaten bewegen und dass der Inhalt deshalb wenige, am besten überhaupt keine, Details beinhalten sollte, die ständigen Änderungen unterworfen sind. Damit ist es schon in den meisten Fällen ausreichend, ein Dokument mit wenigen Seiten zu erstellen, dieses freigeben zu lassen und dann dessen Veröffentlichung in ausreichendem Maße zu kommunizieren.

Da es sich um ein Dokument handelt, das sich an alle Mitarbeiter, Kunden und Lieferanten richtet, müssen diese auch in der Lage sein, es zu finden und zu verstehen. Das betrifft zum einen die Sprachen, in die es übersetzt werden sollte, und auch seine Ablage. Oft ist es deshalb im Intranet zu finden oder in einem allgemein genutzten Managementhandbuch.

Die Punkte, die oben beschrieben sind und aus der ISO 27002 abgeleitet wurden, beschreiben damit auch schon den Inhalt des Dokuments, der sehr reduziert wie in Abbildung 3.2 aussehen könnte.

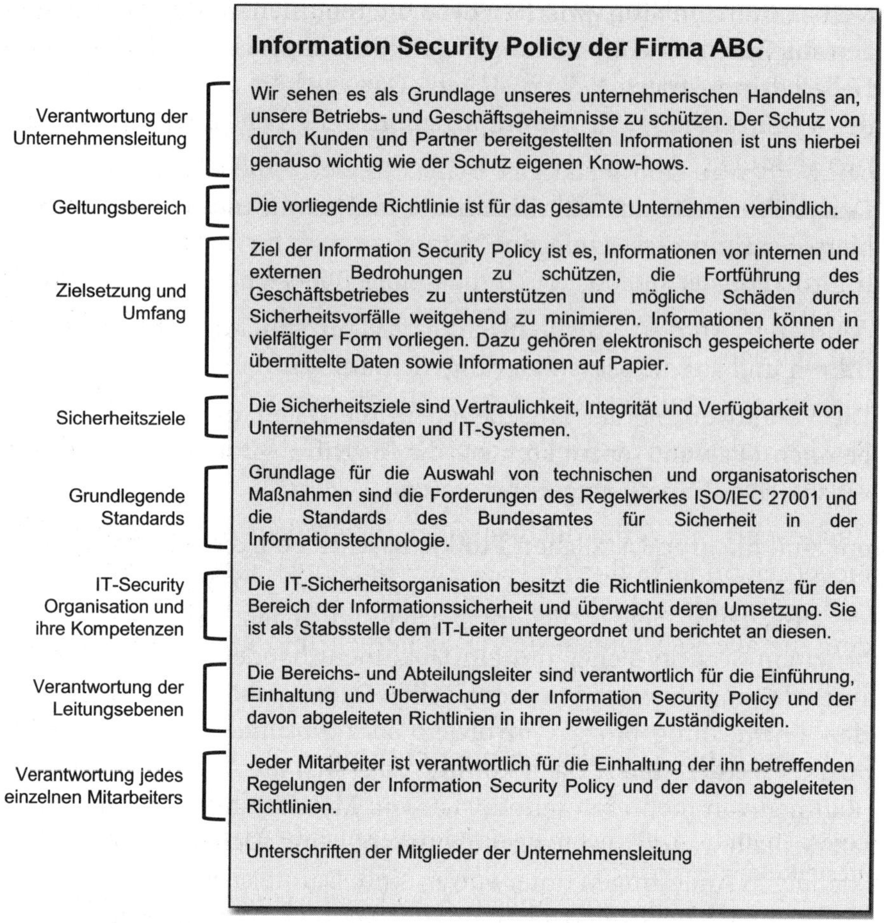

Abbildung 3.2: Muster einer Information Security Policy

In Hinsicht auf die Gesamtheit aller Richtlinien nimmt die Information Security Policy eine zentrale Stellung ein. In einer Richtlinienstruktur sollte sie als oberste Richtlinie gesehen werden, aus der die Kompetenzen aller weiteren Richtlinien, die in dem Bereich der IT-Sicherheit verabschiedet werden, abgeleitet werden können. Untergeordnete Richtlinien der zweiten oder dritten Ebene werden, unter anderem, im Detaillierungsgrad und damit auch in ihrer Änderungshäufigkeit weiter zunehmen und diejenigen Punkte praxisnah beschreiben, die in der Information Security Policy nur angerissen werden. Dies ist ein weiterer Grund, warum diese oberste Richtlinie nicht mit Inhalten überfrachtet werden sollte. Entscheidend ist somit, dass die Information Security Policy die folgenden Aufgaben wahrnimmt:

- Nach außen und nach innen wird die Wichtigkeit der IT-Sicherheit für das Unternehmen im Allgemeinen und für die Unternehmensleitung im Speziellen demonstriert.
- Die Kompetenzen für die Wahrnehmung der Aufgaben aus der IT-Sicherheit werden an eine zuständige Stelle delegiert – die IT-Sicherheitsorganisation. Hier wird auch der Kompetenzrahmen dieser Organisation definiert. So kann dieser von der Verantwortung für typische Themen der Informationstechnologie bis hin zu einer übergreifenden Verantwortung auch für alle anderen Bereiche, wie die Entwicklung oder den Prototypenbau, reichen.
- Die Verantwortung jedes einzelnen Mitarbeiters wird ausdrücklich betont.
- Es wird angedeutet, welchen Eckpfeilern die IT-Sicherheitsstrategie unterworfen ist.
- Auch wenn die Verbindlichkeit aller Richtlinien und Vorgaben der IT-Sicherheit oft nicht durch dieses eine Dokument festgelegt werden kann, so dient sie schon durchaus als Top-Dokument dazu, die Klammer zu bilden, die alle Regelungen der IT-Sicherheit und deren Prozesse zusammenhält.

3.2.2 Aufgabe: Klassifizierungsrichtlinie

Referenzen und Hilfestellungen	Unternehmensrisikomanagement – Klassifizierung von Dokumenten ISO 27001 Anhang A.8.2 Klassifizierung von Informationen
Output	Richtlinie »Klassifizierungsrichtlinie«
Sicherheitslevel	Basissicherheit

Die Klassifizierungsrichtlinie fasst verschiedene Aspekte der IT-Sicherheit prominent zusammen und gibt eine Hilfestellung, wie diese im täglichen Handeln einzusetzen sind. Anders ausgedrückt: Mit der Klassifizierungsrichtlinie in der Hand kann ein Mitarbeiter eine Entscheidung auf Basis eines Risikomanagements hinsichtlich des Schutzes von Daten treffen. Um dies bewerkstelligen zu können, werden die Schutzziele aus der Information Security Policy in Schutzklassen angeordnet und den entsprechenden Hauptmaßnahmen zugeordnet. Die Klassifizierungsrichtlinie gilt als die zweite Basisrichtlinie neben der Information Security Policy.

Das klingt zunächst alles viel komplizierter, als es schlussendlich ist. Um es deutlicher zu machen, erläutere ich es am besten anhand der in Abbildung 3.3 dargestellten beispielhaften Klassifizierungsrichtlinie. Zunächst ist festzuhalten, dass keine feste, definierte Form für eine solche Richtlinie existiert. Ob Sie vier Schutzstufen wählen oder aber fünf oder gar sechs, bleibt Ihnen überlassen. Wie immer ist es im Vorfeld sinnvoll, sich im Unternehmen zu informieren, ob es nicht bereits eine solche Schutzstufen-Regelung gibt. Oftmals wird eine solche von der Abteilung Unternehmensrisikomanagement herausgegeben oder es gibt sie in Form einer Vorgabe, wie geheime Dokumente gekennzeichnet werden müssen. Manchmal wird dieser Vorgang nur in der Unternehmensleitung gelebt und häufig genug beschränkt er sich auf zwei Stempel mit den Aufdrucken »geheim« und »öffentlich«. Diesen Vorbildern dann zu folgen, falls sie denn sinnvoll sind, ist oft einfacher und zukunftssicherer, als sich etwas Eigenes zu überlegen.

Schutzstufen

Schutzziele

Bezug zu den potentiellen Kosten bei Eintritt

	Vertraulichkeit (Verlust von Informationen)	**Verfügbarkeit** (Informationen können nicht zur Verfügung gestellt werden, IT-Systeme stehen nicht zur Verfügung)	**Integrität** (Korrekturaufwand)
1 Finanzieller Schaden gering	**Allgemeine Informationen** Adressaten sind alle Mitarbeiter des Unternehmens.	Prozesse sind gestört, Teilaufgaben können bearbeitet werden. Geschäftskritische Prozesse sind nicht beeinträchtigt.	Daten können weiter genutzt, bzw. mit geringem Aufwand berichtigt werden
2 Finanzieller Schaden mittel	**Vertrauliche Informationen** Adressaten sind ein eingeschränkter Personenkreis. Z. B. Projektmitglieder, Mitglieder der Abteilung.	Prozesse sind gestört, Teilaufgaben können nur unter erhöhtem Aufwand bearbeitet werden. Geschäftskritische Prozesse sind teilweise nicht verfügbar.	Daten können teilweise genutzt werden, bzw. mit erhöhtem Aufwand berichtigt werden.
3 Finanzieller Schaden groß	**Geheime Informationen** Adressaten sind einzelne, benannte Personen. Z. B. Abteilungsleiter, Projektleiter, Vertreter des Kunden.	Prozesse sind nicht verfügbar. Teilaufgaben können nicht bearbeitet werden. Geschäftskritische Prozesse sind nur unter stark erhöhtem Aufwand verfügbar.	Daten sind unbrauchbar und können nicht korrigiert werden.
4 Finanzieller Schaden existentiell	**Streng geheime Informationen** Adressaten sind üblicherweise durch die Unternehmensleitung benannte Personen. Z. B. Unternehmensstrategien, strategische Produktinnovationen,	Geschäftskritische Prozesse können nicht ausgeführt werden. Ersatzprozesse sind nicht verfügbar.	Geschäftskritische Daten sind unbrauchbar und können nicht korrigiert werden.

Abbildung 3.3: Beispiel einer Klassifizierungsmatrix

Ist einmal festgelegt, welche Stufen zu verwenden sind, ist nur noch zu bestimmen, welche Schutzziele für das Unternehmen wichtig sind. Neben den abgebildeten, klassischen drei Schutzzielen »Vertraulichkeit«, »Integrität« und »Verfügbarkeit« kommen eine ganze Reihe weitere potenzieller Schutzziele in Betracht. Alle gewählten Schutzziele sollten allerdings, so wie in den Kästchen der Matrix geschehen, mit Erläuterungen hinterlegt werden, die auch ein Mitarbeiter versteht und anwenden kann, der nicht täglich mit dieser Materie zu tun hat.

Hinweis

Vorwiegend innerhalb der Europäischen Union werden Daten nicht nur nach den meistens auf monetärer Basis, definierten Schutzzielen gemessen, sondern auch daran, ob die Daten personenbezogener Natur sind. Der Datenschutz spielt also in die Thematik immer mit hinein. Das Bundesdatenschutzgesetz unterscheidet zudem zwischen personenbezogenen Daten und speziell schutzbedürftigen personenbezogenen Daten. Auch diese Unterscheidung sollte mit in eine solche Systematik einfließen. Dies kann z. B. dadurch geschehen, dass bei der Klassifizierung von Daten zwei Kästchen zum Ankreuzen bereitgestellt werden, um die personenbezogenen Daten zusätzlich zu den Schutzzielen zu markieren.

Risiken sind immer vorhanden, völlig gleichgültig, von welcher Handlung man in welchem Kontext spricht. Etwas zu tun, birgt ein Risiko, und etwas nicht zu tun, genauso. Auf der anderen Seite ist nicht jedes Risiko gleich gefährlich, oder um im Kontext zu bleiben, bei Eintritt nicht gleich teuer. Um also handlungsfähig zu bleiben und um den richtigen Entscheidungen die richtige Priorität und das zutreffende Budget zu geben, ist es erforderlich, eine Art Regelwerk zu haben, das einem die Entscheidung durch einen Formalisierungsprozess erleichtert oder gar abnimmt. Teil dieses Prozesses ist die Klassifizierungsmatrix.

Vielleicht lässt es sich am besten an einem Beispiel festmachen: Ein IT-Leiter steht vor der Entscheidung, ob er lieber einen Server mit einer Antivirensoftware ausstattet oder aber eine veraltete und unsichere Datenbanksoftware auf einem anderen Server ersetzt. Für beides gleichzeitig reicht das im laufenden Quartal eingestellte Budget nicht aus. Beiden Möglichkeiten ist gemeinsam, dass das Nicht-Anschaffen ein Risiko birgt, aber auch jeweils eine Chance. Chancen und Risiken kommen nämlich immer im Doppelpack daher. Das

Risiko wäre der Verlust von Daten, die schädliche Veränderung von Daten oder die Nichtverfügbarkeit von IT-Systemen. Die Chance wäre in beiden Fällen das Einsparen der Ausgaben.

Der IT-Leiter entscheidet zunächst, dass das Risiko die Chance übersteigt und dass eines der beiden Projekte durchgeführt werden muss. Als Nächstes klassifiziert er die Daten, die bei einem Verlust von Vertraulichkeit, Integrität oder Verfügbarkeit betroffen wären. Dazu nimmt er die Klassifizierungsrichtlinie in die rechte Hand und die Liste der Datenarten auf dem Server und in der Datenbank in die linke Hand und fängt an, die Daten für jedes Schutzziel getrennt einer Schutzstufe zuzuordnen.

Am Schluss kommt er auf das Ergebnis, dass bezüglich der Vertraulichkeit, Integrität und Verfügbarkeit die Daten auf dem Server höher eingestuft werden müssen als auf dem Datenbankserver. Da er diese Daten aber letztendlich nicht verantwortet, sondern nur verwaltet, konsultiert er zunächst die Dateneigentümer, die seine Einstufung bestätigen. Jetzt weiß der IT-Leiter, welche Daten für das Unternehmen von höherem Wert sind, und hat zumindest schätzungsweise den potenziellen Schaden ermittelt. Letzteres hat er mithilfe der Risikoformel Eintrittswahrscheinlichkeit multipliziert mit dem potenziellen Schaden getan. In diesem Fall befinden sich beide IT-Systeme im selben Netzwerk und werden unter ähnlichen Bedingungen betrieben und damit ist die Eintrittswahrscheinlichkeit sehr ähnlich. Damit bleibt der potenzielle Schaden ausschlaggebend und der IT-Leiter entscheidet, zunächst die neue Antivirensoftware zu beschaffen.

Neben den typischen Beispielen wie das eben Dargestellte gibt es ein weiteres wichtiges Feld an Entscheidungen, die eine Klassifizierungsmatrix erfordern. Diese stammt aus dem täglichen IT-Betrieb. So können Regelungen auf die Schutzstufen von Daten abgestimmt werden, indem für jede Stufe aufwärts eine immer stärker regulierende Vorgehensweise definiert wird. Auf dieses Thema wird in Abschnitt 4.1.5 näher eingegangen.

3.3 Der Workshop und die Erfassung des aktuellen Status

3.3.1 Zielsetzung und Ablauf

Nachdem mit den Basisrichtlinien der Grundstein für das Projekt gelegt wurde, beginnt nun der eigentliche Teil der Arbeit mit der Durchführung des

Projekt-Workshops. Dieser Workshop erfüllt eine ganze Reihe von Aufgaben. Zum einen werden hier die Basisdokumente, die bereits im Vorfeld vorbereitet wurden, abgenommen, ein gemeinsames Verständnis für die grundlegenden Projektaufgaben gefunden und eine Reihe von Dokumenten erstellt, auf die später immer wieder zurückgegriffen werden wird. Zum anderen nehmen an diesem Workshop alle maßgeblichen Personen teil. Falls es also noch Klärungsbedarfe gibt, so ist nun, zu Beginn des Projekts, der beste Zeitpunkt, diese abzustimmen.

Der Workshop hat eine Reihe von Zielen, die man wie folgt zusammenfassen kann:

- Die bereits vorbereiteten Richtlinien »Information Security Policy« und »Klassifizierungsrichtlinie« werden abschließend abgenommen.

  Ist geplant, das Projekt in einem größeren Kreis vorzustellen, dann kann vor allem die erstere Richtlinie als Aufhänger und als Nachweis der Ernsthaftigkeit und der Awareness durch die Unternehmensleitung dienen.
- Im Rahmen einer kleinen Business-Impact-Analyse (BIA) werden die geschäftskritischen Unternehmensprozesse benannt und diejenigen IT-Systeme, Prozesse und Daten identifiziert, die zu deren Betrieb unbedingt erforderlich sind. Auf diese Unternehmenswerte und Prozesse wird man sich im Projekt vorrangig konzentrieren.
- Die im vorigen Punkt gesammelten Erkenntnisse werden strukturiert, vorzugsweise digital dokumentiert und in einen Zusammenhang gebracht. Dazu können z. B. Prozesse grafisch dargestellt werden und die dazugehörigen IT-Systeme mit in die Grafik aufgenommen werden. Auf diese Art und Weise ist es im Nachhinein leichter möglich, die bereits abgearbeiteten IT-Systeme abzuhaken und vor allem auch: die Übersicht zu behalten.

In der nachfolgenden Tabelle wird ein fiktiver Zeitplan für einen solchen Workshop dargestellt. Die dritte Spalte trägt die Überschrift »Maßgebliche Teilnehmer«. Die dort aufgeführten Teilnehmer sind für die jeweiligen Schritte sehr wichtig und sollten wenn irgend möglich auch teilnehmen. Daneben sind viele weitere Gruppen an Teilnehmern denkbar. Das Projektteam selbst steht dabei natürlich an erster Stelle. Auch kann man darüber nachdenken, den Betriebsrat von vornherein mit einzubeziehen. Das Gleiche gilt für die Personalabteilung, das Gebäudemanagement oder auch für andere Unternehmensbereiche.

Ablauf	Inhalt	Maßgebliche Teilnehmer
Tag 1	Vorstellung der Thematik und des Projekts	Unternehmens-leitung IT-Sicherheit IT-Leitung
	Verabschiedung der Information Security Policy Verabschiedung der Klassifizierungsrichtlinie	Unternehmens-leitung IT-Sicherheit
Kleine Business-Impact-Analyse		
	Festlegung der Top 5 (oder in großen Unternehmen bis zu Top 10) kritischen Geschäftsprozesse	Unternehmens-leitung
Tag 2	Erstellung von Datenflussdiagrammen für jeden Top-Geschäftsprozess	Fachbereiche IT
Tag 3 und Tag 4	In die Datenflussdiagramme werden die beteiligten IT-Systeme und Anwendungen ergänzt. Dies beginnt beim Netzwerk und reicht über die Rechner und Speichersysteme bis hin zu den beteiligten externen Partnern.	Fachbereiche IT
	Alle IT-Systeme werden mit Attributen wie Standort, IP-Adresse, Dateneigentümer, Zugehörigkeit zu einem Top-Geschäftsprozess, Betreiber, abgelegte Datentypen etc. in Listen dokumentiert.	IT
	Die besonders hoch zu klassifizierenden IT-Systeme bzw. Daten werden markiert (idealerweise findet eine Klassifizierung aller gelisteten Daten, Applikationen und den involvierten IT-Systemen statt).	IT IT-Sicherheit
	Regeln für die laufende Aktualisierung der nun aufgestellten Listen und Zusammenhänge werden festgelegt und verantwortliche Stellen benannt.	Fachbereiche IT

Die Ergebnisse, die am Ende des Workshops vorliegen sollen, bestehen vor allem aus Listen und Verzeichnissen der Daten, Anwendungen und IT-Systeme, auf die die Regelungen und Maßnahmen der IT-Sicherheit in erster Linie angewendet werden sollen. Das bedeutet im Umkehrschluss nicht, dass alle anderen, nicht aufgeführten Werte unbeachtet bleiben können. Änderungen am Ist-Zustand ergeben sich häufig genug über Nacht. Manchmal rücken dabei bislang unbedeutende IT-Systeme in den Fokus der Betrachtung. Das kann schon dann der Fall sein, wenn auf einem Datenserver ein neues Verzeichnis angelegt wird und anders als bislang dort auch geschäftskritische Daten abgelegt werden. In einem solchen Fall würde die Einstufung des Servers mit der Einstufung der Daten gleichgezogen werden müssen.

Hinweis

Über die Top-Geschäftsprozesse werden diejenigen IT-Systeme und Daten identifiziert, die aus Sicht des Unternehmens zunächst vorrangig den Regelungen aus der IT-Sicherheit unterworfen werden sollen. Die Implementierung oder Verbesserung davon unabhängiger, typischer IT-Sicherheitsprozesse wie z.B. Berechtigungsprozesse werden parallel davon vorangetrieben.

Aktualität ist damit stets wichtig und im Rahmen des kontinuierlichen Verbesserungsprozesses spielt eine laufende Überprüfung und Überwachung aller Daten eine große Rolle.

Hinweis

Sind nach einiger Zeit alle hoch priorisierten Werte unter den Gesichtspunkten der IT-Sicherheit abgearbeitet, dann sollte man sich schon die Frage stellen, ob es nicht Sinn macht, über die Top 5 bzw. Top 10 der Geschäftsprozesse hinausgehend weitere Prozesse und damit weitere Daten und IT-Systeme in die Betrachtung mit einzubeziehen. Jeder weitere betrachtete Prozess steigert das Sicherheitsniveau und in diesem Punkt unterscheiden sich häufig Unternehmen mit einer eher lockeren Sicht auf die IT-Sicherheit von denen mit ausgeprägter und gelebter IT-Sicherheitskultur. Diese Frage kann man also mit gutem Gewissen mit »ja« beantworten. Ist ein kontinuierlicher Verbesserungsprozess etabliert, sind entsprechende Regelungen erstellt und umgesetzt und werden diese laufend überprüft und verbessert, dann ist es an der Zeit, auch alle weiteren Prozesse, die von Interesse für das Unternehmen sind, mit einzubeziehen.

3.3.2 Eine kleine Business-Impact-Analyse (BIA)

Die ersten Aufgaben des Projekts beschäftigen sich mit den Grundsatzdokumenten, die wiederum die Basis für das Hauptereignis des aktuellen Kapitels legen: der kleinen Business-Impact-Analyse. Jedes Projekt, für das man die Unterstützung des höheren Managements einholen möchte, muss sich zwangsläufig an den Geschäftsprozessen orientieren – diese Anforderung wird an dieser Stelle abgearbeitet. Das Ergebnis aus diesem Workshop definiert zudem den Rahmen und die Inhalte des gesamten Projekts und kann deshalb mit Fug und Recht als Herzstück des Projekts bezeichnet werden.

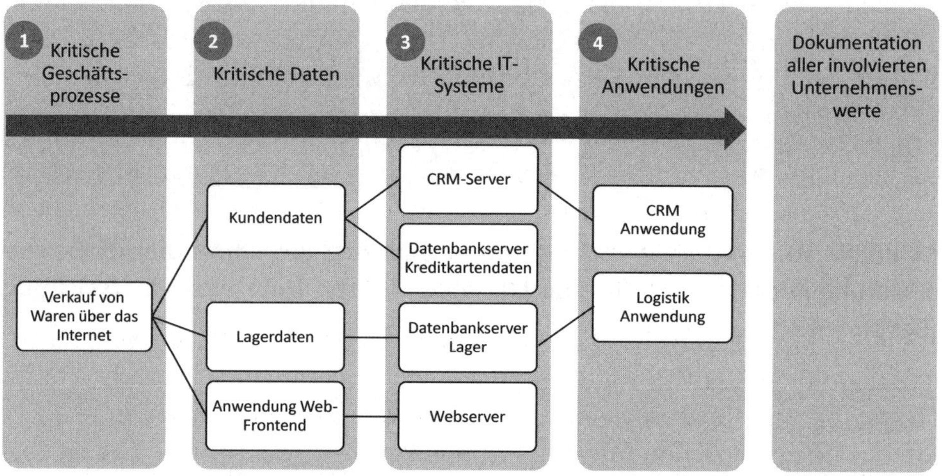

Abbildung 3.4: Schematische Darstellung einer Business Impact Analyse

Laut Tagesordnung des Workshops sitzen die Projektleitung und die Verantwortlichen der verschiedenen, betroffenen Fachbereiche vier Tage zusammen, um das Fundament des Projekts zu legen. Mit der Festlegung der wichtigsten Geschäftsprozesse beginnt die kleine Business-Impact-Analyse. Dabei geht es vor allem darum, ein gemeinsames Verständnis dafür zu entwickeln, welche Prozesse den Kern des Unternehmens bilden, um dann im nächsten Schritt daraus abzuleiten, welche Unternehmenswerte primär von Wichtigkeit sind und daher im Hauptfokus der Datensicherheit stehen sollten. Kritische Prozesse erkennt man, stark vereinfacht ausgedrückt, daran, dass deren Ausfall über einen längeren Zeitraum existenzbedrohende Auswirkungen für das Unternehmen mit sich bringen würde.

Aufgabe: Kritische Geschäftsprozesse definieren

Output	Dokument »Kritische Geschäftsprozesse«

Das Dokument »Kritische Geschäftsprozesse« kann idealerweise durch Informationen zur maximalen Ausfallzeit und einer generellen Einschätzung des Risikos für das Unternehmen ergänzt werden. Auf diese Weise lassen sich, zunächst unabhängig von diesem Projekt, später auch Aussagen über erforderliche Notfallmaßnahmen, Wiederanlaufmaßnahmen oder auch Service Level Agreements (SLAs) für die unterstützenden IT-Systeme ableiten.

Da man sich darum bemühen sollte sich dabei auf die wirklich wichtigsten Kernprozesse zu beschränken spricht man gerne von den »Top-5-Geschäftsprozessen«. Wie bereits erwähnt hängt diese Zahl aber wiederum von dem Geschäftszweck und der Größe des Unternehmens ab und kann deshalb auch bis zu 10 Prozesse umfassen. Der Vorteil einer solchen Herangehensweise liegt ganz klar darin begründet, dass man die wichtigen von den nicht so wichtigen Unternehmenswerten trennt, und dieses Ziel ist nicht erfüllt, wenn letzten Endes doch ein Großteil aller Werte auf der Liste landet.

Mit dieser Vorgehensweise soll vom ersten Moment an vermieden werden, sich in einem Klein-Klein zu verlieren, indem alle Unternehmensbereiche, Daten, IT-Systeme und Prozesse in einen Topf geworfen werden. Nur auf diese Art ist Effektivität zu erreichen und der Projektsponsor davon zu überzeugen, dass jeder Schritt des Projekts sich primär um die Kernbereiche kümmert und dadurch Zeit und Geld eingespart werden. Dazu kommt, dass damit effektiv der Problematik des »wo sollen wir nur beginnen« entgegengewirkt wird.

Ein Beispiel: Einer der Top-Geschäftsprozesse, den die Unternehmensleitung festgelegt hat, ist der Empfang von E-Mails von Kunden und der Versand von E-Mails an Kunden. Dies ist naheliegend, da das Unternehmensziel die Steigerung der Vertriebsleistung von Quartal zu Quartal vorsieht. Dieser Prozess darf laut Service Level Agreements nur für maximal 60 Minuten ausfallen. Wir sprechen deshalb an dieser Stelle von einem Prozess, weil der Versand von Mails ein komplexer Vorgang ist, der eine Reihe von IT-Systemen nutzt und zudem auf eine ganze Reihe an Mitarbeitern angewiesen ist, die laufend Fehler beseitigen und Support-Fälle lösen. In unserem Fall liegen allgemeine Netzwerkpläne vor und die Experten bzw. Betreuer des E-Mail-Systems sitzen mit am Tisch, um die kleine BIA bezüglich dieses Prozesses durchzuführen.

Für sehr kleine und überschaubare Prozesse ist es durchaus denkbar, schnell und unprätentiös aus dem Stegreif z. B. in Form eines Brainstormings die nun geforderten Listen mit den IT-Systemen und den Daten, die für diesen Prozess notwendig sind, zusammenzutragen und einzufüllen. Das ist aber grundsätzlich nicht anzuraten. Zum einen vergisst man dabei auch gerne mal ein IT-System und zum anderen entspricht das schriftliche Ergebnis eines Brainstormings nicht den Anforderungen, die wir an ein solches Vorgehen stellen. Aus diesem Grund gehen wir einen nicht viel aufwendigeren, aber mehr formalen Weg: Zunächst skizziert der E-Mail-Betreiber zusammen mit dem Verantwortlichen für das Netzwerk ein Datenflussdiagramm. Dieses wiederum kann gerne einfach gehalten werden. Wichtig ist vor allem dessen Vollständigkeit.

Das Ergebnis könnte damit wie in Abbildung 3.5 aussehen – bitte immer beachten, dass Sie ganz bewusst nur wenig Zeit haben und sich auf das Wesentliche konzentrieren sollten.

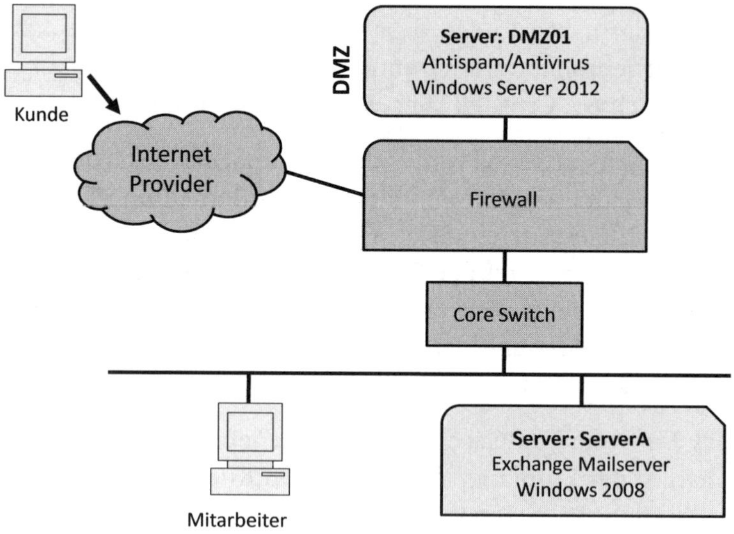

Abbildung 3.5: Muster eines Datenflussdiagramms für den Mailverkehr

Aus diesem Diagramm geht hervor, welche internen IT-Systeme involviert sind und welche externen Stellen mit betrachtet werden sollen. Einfluss auf den Internet Provider kann üblicherweise nur in Form von Verträgen ausgeübt werden, also sollte zumindest überprüft werden, welche Sicherheitsstandards von dieser Seite vertraglich zugesichert werden. Je mehr Dienste nach extern verlagert werden, desto wichtiger wird dieser Aspekt der Mail-Kette. Falls Sie

z. B. auch die Funktionen Antispam und Antivirus von einer externen Firma betreuen lassen, dann müssen Sie davon ausgehen, dass Ihre Daten in Klartext von dem Provider gelesen werden könnten. Handelt es sich um einen Provider außerhalb der Europäischen Union, sind – und nicht erst seit der Snowden-Ära – bestimmte Einschränkungen der IT-Sicherheit einzukalkulieren.

Hinweis

Abbildung 3.5 bildet den Mail-Verkehr ab, aber nicht die Applikationen, die bei einer typischen Kundenbeziehung auch involviert sind. Dazu kann z. B. eine CRM-Applikation gehören oder auch ein Dokumentenmanagementsystem. Beides Systeme, die oft vollautomatisch Mails versenden und/oder empfangen. Falls der zu untersuchende Geschäftsprozess also lautet »Versand von Mails zu Kunden über das CRM-System«, dann sollte die Analyse auf die CRM-Systeme und CRM-Applikation ausgedehnt werden.

Ist der Prozess zufriedenstellend abgebildet, dann werden die einzelnen Komponenten in zwei Listen übertragen. Die erste Liste enthält die kritischen IT-Systeme und die zweite Liste enthält die kritischen Daten. Aus Abbildung 3.5 lassen sich die Systeme ServerDMZ01, die Firewall, ein Core Switch und der Server ServerA ablesen. Dazu kommt der Provider, den es zu überprüfen gilt. An Daten sind hier nur die Mails als solche aufgeführt, die wiederum ServerA zugeordnet werden können. Würde man das Bild um einen CRM-Server und seine Applikation erweitern, dann würden diese IT-Systeme ebenfalls in die beiden Listen aufgenommen werden.

Aufgaben: Kritische Daten, Anwendungen und IT-Systeme erfassen

Output	Dokument »Kritische Daten« Dokument »Kritische IT-Systeme« Dokument »Kritische Anwendungen«

Ausgehend vom Dokument »Kritische Geschäftsprozesse« wurden im Rahmen der kleinen BIA die Daten und IT-Systeme erfasst, die für die definierten Geschäftsprozesse vonnöten sind. Diese werden nun in den Dokumenten »Kritische Daten«, »Kritische Anwendungen« und »Kritische IT-Systeme« dokumentiert.

Wie bereits erwähnt, können diese Listen für eine ganze Reihe von IT-Aufgaben dienen. So wird im Rahmen des Notfall-Managements die Frage gestellt werden, welche IT-Systeme eventuell redundant ausgelegt werden sollen. Diese Listen können darauf eine Antwort geben.

Die Spalten in den Dokumenten sollten damit zumindest die folgenden Angaben enthalten:

- Der zugehörige Prozess
- Der Name und der Standort des IT-Systems oder die Bezeichnung der Daten
- Falls es sich um ein IT-System handelt, können technische Daten ergänzt werden
- Die maximale Ausfallzeit des Prozesses und damit, daraus abgeleitet, die maximale Ausfallzeit der IT-Systeme
- Die verantwortliche Stelle
- Wenn vorhanden ein Verweis auf Notfallszenarien für den Fall, dass der Prozess ausfällt

Aufgabe: Erweiterte Dokumentation der involvierten IT-Systeme

Input	Dokument »Kritische Daten« Dokument »Kritische IT-Systeme« Dokument »Kritische Anwendungen«
Output	Dokumentation innerhalb eines Asset-Management-Systems Dokumentation »Daten« Dokumentation »IT-Systeme« Dokumentation »Netzwerk«
Referenz	ISO 27002 Kapitel 8 Verwaltung von Unternehmenswerten (*asset management*)

Im Rahmen der kleinen Business-Impact-Analyse und den nachfolgenden Diskussionen wurden diejenigen IT-Systeme identifiziert, die für den Betrieb der Top-Unternehmensprozesse erforderlich sind. Diese Systeme und auch die damit verbundenen Datenarten wurden in den Dokumenten »Kritische Daten«, »Kritische Anwendungen« und »Kritische IT-Systeme« aufgelistet. Diese Listen beinhalten in der Regel in diesem Stadium nur rudimentäre

Beschreibungen der Systeme – diese sollen nun um die erforderlichen Informationen erweitert werden. Auch wenn es keine Vorgaben darüber gibt, in welcher Form eine solche Dokumentation zu erfolgen hat, so ist doch leicht einzusehen, dass zumindest ein paar wesentliche Bedingungen erfüllt sein sollten. Dazu gehören unter anderen:

- Verarbeitung der kritischen IT-Systeme und Daten in einer Datenbank. Dadurch wird gewährleistet, dass es möglich ist, Beziehungen zwischen den Datensätzen herzustellen und auf dieser Basis Berichte auszugeben. Damit können z. B. alle Client-Computer regelmäßig ermittelt werden, die ein veraltetes Betriebssystem installiert haben.
- Die Klassifizierungseinstufung der IT-Systeme und der Daten sollte möglich sein. Aus diesen Informationen können z. B. Anforderungen an Wartungsverträge und Service Level Agreements abgeleitet werden.
- Eine Spalte mit Informationen über den Dateneigentümer bzw. Risikoeigentümer oder Verantwortlichen zeigt auf einen Blick, wer anzusprechen ist, falls ein Problem auftritt oder wenn ganz allgemein ein Ansprechpartner gesucht wird.
- Attribute, die für die Nutzung in Berichten sinnvoll erscheinen, sollten jeweils miterfasst werden. Dazu können Punkte wie der aktuelle Patchstand des Betriebssystems, die Version des Virenscanners sowie Standort und die IP-Adresse gehören.
- Eine Verknüpfung über Inventarnummern mit dem Buchhaltungssystem erleichtert die Arbeit, wenn es darum geht, Systeme auszutauschen oder Wartungsverträge ausfindig zu machen. Dies gilt insbesondere für Serversysteme oder große Speichersysteme. Ähnliches gilt für die Verknüpfung zu einem eventuell existierenden Lizenzmanagementsystem.

Hinweis

Grundlegender Bestandteil dieser Aufgabe ist es zudem, einen Prozess zu installieren, der die stetige Aktualisierung aller Informationen im Asset-Management-System zum Inhalt hat. Um dies zu unterstützen, macht es Sinn, dieses System in den Mittelpunkt allgemeiner Beschaffungs-, Umzugs- und Verschrottungsprozesse zu rücken und zudem möglichst viele Eingaben zu automatisieren.

Nachdem durch das Beispiel deutlich geworden ist, wie die kleine BIA ablaufen soll, ist es zudem wichtig, zu verstehen, welche Fehler man vermeiden sollte, wenn man sie durchspielt. Wir sprechen in diesem Projekt ganz bewusst von einer »kleinen« BIA. Das liegt darin begründet, dass eine BIA innerhalb der IT vornehmlich als Vorprojekt beim Aufbau oder der Konzeption eines Business-Continuity-Managements dient. Im Rahmen einer solchen Aufgabe ist eine BIA im Allgemeinen komplexer und umfangreicher, als wir es in unserem Fall benötigen.

Trotzdem gilt es, die gleichen Fehler zu vermeiden, die auch im Rahmen einer »großen« BIA gerne gemacht werden:

- Eine Liste mit den Top-Geschäftsprozessen liegt vor und die Unternehmensleitung hat diese abgesegnet. Es ist nun nicht die Aufgabe des Projekts, diese Liste weiter zu diskutieren und immer weiter auszudehnen. Die Effektivität des Projekts liegt eben darin begründet, dass Regelungen zunächst für die wichtigsten IT-Systeme umgesetzt werden.
- Wenn die Top-Geschäftsprozesse benannt wurden, dann werden die daran beteiligten Prozesse untersucht, um die dazugehörigen IT-Systeme und Daten zu ermitteln. Ein solcher Vorgang kann schnell dazu führen, dass die Gruppe beginnt. Prozessmodellierung zu betreiben, um vermeintlich aufgedeckte Fehler »mal schnell« zu beheben. Das ist nicht die Aufgabe dieses Projekts und kann durch die Projektmitglieder, selbst wenn der Fachbereich anwesend ist, nicht unbedingt geleistet werden. Begnügen Sie sich damit, die durch die Unternehmensleitung definierten kritischen Geschäftsprozesse zu visualisieren, den Datenfluss darzustellen, so wie er ist, und die zugehörigen Systeme und Daten zu identifizieren.
- Stellt sich bei der Untersuchung der Top-Geschäftsprozesse heraus, dass ganz offensichtlich Verbesserungspotenzial, was den Einsatz der IT betrifft, vorhanden ist, dann ist auch diesbezüglich jetzt nicht der richtige Zeitpunkt, Verbesserungen anzudiskutieren.

Welche Systeme wirklich erforderlich sind, um einen Geschäftsprozess zu unterstützen, muss jederzeit kritisch beurteilt werden. In einer vernetzten Welt ist schließlich irgendwie alles mit allem verbunden. Eine vernünftige Abgrenzung zu erreichen, ist die Hauptaufgabe desjenigen, der die BIA moderiert.

Aufgabe: IT-Sicherheitsprozesse erfassen

Input	Dokument »Geltungsbereich Projekt IT-Sicherheit«
Output	Liste »IT-Sicherheitsprozesse«
Sicherheitslevel	Basissicherheit

IT-Sicherheit ist ein Prozess und es macht damit keinen Sinn, sich ausschließlich auf IT-Systeme zu konzentrieren. Aus diesem Grund spielen im Kapitel »Regeln einführen« insbesondere auch die IT-Sicherheitsprozesse eine große Rolle. Die jetzt vorliegende Aufgabe soll dazu das Fundament bereitstellen, indem jetzt die bereits vorhandenen Prozesse, die auch Komponenten der IT-Sicherheit beinhalten, identifiziert und dokumentiert werden.

Hinweis

Die nun abzuarbeitende Aufgabe wird außerhalb der kleinen BIA bearbeitet. Es hat sich herausgestellt, dass es zielführender ist, wenn der Vertreter der IT-Sicherheit im Rahmen von Interviews die Sicherheitsprozesse identifiziert und dokumentiert. Prozesse wie die Berechtigungsvergabe involvieren typischerweise eine ganze Reihe von Bereichen und dadurch würde der Rahmen der kleinen BIA, der ausdrücklich klein gehalten werden soll, schnell gesprengt.

Typische Vertreter sind Berechtigungsprozesse oder Wartungsprozesse von IT-Systemen. Also im Grunde alle Arbeiten, die etwas mit der Erhöhung der Sicherheit in Bezug auf IT-Systeme, Daten oder Software zu tun haben oder die dazu dienen, Anforderungen an Zugriffe zu verarbeiten.

Prozesse, die einem dazu sofort einfallen, sind exemplarisch:

- Die bereits oben erwähnten Berechtigungsprozesse
- Prozesse, die dazu dienen, Sicherheitsereignisse zu melden
- das Patchmanagement
- die Installation von Servern nach geltenden Sicherheitsanforderungen

- die Installation von Software
- Zutritt zu gesicherten Räumen, in denen sich IT-Systeme befinden
- Die Installation und Wartung von Antivirensoftware
- Die Überprüfung des Status der IT-Sicherheit wie ein Monitoring oder die Nutzung eines Intrusion-Detection-Systems
- ...

Alle Prozesse, die in diesem Schritt identifiziert werden, sollen in einer Liste dokumentiert werden. Aus Zeitgründen macht es keinen Sinn, jeden einzelnen Prozess zu diskutieren, es genügt, ihn niederzuschreiben und mit einer kurzen Beschreibung zu versehen. Wichtig ist vor allem, dass zusätzlich dokumentiert wird, wer für den Prozess verantwortlich zeichnet. Diese Person wird später als Experte herangezogen werden, wenn es darum geht, den Prozess unter Umständen zu verbessern oder anzupassen.

3.4 Themengebiete der IT-Sicherheit

3.4.1 Zugrunde liegende Standards

Das Feld der IT-Sicherheit ist groß und schwer zu überschauen. Aus diesem Grund empfiehlt es sich, gängige und anerkannte Vorgehensweisen anzuschauen und diejenigen Themengebiete auszuwählen, die für das eigene Unternehmen relevant sind.

In unserem Fall nutzen wir als einen solchen Input die Sicherheitsfelder, die die ISO 27002 in der aktuellen Version von Oktober 2013 abdeckt und die in COBIT 5 aufgeführten »Schlüsselelemente der IT-Sicherheit«. Ein weiterer wichtiger Wegweiser sind die Dokumente des Bundesamts für Sicherheit in der Informationstechnik (BSI). Auf deren Website werden die unterschiedlichsten Sicherheitsthemen angesprochen und miteinander verknüpft. Insbesondere wenn es darum geht, einzelne technische Lösungen für bestimmte Probleme, wie die Härtung eines Microsoft Windows Servers, zu finden, dann ist der Blick in die Handbücher und Standards des BSI unerlässlich.

Der Zusammenhang zwischen den Normen und den technischen Handlungsempfehlungen stellt sich somit wie in Abbildung 3.6 dar.

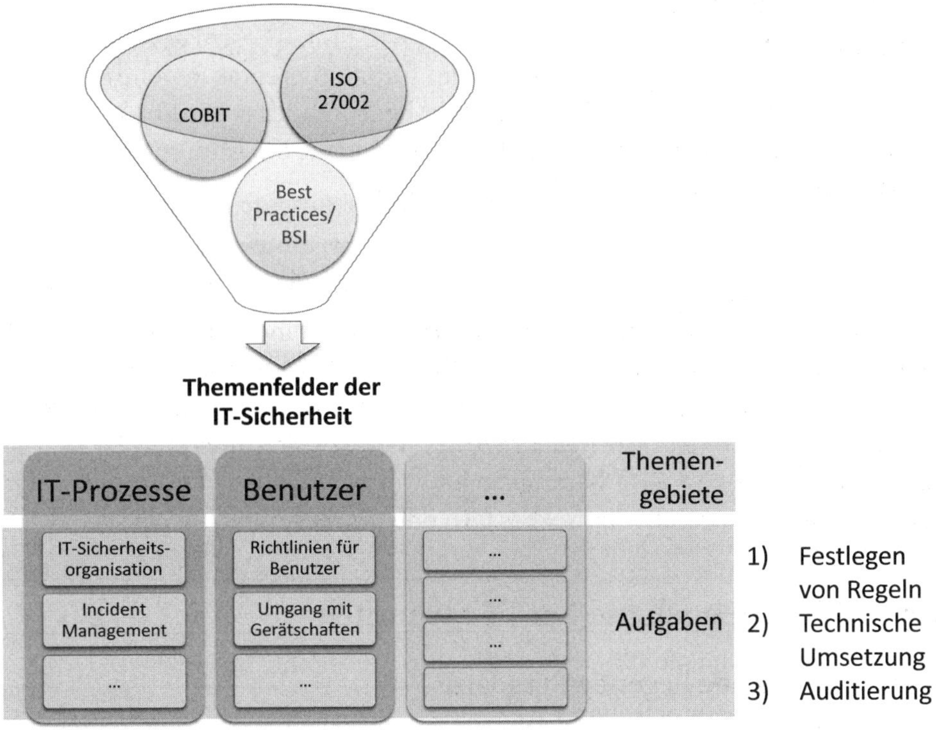

Abbildung 3.6: Zusammenhang zwischen Normen und Handlungsempfehlungen

Die Aufgabe, die es nun abzuarbeiten gilt, lautet: Festlegen, welche Themenfelder der IT-Sicherheit und welche darunter geführten einzelnen Aufgaben für das Unternehmen relevant sind. Die daraus entstehende Liste wird dann innerhalb des Projekts abgearbeitet.

3.4.2 Aufgabe: Themengebiete der IT-Sicherheit auswählen

Input	Dokument »Kritische Daten« Dokument »Kritische IT-Systeme« Dokument »Kritische Anwendungen«
Output	Formular »Themengebiete der IT-Sicherheit«

Ausgehend vom Projektauftrag und dem Geltungsbereich des Projekts werden nun alle diejenigen Themenfelder und Aufgaben identifiziert, die als relevant für das Unternehmen und damit für die IT-Sicherheit erachtet werden.

Für jedes relevante Themengebiet wird damit auch gleichzeitig festgelegt, dass es grundsätzlich einen Regelungsbedarf gibt. Diese Feststellung gilt auch dann, wenn es bereits existierende, funktionierende Regelungen und Prozesse geben sollte. Das würde dann nur bedeuten, dass der Punkt relevant ist, aber bereits abgehakt werden kann.

Es ist wichtig, dabei auch einen Blick auf die Dokumente »Kritische Daten«, »Kritische Anwendungen« und »Kritische IT-Systeme« zu werfen. Diese Dokumente beschreiben, was genau Sie schützen wollen. Es ist also sinnvoll, immer einen Bezug zwischen einer Aufgabe und der damit verbundenen Regelung und deren technischen Umsetzung zu den jeweils zu schützenden Daten und IT-Systemen herzustellen.

Themengebiet der IT-Sicherheit	**Verantwortlich**	**Relevant (Ja/Nein)**	**Begründung falls nicht relevant**
Basisrichtlinien			
Information Security Policy			
Klassifizierungsrichtlinie			
Awareness und Kommunikation			
Kommunikation von IT-Sicherheitsthemen			
Grundsatzthemen			
Umgang mit Schadsoftware			
Patchmanagement			
Wireless LAN (WLAN)			
Verbindung zum Internet			
Zugriffsberechtigungen prüfen			
Grundregeln Benutzerverzeichnisse			
IT-Sicherheitsprozesse			
IT-Sicherheitsorganisation			
Asset-Management			

Themengebiet der IT-Sicherheit	Verant-wortlich	Relevant (Ja/Nein)	Begründung falls nicht relevant
IT-Sicherheitsprozesse			
Management IT-Sicherheitsvorfälle			
Schwachstellenanalyse und Penetrationstests			
Notfallkonzept			
Überwachung von Protokolldateien			
Konfiguration Microsoft-Ereignisanzeige			
Überwachung von Dateizugriffen auf Servern			
Veränderungsmanagement			
Backup und Wiederherstellung			
Benutzerverwaltung			
Benutzerverwaltung			
Regeln für den Umgang mit Daten, Internet und E-Mail			
Regeln für Administratoren			
Regeln für den Umgang mit Gerätschaften			
Zugriff auf Daten			
Rollenkonzept			
Temporäre administrative Zugriffsrechte			
Zuweisung von Zugriffsrechten			
Umgang mit Gerätschaften des Unternehmens			
Sichere Serversysteme			
Härten von Servern			

Themengebiet der IT-Sicherheit	Verantwortlich	Relevant (Ja/Nein)	Begründung falls nicht relevant
Physische Sicherheit			
Gebäudesicherheit			
Rechenzentrum			
Netzwerk			
Datenübertragung und Verschlüsslung			
Virtual Private Networks (VPN)			
Trennung von Netzwerken			
Zugang zum internen Netzwerk			
Skript- und Softwareentwicklung			
Skript- und Softwareentwicklung			

Die letzte Spalte mit der Überschrift »Begründung falls nicht relevant« hat eine wichtige Aufgabe. Zum einen sind Themengebiete, die heute vielleicht außerhalb des Geltungsbereichs des Projekts liegen, schon bald sehr wohl relevant und müssen dann nachträglich bearbeitet werden, und zum anderen dient sie auch als Rechtfertigung gegenüber dem Auftraggeber des Projekts, internen und externen Auditoren und nicht zuletzt der Unternehmensleitung. Es macht also Sinn, sich genau zu überlegen, was man außen vor lässt und was die wirklich zwingenden Gründe dafür sind. Im Normalfall sind alle genannten Punkte in größerem oder kleinerem Umfang relevant für ein typisches Unternehmen.

Hinweis

Man sollte an dieser Stelle nochmals betonen, dass diese Liste keinen Anspruch auf Vollständigkeit erhebt. So wie auch alle anderen Listen muss sie um die Themen, die darüber hinaus für Ihr Unternehmen wichtig sind, ergänzt werden.

Die obige Liste wird innerhalb des Projekts als Grundlagendokument dienen und maßgeblich den Projektablauf und den Projektumfang bestimmen. Es sollte einem also von vornherein bewusst sein, dass mehr Themengebiete, die bearbeitet werden, auch gleichzeitig mehr Zeit und damit Kosten mit sich bringen. Das ist auch der Grund, warum diese Liste so früh im Projektablauf erstellt wird. Anhand dieser Liste kann die Projektleitung benötigte Ressourcen und die benötigte Zeit abschätzen und daraufhin dem Geldgeber gegenüber kommunizieren. Aus diesen Gründen sollte die Liste im Rahmen einer Projekt-Lenkungsausschusssitzung, wenn nicht gar von der Unternehmensleitung selbst abgenommen werden.

4 Regeln einführen

Regeln ordnen das Gefüge von Prozessen und nehmen Einfluss auf die Parametrisierung von Systemen. Sie definieren den Umgang mit dem, was wichtig, und mit dem, was nicht ganz so wichtig ist. Damit definieren sie den Rahmen für die allermeisten Vorgänge innerhalb eines Unternehmens und der Vorgang, diese Regeln einzuhalten, wird mit dem Schlagwort »Compliance« belegt. Auch in der IT-Sicherheit haben Regeln einen hohen Stellenwert. Sie greifen nicht nur indirekt in Vorgänge ein, indem sie z. B. in einem Prozess einen Genehmigungsvorgang einflechten, sondern sie nehmen auch ganz direkt und unmittelbar Einfluss auf die Belange eines jeden Mitarbeiters. So wird es einem Benutzer bei jeder erzwungenen Passwortänderung oder beim Wechsel hin zu einem längeren oder komplexeren Passwort wieder bewusst, dass die eigene Bequemlichkeit einem übergeordneten Ziel, dem einer erhöhten Datensicherheit, untergeordnet wird.

Anders als bei diesen Beispielen, bei denen es möglich ist, die Eingaben des Benutzers zu steuern, ist es in den meisten Fällen zudem erforderlich, dass Mitarbeiter gesetzte Regeln verstehen und aktiv und eigenverantwortlich umsetzen. Falls z. B. verlangt wird, dass jedes Dokument einer Sicherheitsstufe zugeordnet werden muss, so kann es dafür zwar eine Vorgabe geben, die korrekte Umsetzung allerdings liegt weitgehend alleine in der Verantwortung des einzelnen Mitarbeiters, dem Verfasser der betroffenen Dokumente. Schon dieses Beispiel zeigt, dass Regeln nicht nur deshalb funktionieren, sprich den Kontakt mit der Unternehmenswirklichkeit überleben, weil sie formuliert wurden, sie müssen zudem erläutert werden, sie müssen auf dem Wissen um die tatsächlichen Zustände aufbauen, von den Vorgesetzten vorgelebt werden und dem Mitarbeiter auch als sinnvoll erscheinen. Nur Regeln aufzustellen, sprich nur diesen Teil des Projekts umzusetzen, und zu hoffen, dass alles gut wird, genügt also nicht und damit reiht sich dieser Schritt in den bisherigen Projektverlauf ein.

In diesem Kapitel dreht sich alles darum, festzulegen, welche Richtlinien in welcher Ausprägung für Ihr Unternehmen wichtig sind, wie diese aufgestellt werden und wie eine Umsetzung aussehen könnte. Der Aufhänger ist dabei die Aufgabe zu Beginn der entsprechenden Abschnitte, während in der Beschreibung dazu Kriterien für deren Implementierung aufgeführt werden.

4.1 Richtlinien als formalisierte Regeln

4.1.1 Struktur und Inhalt von Richtlinien

Richtlinien lassen sich aufgrund ihrer Zielsetzung und der technischen Ausgestaltungstiefe des Inhalts einer bestimmten Richtlinien-Ebene zuordnen. So ist eine allgemeine Richtlinie, die sich an alle Mitarbeiter wendet und von der Unternehmensleitung in Kraft gesetzt wird, zumeist der Riege der übergeordneten Richtlinien zuzuordnen. Damit ist z. B. die Information Security Policy, die wir innerhalb des Workshops im Zuge des ersten Teilschritts erarbeitet haben, eine solche Top-Policy. Auf den weiteren Ebenen folgen Richtlinien, die zunehmend ins Detail gehen und dabei oft immer tiefer an Verbindlichkeit verlieren und mehr und mehr beschreibenden Charakter haben.

Hinweis

Handwerklich gut gemachte Regelungen sind eine immens große Hilfe beim IT-Sicherheitsmanagement. Es lohnt sich also eher, mehr Zeit und Ressourcen in die Qualität, die Standardisierung und die Aktualität dieser Dokumente sowie die Schulung der damit adressierten Mitarbeiter und der Etablierung entsprechender Verwaltungsprozesse zu stecken.

Im Rahmen des IT-Sicherheitsprojekts definieren wir die im Folgenden dargestellten Richtlinien-Ebenen, die natürlich nicht verbindlich sind. So ist es genauso gut denkbar, nur zwei Ebenen anstelle der beispielhaft angeführten drei Ebenen zu definieren oder gar fünf oder sechs. Es macht auch Sinn, sich grundsätzlich an die Vorgaben oder die gelebte Praxis von Abteilungen wie dem Qualitätsmanagement zu halten, die oftmals bereits ein Richtlinienmodell nutzen, und deren Vorgehensweise und Strukturierung zu übernehmen.

Die drei Ebenen im Überblick:

1. **Die oberste Ebene** listet diejenigen Richtlinien auf, die aus Unternehmenssicht schildern, **warum** etwas getan werden muss. Zu diesen Regeln zählt z. B. die Information Security Policy, die als eine der ersten Aufgaben im Projekt erstellt wird. Sie definiert den Auftrag der Unternehmensleitung an den Bereich der Datensicherheit. Die Erstellung eines solchen Dokuments ist damit, falls sie nicht bereits existiert, der erste Schritt im Projekt überhaupt. Dokumente, die auf dieser Ebene rangieren, werden üblicherweise von der Unternehmensleitung abgezeichnet und haben die gesamte Belegschaft als Adressaten.
2. **Die zweite Ebene** beinhaltet allgemeine Richtlinien, die grundsätzlich aufzeigen, **was** zu tun ist. Zu diesen Richtlinien zählen Regeln, die den Umgang mit Daten durch den Dateneigentümer (*data owner*) beschreiben oder wie im Rahmen des IT-Risikomanagements Systeme und Daten zu klassifizieren sind. Ähnlich wie die Regelungen der ersten Ebene sind auch diese Dokumente allgemein gehalten, sodass sie nur selten aktualisiert oder angepasst werden müssen. Regeln auf dieser Ebene beziehen sich zumeist bereits auf Prozesse und Systeme aus dem Umfeld der IT-Abteilung oder Personalabteilung. Sie adressieren zum Teil alle Mitarbeiter und zum Teil einzelne Personengruppen wie z. B. IT-Experten aus den Bereichen Netzwerk, Servermanagement oder generellen Infrastrukturthemen.
3. **Die Dokumente der dritten Ebene** sind noch einmal detaillierter ausgeführt. Bei ihnen handelt es sich um Beschreibungen, **wie** etwas getan werden muss. Hier findet man Regelungen zur Installation eines Linux-Servers oder eines Microsoft Windows Servers oder auch, wie eine bestimmte Software zu konfigurieren ist, um den Zugriff sicher zu gestalten. Diese Dokumente müssen laufend angepasst werden und sind der stetige Begleiter von IT-Mitarbeitern oder Mitarbeitern anderer Abteilungen, die sensible Daten verarbeiten.

Die Grafik in Abbildung 4.1 visualisiert die verschiedenen Ebenen. Eine solche Darstellung können Sie für die Kommunikation Ihrer Richtlinienstruktur nutzen. Die Einordnung von existierenden Beispielrichtlinien in die verschiedenen Ebenen erleichtert dabei das Verständnis.

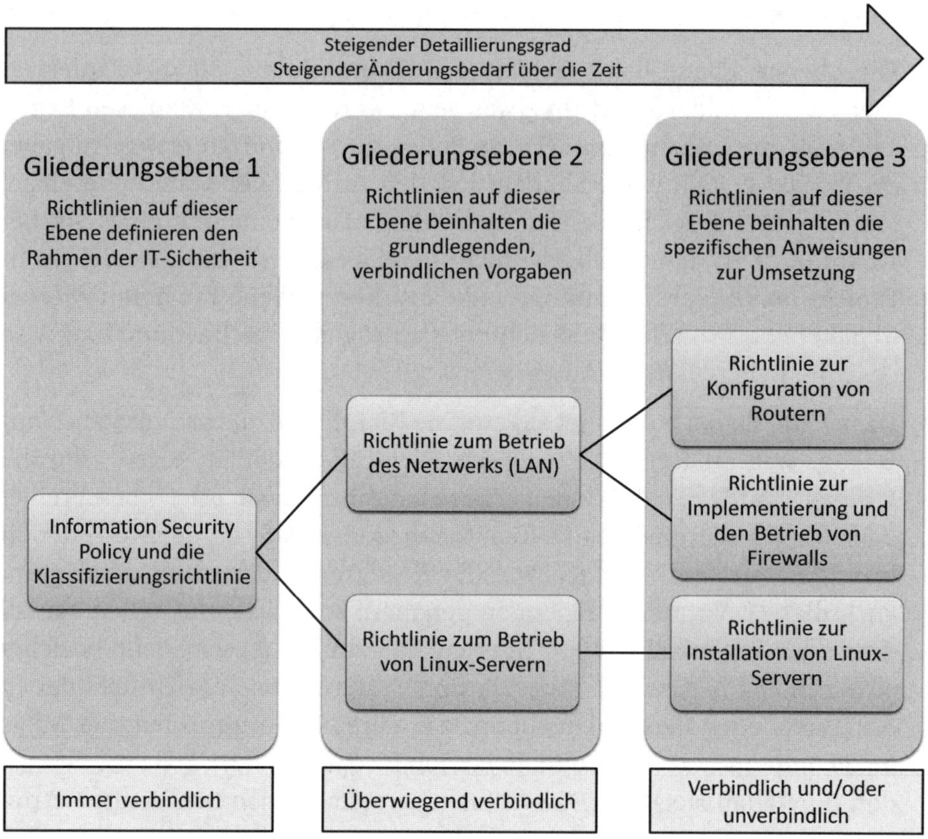

Abbildung 4.1: Richtliniengliederung an einem Beispiel

Regeln aufzustellen und zu kommunizieren, beinhaltet auch immer die Erwartungshaltung, dass diese auch umgesetzt werden und dass sich die angesprochenen Mitarbeiter auch daran halten. Das ist auch der Grund, warum Regeln immer von denjenigen Personen in Kraft gesetzt werden müssen, die auch die Autorität haben, deren Inkrafttreten und deren Umsetzung zu erzwingen. Unter anderem darauf basiert der Top-down-Ansatz in der IT-Sicherheit. Davon kann auch die Notwendigkeit abgeleitet werden, dass die Richtlinienkompetenz der IT-Sicherheitsorganisation formal festgelegt werden muss. Dies wird häufig in der Information Security Policy getan und unterstreicht deren Charakter als Top-Unternehmensrichtlinie.

Es ist erforderlich, dass jede Regelung immer die folgenden vier Kernpunkte berücksichtigt:

1. Der Top-down-Ansatz wird strikt eingehalten. Das bedeutet z. B., dass Regelungen, die für alle Mitarbeiter verbindlich sein sollen, nicht von der IT-Abteilung, sondern von der Unternehmensleitung verabschiedet werden. Dies muss nicht für jede Richtlinie im Einzelnen der Fall sein. Es genügt, wenn, wie eben erwähnt, die Richtlinienkompetenz formal einer Organisationseinheit zugeordnet wird und diese dann Richtlinien im Rahmen ihrer Kompetenzen erlässt.
2. Jede Regelung ist präzise und unzweideutig gehalten. Wenn etwas als Vorschlag betrachtet werden soll, dann wird das Wort »kann« (*should*) verwendet. Wenn etwas verbindlich sein soll, dann ist das Wort »muss« (*shall*) zu verwenden.
3. Es muss sichergestellt sein, dass eine Regel im Betrieb auch faktisch umgesetzt werden kann bzw. dass alle technischen und organisatorischen Voraussetzungen für die Umsetzung der Regelung geschaffen wurden. So macht es z. B. keinen Sinn, für bestimmte Datenarten eine Verschlüsselung vor dem Versand nach außen einzufordern, solange dafür keine technischen Voraussetzungen, wie z. B. entsprechende Verschlüsselungssoftware bereitzustellen, geschaffen wurden.
4. Die Betroffenen müssen wissen, dass eine Regelung existiert, wie sie anzuwenden ist, wo die aktuelle Version zu finden ist und wie die Umsetzung im Detail aussieht. Dazu sind unter Umständen Schulungen erforderlich. Hier kann man entweder den Ansatz der Holschuld anwenden, was wiederum voraussetzt, dass die Mitarbeiter angeleitet werden, in welchem Rhythmus sie an welcher Stelle nachschauen müssen, oder aber man führt Prozesse ein, die dafür Sorge tragen, dass explizit diejenigen, die von einer Regel betroffen sind, informiert werden (Bringschuld).

Es ist auch zu beachten, dass es durchaus Vorgaben geben kann, die auf der obersten Ebene als unternehmensrelevante Grundsatzentscheidung definiert werden, auf der zweiten Ebene weiter ausgeführt werden, um dann in der dritten Ebene detailliert beschrieben zu werden. Häufig trifft dies z. B. auf Vorgaben bezüglich der Verschlüsselung von Daten zu. Der obersten Vorgabe, dass Daten sicher übermittelt werden müssen, folgt die Anweisung der Verschlüsselung, um dann auf der dritten und untersten Ebene in verschiedenen Anleitungen für verschiedene Einsatzzwecke technisch beschrieben zu werden.

Hinweis

Bei allen diesen Vorgaben darf nie vergessen werden, warum es Richtlinien gibt. Sie sind nicht dafür da, andere zu gängeln, sondern dienen einzig der Reduzierung von Risiken für die Sicherheit des Unternehmens. Deshalb setzen sie auch zielgenau auf möglichen Schwachstellen auf und versuchen, diese zu eliminieren oder zumindest mit entsprechenden Maßnahmen zu reduzieren. Aus diesem Grund müssen auch immer diejenigen Personen in deren Erstellung involviert sein, die das jeweilige Risiko möglichst objektiv einschätzen können. Diese arbeiten dann mit denjenigen Fachexperten zusammen, die das IT-System, den Prozess oder die Software, um die sich die Regelung dreht, am besten kennen.

4.1.2 Richtlinien im Kontext

Richtlinien geben vor, welche Dinge bei der Umsetzung von Anforderungen beachtet werden müssen, um ein definiertes Level an IT-Sicherheit zu gewährleisten. Damit bilden sie eine Ebene zwischen dem, was die Kunden der IT oder die IT selbst gerne tun wollen, und dem, was technisch umgesetzt werden darf.

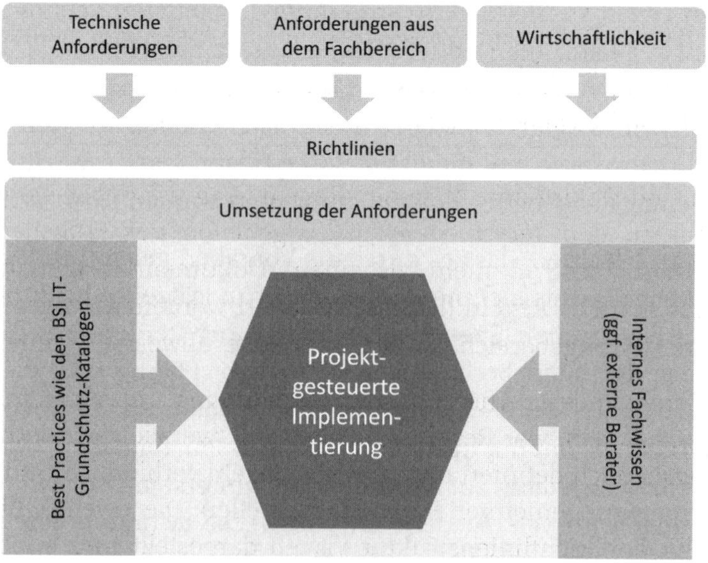

Abbildung 4.2: Richtlinie im Kontext

Abbildung 4.2 soll aber nicht darüber hinwegtäuschen, dass Richtlinien, falls sinnvoll, jederzeit auch angepasst werden können. Die Trennschicht »Richtlinien« ist damit weniger undurchlässig, als man zunächst annehmen mag. Wichtig ist in diesem Fall vor allem, dass ein formaler Prozess zur Anpassung einer Richtlinie existiert. Um diesen aufsetzen zu können, ist es unumgänglich, dass folgende Punkte für jede Richtlinie existieren:

- Ein Eigentümer, der letztendlich die Deutungshoheit und Entscheidungshoheit über die Richtlinie und etwaige Änderungen innehat
- Eine Art Lenkungsausschuss, der zum einen Anpassungen absegnet und zum anderen bei Änderungen auch Konsequenzen für angelehnte Prozesse und weitere Richtlinien im Auge behält und mit einfließen lässt
- Ein IT-Prozess, der sicherstellt, dass zu jeder Zeit die aktuellste Version einer Richtlinie zur Verfügung steht, um Missverständnissen vorzubeugen, die immer dann auftreten, wenn verschiedene Versionen gleichzeitig im Umlauf sind

4.1.3 Aufgabe: Prozessbeschreibung Erstellung und Pflege von Richtlinien

Input	Richtlinie »Information Security Policy«
Output	Dokument »Prozessbeschreibung Erstellung und Pflege von Richtlinien«
Sicherheitslevel	Basissicherheit

Richtlinien sind Dokumente, in denen Regeln festgeschrieben werden. Da es viele Regeln zu den verschiedensten Teilgebieten der IT-Sicherheit gibt, macht es Sinn, diese in mehr als einem Dokument festzuhalten. Dazu kommt, dass manche Regeln häufiger geändert werden als andere und dass der jeweilige Geltungsbereich von Regel zu Regel abweichen kann.

Neben diesen grundsätzlichen Rahmenbedingungen muss zudem ganz eindeutig festgelegt sein, wer Regeln aufstellen soll, wer sie verändern darf, wer den Geltungsbereich definiert und ob diese Regeln verbindlich sind oder eher etwas wie einen gut gemeinten Ratschlag darstellen. Die jeweilige Eingruppierung wird in der Richtlinienstruktur visuell dargestellt und im Dokument »Prozessbeschreibung Erstellung und Pflege von Richtlinien« niedergeschrieben. Da dieses Dokument die fundamentalen Spielregeln für den Umgang und das Aussehen von Regelungen beschreibt, sollte darauf nicht verzichtet werden.

Bevor die ersten Regelungen erstellt werden, sollten somit folgende Fragen abschließend geklärt werden:

- **Wie sieht die Richtlinienstruktur aus?**

  Die Strukturierung von Richtlinien in Richtlinien-Ebenen mit jeweils verschiedenen Attributen wurde bereits in Abschnitt 4.1.1 erläutert. Nun ist es an der Zeit, diese Struktur zu beschreiben und in diesem allgemeinen Dokument festzuhalten.

- **Wer ist verantwortlich für die Erstellung und die Aktualisierung von IT-Sicherheitsrichtlinien?**

  Diese Frage wird an zwei Stellen behandelt. Zum einen soll die Information Security Policy genau bestimmen, wer für den Bereich IT-Sicherheit zuständig ist und wer die Richtlinienkompetenz besitzt, und zum anderen kann bei der Beschreibung der Richtlinienstruktur festgelegt werden, welche Rolle für welche Ebene verantwortlich ist. So kann die IT-Abteilung, die die Infrastrukturthemen bearbeitet, verantwortlich für die Erstellung von Richtlinien zum Rechenzentrum sein. Genauso kann es auch eine Zentralabteilung der IT-Sicherheitsorganisation geben, die diese Aufgabe wahrnimmt. Möglich sind beide Varianten.

- **Wie sieht der Änderungsprozess (*change management*) aus?**

  Richtlinien entstehen nicht von alleine. Im Rahmen des Projekts IT-Sicherheit werden einige grundlegende Richtlinien entstehen. Darüber hinaus wird es aber weitere Anforderungen an spezifische Regelungen geben, die von der zuständigen Stelle erstellt und bearbeitet werden müssen. Dazu wird der Input der Betreiber des jeweiligen Prozesses, IT-Systems oder einer Software benötigt. Der Prozess, wie eine Richtlinie angefordert wird und wie eine bestehende Richtlinie formal korrekt angepasst und neu veröffentlicht wird, soll an dieser Stelle beschrieben werden.

- **Wie sehen Richtlinien formal aus? Wie werden Richtlinien bereitgestellt?**

  Für Richtlinien gilt auch nichts anderes als für alle anderen Dokumente in einem Unternehmen. Sie sollten formalen Kriterien folgen, einen sinnvollen, verständlichen Inhalt haben und jederzeit in der aktuellen Version den dafür berechtigten Personen zur Verfügung stehen. Für den Fall, dass in einem Unternehmen bezüglich des Aussehens noch keine Vorgaben existieren, wird der generische Aufbau einer Regelung im folgenden Abschnitt »Der Richtlinienbaukasten« beschrieben.

4.1.4 Der Richtlinienbaukasten

Input	Dokument »Prozessbeschreibung Erstellung und Pflege von Richtlinien«
Output	Dokument »Aufbau und Struktur von Richtlinien«
Sicherheitslevel	Basissicherheit

Auch wenn Richtlinien generell von Unternehmen zu Unternehmen unterschiedlich gestaltet sein können, hat sich doch eine Art Best Practice herausgebildet. Nachfolgend werden die wichtigsten Punkte, die in keiner Richtlinie fehlen sollten, aufgeführt und kurz erläutert. Es ist damit auch möglich, ein vorliegendes Dokument auf Vollständigkeit abzuklopfen.

- **Die Bezeichnung**

  Eine Richtlinie, oder auf Englisch »Policy«, ist eine Sammlung von verbindlichen Regeln. Bezeichnungen wie »Handbuch« oder »Guideline« verfehlen das Ziel, diese Eigenschaft deutlich zu machen, und sollten deshalb auch nicht gewählt werden. Eine Richtlinie ist eine Vorgabe. Ein Handbuch dagegen ist eine Anleitung, wie etwas getan werden kann. Jetzt kann natürlich eingewendet werden, dass das Wort »Richtlinie« mit dem Verb »sich nach etwas richten« verwandt ist und auch nichts wirklich Verbindliches voraussetzt. Das ist natürlich korrekt und aus diesem Grund können alternativ auch die Bezeichnungen »Verordnung« oder »Anweisung« verwendet werden. Auf der anderen Seite hat sich der Ausdruck »Richtlinie« weitgehend durchgesetzt und wird von den damit befassten Personen mit Verbindlichkeit und Vorschrift gleichgesetzt.

- **Version, Ersteller und Änderungshistorie**

  Der von einer Vorgabe betroffene Mitarbeiter möchte wissen, ob er die neueste Version in Händen hält und wer denn verantwortlich für die vorliegende Richtlinie ist. Damit erfährt er, wer sein Ansprechpartner und wer damit der Adressat für mögliche Änderungswünsche ist. Die Änderungshistorie zeigt zudem nachvollziehbar auf, welche Änderungen in den verschiedenen Versionen vorgenommen wurden.

- **Geltungsbereich (*scope*)**

  Nur wenn man weiß, für welchen Standort oder für welche Gruppe an Personen oder IT-Systemen eine Richtlinie anzuwenden ist, kann man diese auch korrekt anwenden. Sehr häufig gibt es übergeordnete, global gültige Richtlinien, die durch lokale oder regionale Richtlinien erweitert werden. Dabei ist es wiederum wichtig, dafür Sorge zu tragen, dass es in der Kette an Richtlinien keine Punkte gibt, die sich widersprechen.

- **Angaben zur Compliance (wer fordert diese Richtlinie)**

  Richtlinien kann es aus den verschiedensten Gründen geben. Ein wichtiger ist der, dass sie durch eine andere Vorgabe gefordert wird. So hat eine interne Datenschutzrichtlinie immer das externe Bundesdatenschutzgesetz im Hintergrund. Eine lokale Richtlinie zur Einrichtung eines Wireless LAN Access Points kann z.B. von einer internen globalen Richtlinie zur Netzwerksicherheit abgeleitet werden oder aber auch von einem Kunden gefordert werden. Kurz, Richtlinien haben Schnittstellen zu und Abhängigkeiten von weiteren Anforderungen. Diese können von außen kommen, wie Gesetze oder Verträge, oder aber von innen in Form von internen Richtlinien. Diese Abhängigkeiten können in diesem Block aufgezeigt werden. Das ist auch deshalb wichtig, weil sich diese äußeren Rahmenbedingungen unter Umständen einmal ändern, und dann sollte man schnell erkennen können, auf welche Richtlinien sich diese Änderungen auswirken werden.

- **Die Regelung selbst**

  Die Vorgaben müssen klar und verständlich aufgeführt werden. Prozesse können mit einem kleinen Schaubild visualisiert werden. Es muss auch durch die Sprachregelung deutlich werden, was eine Vorgabe ist und was ein Vorschlag. Im Englischen unterscheidet sich dies durch die Worte »*should*« und »*shall*«, im Deutschen durch die Worte »muss« und »kann«.

- **Schulung**

  Ein Punkt, der häufig vernachlässigt wird, betrifft die Schulung der betroffenen Mitarbeiter hinsichtlich der Umsetzung der technischen Vorgaben, die in der Regelung vorgegeben werden. So sind häufig auch Mitarbeiter, die nicht in der IT arbeiten, von einer Regelung betroffen und müssen ihre Arbeit danach ausrichten. So kann eine Vorgabe zum Verschlüsseln von Attachments in Mails einige Fragen zur Umsetzung aufwerfen, die schon in der Richtlinie, z.B. durch einen Link auf ein entsprechendes Lehrpapier, behandelt werden können.

- **Umsetzung**

  Der Umsetzungsblock beinhaltet Hinweise darauf, wie eine Vorgabe umgesetzt werden kann oder muss. An dieser Stelle kann auch ein Link zu einem weiteren Dokument abgebildet sein.

Hinweis

Die Reihenfolge der verschiedenen Blöcke ist weniger wichtig, als sicherzustellen, dass ein einmal definierter Aufbau in allen Dokumenten gleichartig durchgehalten wird.

Ein weiterer wesentlicher Punkt ist die Sprache, in der die Regelungen aufgesetzt werden. Unternehmen, die eine Sprache als »Konzernsprache« festgelegt haben, sind hier im Vorteil, weil es in diesen Unternehmen häufig genügt, alle Dokumente in genau dieser einen Sprache zu verfassen. Sobald eine ganze Palette verschiedener Sprachen genutzt werden muss, sind Reibungsverluste vorprogrammiert. Da es kaum durchzuhalten ist, alle Dokumente immer in allen Sprachen vorzuhalten, wird es automatisch dazu kommen, dass lokale Dokumente auch nur in der lokalen Sprache vorliegen. Das ist zunächst unkritisch. Geht es aber darum, dass eine zentrale Stelle, die im englischsprachigen Raum liegen könnte, z. B. Richtlinien auf Vollständigkeit prüfen soll, die ausschließlich in Bahasa Indonesia vorliegen, dann kann diese Stelle durchaus vor Herausforderungen stehen.

4.1.5 Regeln und die Klassifizierung

Input	Dokument »Klassifizierungsrichtlinie«

Dieser Abschnitt beschreibt keine Aufgabe, sondern erläutert den Zusammenhang der Klassifizierung von Daten, IT-Systemen und Applikationen mit der Ausgestaltung von Richtlinien. Zu Beginn des Projekts hat man sich auf die Definition von Schutzstufen geeinigt. Diese werden jeweils für verschiedene Schutzziele definiert. Alles zusammen wird in der Richtlinie »Klassifizierungsrichtlinie« zusammengefasst. Kurz: Diese Richtlinie beschreibt, welche (monetären) Konsequenzen es für das Unternehmen hat, wenn Daten, ein bestimmtes IT-System oder auch der Inhalt einer Datenbank kompromittiert werden würden.

Die verschiedenen Schutzstufen beschreiben das potenzielle Risiko und sollten z.B. als Metadaten zusammen mit klassifizierten Dokumenten dokumentiert werden. Damit würde auf einen Blick ersichtlich werden, welcher Schutzstufe welches Dokument zugeordnet ist. Diese Art der technischen Realisierung der Klassifizierung ist allerdings selten anzutreffen, da sie zum einen sehr aufwendig ist und zum anderen kaum für alle Arten an Dokumenten durchzuhalten ist. Dennoch ist es wichtig, diesen Vorgang im Hinterkopf zu behalten, wenn man über eine realitätsnahe Nutzung der Klassifizierungsrichtlinie nachdenkt.

In unserem Beispiel sind die Daten bzw. die Datenarten klassifiziert worden. Nun erschließt sich auch langsam der Zusammenhang mit den Richtlinien. In den Richtlinien werden Vorgaben gemacht, wie mit Unternehmenswerten umzugehen ist. Da aber nicht alle Unternehmenswerte gleich wichtig sind, ist es oft wenig sinnvoll, generelle, pauschale Vorgaben zu machen. Dieses Problem nimmt uns die Klassifizierung ab, denn sie definiert ganz genau, was wichtig ist und was nicht und gibt dadurch einen Hinweis wie welcher Unternehmenswert zu behandeln ist.

Ein Beispiel könnten produktionsrelevante Daten sein, die ein Benutzer erstellt hat und dem internen Klassifizierungssystem gemäß als »Vertrauliche Daten« eingestuft hat. Wenn dieser Benutzer, oder aber eine beliebige andere Person, diese Daten an einen Lieferanten verschicken möchte, dann interessiert es ihn natürlich, wie die Vorgaben diesbezüglich lauten, und er blickt deshalb in die entsprechende Richtlinie. Wenn diese wie folgt aufgebaut ist, dann ist es ein Leichtes, die entsprechenden Vorgaben abzuleiten:

- Daten der Stufe 1 (öffentlich) dürfen unverschlüsselt über das Internet versandt werden.
- Daten der Stufe 2 (intern) müssen verschlüsselt werden, bevor sie über das Internet versandt werden.
- Daten der Stufe 3 (vertraulich) dürfen nicht über das Internet versandt werden. Hier ist eine verschlüsselte Festplatte per Kurier zu nutzen.

Die beispielhaften Vorgaben sind stark vereinfacht und auch nicht überall anwendbar, zeigen aber schnell, wie die entsprechende Richtlinie aufgebaut sein kann. Zunächst werden diejenigen Vorgaben erläutert, die generell gelten. In einem weiteren Teil, wenn es um die expliziten Vorgaben geht, wird dann abhängig von der Schutzstufe der betroffenen Unternehmenswerte aufgezeigt, was genau erlaubt ist und was nicht. Damit entfällt der Schritt, dass sich der Benutzer eigene Gedanken machen muss, welche Handlungsweise angebracht wäre. Alles steht schwarz auf weiß in den Regeln und muss nur umgesetzt werden.

4.2 Richtlinien umsetzen

4.2.1 Umsetzung von Regeln

Regeln aufzustellen, ohne zu wissen, wie diese umzusetzen sind, macht keinen Sinn – genauso wenig wie die Erarbeitung und Umsetzung von Maßnahmen, ohne sich davor Gedanken zu machen, wie man sie jeweils in Richtlinien abbilden soll. Dieses Henne-Ei-Problem lösen wir, indem wir die Schritte »Regeln einführen« und »Regeln umsetzen« jeweils im gleichen Abschnitt betrachten.

Damit sehen die Rahmenbedingungen für die Vorgehensweise wie folgt aus:

- Eine Reihe von möglichen Regelungen wird im Rahmen der Aufgaben nacheinander vorgestellt.
- Im Abschnitt »Hilfestellungen durch genormte Vorgehensweisen« wird eine Verknüpfung zwischen den Richtlinien und technischen Vorschlägen zur möglichen Umsetzung geschaffen. Die dort aufgeführten Vorgehensweisen stammen dabei aus verschiedenen Quellen wie den Dokumenten des Bundesamts für Sicherheit in der Informationstechnik (BSI).
- Zusätzlich zu den Verweisen auf diese Quellen wird das Fundament für eine Umsetzung der Regelungen bereits in den jeweiligen Abschnitten gelegt, indem dort bereits Rahmenbedingungen und Lösungsmöglichkeiten aufgezeigt werden.

> **Hinweis**
>
> Auch wenn in diesem Kapitel sowohl die Vorgabe als auch die Umsetzung durch Maßnahmen quasi zeitgleich dargestellt werden, sieht dies in der Realität meistens anders aus. Es macht Sinn, zunächst die Vorgaben zu formulieren, Maßnahmen zu definieren, diese nach Priorität gestaffelt umzusetzen, bevor deren Wirksamkeit im Unternehmen durch Audits überprüft wird.

Die Grundregeln der IT-Sicherheit gelten für jedes Unternehmen gleichermaßen. Auch sind die Themenfelder der IT-Sicherheit für jedes Unternehmen gültig, unterscheiden sich in der Wichtigkeit und damit der erforderlichen Intensität einer Umsetzung aber stark. Das liegt zum einen darin begründet, dass jedes Unternehmen hinsichtlich der IT-Infrastruktur unterschiedlich aufgebaut ist, und zum anderen hängt es eben auch maßgeblich vom jeweiligen Geschäftszweck ab. Dazu kommt, dass die Ausgangsvoraussetzungen (*baseline*), von der aus Verbesserungen gestaltet werden sollen, von Unternehmen zu Unternehmen und von Bereich zu Bereich vollkommen anders ausgestaltet sind. So kann es durchaus vorkommen, dass in einem Unternehmen für den Bereich des Antivirus bereits ein ausgeprägter und gelebter Prozess existiert, das Patchmanagement allerdings bislang nahezu unbeobachtet geblieben ist. Daraus folgt, dass es kein Erfolgsrezept für die Umsetzung der Richtlinien geben kann, das für nahezu jedes Unternehmen auf die gleiche Art und Weise funktioniert. Die Umsetzung der Regeln ist damit eine sehr individuelle und damit schwer abschätzbare Aufgabe. Dies gilt es, bei der Abarbeitung der Aufgaben immer im Hinterkopf zu behalten.

Das heißt aber nicht, dass es nicht einen Masterplan geben würde, der an dieser Stelle zum Einsatz kommen kann. Dieser Masterplan sieht vor:

- Die Liste mit den kritischen IT-Systemen,
- eine Liste mit Regelungen und
- eine Menge von Hilfestellungen

als Input zu nehmen und daraus ein allgemeines, generisches Vorgehen abzuleiten. Eine solche Vorgehensweise wird in den nächsten Abschnitten beschrieben. Sie nimmt dafür ein beispielhaftes Unternehmen als Grundlage, damit der Leser abschätzen kann, welche Punkte in der beschriebenen Vorgehensweise betrachtet werden und welche Punkte er noch zusätzlich dazu in seine Planungen mit einbeziehen sollte.

Ein weiterer wichtiger Punkt ist, wie bereits erwähnt, die Zusammenarbeit mit den Kunden, also z. B. den Fachabteilungen. Problematisch wird es dann, wenn eine Anforderung aus dem Fachbereich in seiner Gänze mit den Richtlinien kollidiert. Das kann z. B. dann geschehen, wenn ein Kunde von außerhalb die Nutzung eines definierten Prozesses vorgibt, der den eigenen Sicherheitskriterien nicht entspricht. In diesem Fall müssen alternative Vorgehensweisen gefunden werden – in Zusammenarbeit mit der IT-Sicherheitsorganisation, dem Fachbereich und dem Kunden.

Daran kann man erkennen, dass eine noch so gute Richtlinie nicht allen technischen Entwicklungen und nicht unbedingt allen internen und externen Anforderungen entsprechen muss. Darauf sollte man gefasst sein und zum einen die Vorgaben dementsprechend generisch gestalten und zum anderen darauf gefasst sein, flexibel zu handeln und die Regeln bei Bedarf anzupassen, jedoch ohne das erreichte Sicherheitsniveau wieder preiszugeben.

4.2.2 Von der Richtlinie zur Guideline

Richtlinien sind keine Handbücher oder auf englisch »Guidelines«. Richtlinien sagen, dass etwas getan werden muss; Guidelines dagegen zeigen auf, wie es umgesetzt werden soll oder kann. Beide Dokumente befinden sich dementsprechend auf unterschiedlichen Ebenen, wenn man die Richtlinienstruktur betrachtet. Dazu kommt, dass sie häufig unterschiedliche Zielgruppen ansprechen und unterschiedliche Detaillierungsgrade und Änderungshäufigkeiten haben. Guidelines sind für den IT-Spezialisten vor Ort gedacht, um ihm die Schritte aufzuzeigen, die erforderlich sind, entweder eine Richtlinie umzusetzen oder einfach etwas zu installieren, zu konfigurieren oder auch zu verschrotten. Handbücher, wie Guidelines auch genannt werden, sind detailliert und müssen, oftmals schon nach einem Versionswechsel, angepasst oder manchmal sogar vollständig neu erstellt werden.

Guidelines schreiben sich nicht von alleine, und sie zu erstellen und auf dem Laufenden zu halten, ist eine der Aufgaben, die man häufig nicht gerne tut. Genau aus diesem Grund ist nun der perfekte Augenblick gekommen, die bereits vorhandenen Guidelines zu erneuern oder, falls erforderlich, neu zu erstellen. Dazu werden die Guidelines im Projekt parallel mit den einzelnen Umsetzungen der Regeln in der Praxis erstellt. So ist es naheliegend, dass, wenn man Passwortvorgaben in einem System per Konfiguration umsetzt, den Vorgang stets parallel mittels Screenshots dokumentiert, die dann wiederum als Grundlage für eine Guideline dienen können. Wenn man dies konsequent durchhält, dann wird ein großer Teil dieser Arbeit quasi nebenher erarbeitet.

Eine Richtlinie beschreibt generisch, was bezüglich eines Sicherheits-Feldes beachtet werden muss. Damit haben die Vorgaben aus einer Richtlinie in den allermeisten Fällen Auswirkungen auf eine ganze Reihe von IT-Systemen oder Prozessen. Aus diesem Grund ist man gut beraten, die Thematik von unten nach oben anzugehen. Zunächst einmal betrachtet man eine Problemstellung, die durch eine Guideline beschrieben werden soll, und dann überprüft man, welche Vorgaben aus den verschiedenen Richtlinien auf diese Problemstellung angewendet werden können. Ein Beispiel wäre die Aufgabe, eine Guideline zu verfassen, die die Thematik »Installation und Betrieb eines Windows-2012-Datenservers« abdeckt. Der Zweck einer solchen Guideline kann es sein, den gesamten Installationsprozess eines typischen Servers zu beschreiben, um ein Höchstmaß an Standardisierung zu erreichen.

Nun sollte sich eine solche Guideline im Rahmen der festgelegten Regeln bewegen und in diesem Fall ist eine ganze Reihe von Richtlinien relevant, an denen sich auch die neu zu erstellende Guideline ausrichten muss.

Zum besseren Verständnis möchte ich einige davon exemplarisch aufführen:

- **Verwaltung der Unternehmenswerte:** Die Daten, die auf dem Datenserver abgelegt werden sollen, müssen im Vorfeld klassifiziert werden, um daraus ableiten zu können, welche Sicherheitsvorkehrungen hinsichtlich Standort des Servers oder Zugangsregeln getroffen werden müssen.
- **Schwachstellenanalyse:** Je länger ein Betriebssystem auf dem Markt ist, desto mehr Schwachstellen werden aufgedeckt worden sein. Eine Betrachtung der aktuellen Lage gibt dem Administrator die Möglichkeit, entsprechende technische Maßnahmen zu ergreifen. Das gilt für den Aufbau des Servers, aber auch für den laufenden Betrieb.
- **Überwachung von Sicherheitsprotokollen:** Der vorige Punkt stützt sich unter anderem auf die laufende Überwachung der Sicherheitsprotokolle auf dem Server. Ein entsprechender Prozess sollte in der Guideline beschrieben sein, kann aber auch allgemein gehalten in eine weitere Guideline ausgelagert werden.
- **Alles, was mit dem Zugriff auf Daten zu tun hat.** Naturgemäß greifen alle Regelungen bezüglich der Frage »Wer darf was auf dem Server«.
- **Basisabsicherungen wie Antivirus, Patchmanagement oder die sichere Installation von Servern allgemein (*hardening*) müssen beschrieben sein.** Ähnlich wie andere Vorgaben können auch diese in ein Dokument ausgelagert werden, das sich explizit mit diesen Themen beschäftigt.

Die eben aufgeführten Punkte lassen sich den verschiedenen Installations- und Konfigurationsschritten zuordnen und deshalb kann es sich anbieten, in den jeweiligen Kapiteln auch diejenigen Konfigurationen, die aus Gründen der Sicherheit erforderlich sind, explizit in eigenen Unterkapiteln aufzuführen. Auf diese Art stechen sie heraus und machen es wiederum leichter, die Guideline anzupassen, falls sich die Vorgaben ändern. Das kann so weit gehen, dass ein Verweis zu den Regelungen in die Guideline mit eingefügt wird. Dann kann der Administrator, falls erforderlich, schnell herausfinden, welche Grundlage vorliegt und wer diese verantwortet.

4.2.3 Anspruch und Wirklichkeit

Kein Plan überlebt die erste Feindberührung.

Auch wenn das Zitat von Helmuth von Moltke in den Zusammenhang mit unserem Thema gebracht etwas martialisch klingt, so zeigt es doch die Herausforderungen, die an Regelungen allgemein gestellt werden, sehr treffend auf. Regeln erheben grundsätzlich den Anspruch, dass ihnen auch gefolgt wird. Im Unternehmensalltag zeigt sich dann aber schnell, dass das Aufstellen von Regeln und die Umsetzung ihrer Inhalte innerhalb des produktiven Tagesbetriebs zwei völlig unterschiedliche Aufgaben mit jeweils ganz eigenen möglichen Problemen sind. An dieser Nahtstelle zeigt sich dann, inwieweit Wunsch und Wirklichkeit zusammenpassen und wie gut die IT-Sicherheitsorganisation bei der Zusammenstellung der Vorgaben mit den IT-Fachbereichen zusammengearbeitet hat.

Hinweis

Der Unterschied zwischen einer bemühten, aber ineffizienten und der einer funktionierenden IT-Sicherheit liegt, unter anderem natürlich, nicht in der Anzahl der erstellten Dokumente, sondern im Grad der Wirksamkeit von Vorgaben im realen Unternehmensalltag.

Bislang war immer die Rede von Richtlinien, die naturgemäß einen gewünschten Endzustand beschreiben. So wird es z. B. eine Richtlinie geben, die vorschreibt, dass Passwörter eine gewisse Mindestlänge haben müssen und dazu noch komplex aufgebaut sein müssen. Ist jedes System zur Benutzerverwaltung darauf ausgelegt, diese Vorgaben erfüllen zu können, dann muss es nur umgesetzt werden und die Benutzer darüber informiert werden. Kann ein einzelnes System diese Vorgaben aber technisch nicht erfüllen, dann wird es kompliziert. Ändert man die Richtlinie und setzt das Gesamtsicherheitsniveau herunter oder erstellt man eine Ausnahme für dieses eine System? Im Grunde ist beides möglich, was aber sinnvoll ist, entscheidet wie fast immer die Risikobetrachtung. Diese hat die Aufgabe, das Risiko für jede Vorgehensweise zu ermitteln, um dem Entscheider diejenigen Fakten zur Verfügung zu stellen, die dieser benötigt, um korrekt entscheiden zu können.

Herausforderungen dieser Art wird es einige geben. Diese pragmatisch, aber immer mit Blick auf das jeweilige Risiko zu lösen, ist ab sofort eine der Hauptaufgaben des Projektteams und später des Verantwortlichen für die IT-Sicherheit.

Um den Übergang vom Projekt in den Betrieb zu vereinfachen und um den Bezug der erarbeiteten Dokumente zu den existierenden IT-Systemen herzustellen, bietet es sich an, diese Verknüpfung möglichst bald herzustellen. In den folgenden Abschnitten wird auf einige grundlegende technische Vorgaben Bezug genommen. Da es sich dabei aber nur um einen Ausschnitt aus der möglichen Gesamtmenge an technischen Umsetzungen handeln kann, ist es absolut erforderlich, dass für jede Vorgabe geprüft wird, für welche Systeme, Daten, Prozesse oder Softwareprodukte diese umzusetzen ist. Und natürlich nachzuverfolgen, in welchem Umfang diese Umsetzung auch tatsächlich stattfindet. Dazu ist es sinnvoll, eine Übersicht anzufertigen, die so oder so ähnlich aussehen kann:

Kritische Systeme Dokument »Kritische IT-Systeme«	Richtlinie »Passwortvorgaben«	Richtlinie »Härtung von Servern«
Server A	Umzusetzen	Nicht umzusetzen
Server B	Umzusetzen	Umzusetzen
...	...	...

Diese Tabelle dient im weiteren Vorgehen sowohl den Betreibern der jeweiligen Systeme, um abhaken zu können, wenn etwas fertiggestellt wurde, als auch später dem Auditor, um prüfen zu können, welche Vorgaben es für welches System oder auch welchen Prozess gibt.

4.2.4 Eine fiktive IT-Umgebung

Die Regelungen, die in den folgenden Abschnitten vorgestellt werden, erheben keinen Anspruch auf Vollständigkeit. Auch wenn sie einen Extrakt aus den maßgeblichen international anerkannten Standards darstellen, wird es immer Vorgaben geben, die speziell für Ihr Unternehmen gelten. Die Aufgabe lautet damit nicht, Vollständigkeit zu erreichen, sondern einen gemeinsamen Nenner abzubilden, wie er für einen Großteil der Unternehmen passend ist. Im Grunde also modellieren wir die Anforderungen an die IT-Sicherheit anhand eines generischen Unternehmensmodells. Da dies aber schon wieder zu abstrakt wirkt, wird nachfolgend, kurz und knapp, ein typisches Unternehmen vorgestellt, für das die später aufgeführten Regelungen passen würden.

Wir konzentrieren uns dabei ganz ausdrücklich nur auf einen kleinen, aber hoffentlich repräsentativen Ausschnitt der IT, da es in einer inhomogenen IT-Welt nicht möglich ist, auf alle Betriebssysteme oder Netzwerkvarianten Bezug zu nehmen. Sie werden deshalb keinen IBM-Mainframe finden und auch keine AS400. Aber selbst wenn Ihre IT-Systeme in Gänze von anderen Herstellern stammen als die hier beschriebenen, so bleiben die Regeln doch die gleichen – der Unterschied liegt dann vorrangig in der Konfiguration und dem Aufbau.

Unser Unternehmen soll, wenig originell, »Firma ABC« heißen. In der Firma ABC wurde das Projekt »3SCHRITTE« zur Steigerung des Sicherheitsniveaus gestartet. In einem ersten Schritt wurden die Basisrichtlinien erarbeitet und durch die Unternehmensführung abgenommen. Innerhalb des Workshops wurden daraufhin die wichtigsten Kernprozesse definiert und die Daten, Applikationen und IT-Systeme, die für deren Betrieb unbedingt erforderlich sind, identifiziert. Damit wurde deutlich sichtbar, auf welche Werte man sich innerhalb der IT-Sicherheit konzentrieren sollte. Nach der Festlegung, welche Themenfelder abgedeckt werden sollen, wurde mit der Erarbeitung der Richtlinien begonnen. Also wurden diese erstellt und zudem Sicherheitsprozesse entweder neu entworfen oder bestehende angepasst. Letztendlich kam man zu dem Punkt die IT-Systemumgebung entsprechend anzupassen. Bis dahin war man in nur wenigen Wochen gekommen – die Umsetzung der Maßnahmen hat dann einen längeren Zeitraum benötigt. Schlussendlich aber war man dann stolz, dass die Audits den Nachweis erbracht haben, dass die Maßnahmen greifen und die Richtlinien korrekt umgesetzt wurden.

Die Firma ABC kann etwas herstellen oder etwas vertreiben. Sie kann weltweit aufgestellt sein oder aber regional. Sie kann groß sein oder auch relativ klein. Diese Stellgrößen sind für eine IT, sofern eine Mindestanzahl an Benutzern überstiegen wird, in den allermeisten Fällen nicht übermäßig relevant. Auch ob eine Firma im Aufschwung ist oder sparen muss, die Infrastruktur ist vorhanden und muss betrieben werden und das Know-how ist zu jedem Zeitpunkt zu schützen. Falls Bereiche der IT an einen Dienstleister ausgelagert wurden (*outsourcing*), dann bilden Verträge mit dem Dienstleister die Grundlage für Betrieb und Datensicherheit – verantwortlich im rechtlichen Sinn sind Sie aber meistens dennoch. Im Grunde verlagert sich also nur die Aufgabe und es ist damit umso wichtiger, den Dienstleister in das Datensicherheits-Projekt mit einzubeziehen.

Bei der Firma ABC arbeiten zwischen 250 und 10.000 Mitarbeiter an einem Computer-Arbeitsplatz. Diese Bandbreite kann man erfahrungsgemäß ohne große Anpassungsschwierigkeiten abbilden und für diese Größenordnungen sind diejenigen Standards und Best-Practice-Anleitungen erarbeitet worden, die konkrete technische Anforderungen formulieren. Werden Firmen größer, dann steigt häufig der Anteil extern vergebener Dienstleistungen und die Anzahl heterogener IT-Systeme nimmt überproportional zu. Ist ein Unternehmen kleiner, dann reduziert sich die Vielfalt an Unternehmenswerten, wie die Anzahl unterschiedlicher Softwareprodukte, schnell.

Hinweis

In sehr kleinen Unternehmen werden dann zwar auch alle Sicherheitsthemen relevant sein, aufgrund der Größe fällt es hier aber deutlich leichter, ohne große Prozesslandschaft auszukommen und dennoch den Überblick zu behalten. In diesen Fällen ist es möglich, jeden einzelnen Mitarbeiter, seinen PC und seine Anforderungen an die IT persönlich zu kennen.

Den Backbone der Firma ABC bildet ein unternehmensweites Netzwerk. Lokationen im Ausland sind per Wide Area Network (WAN) angebunden. Der Campus in einer deutschen Großstadt bildet den zentralen Knotenpunkt. Ein Internetzugang wird am Firmensitz und in einer ausländischen Lokation betrieben. Fast genauso gut könnte sich der erwähnte Firmensitz auch im Ausland befinden. Der Unterschied liegt in den zu beachtenden externen Regeln, wie länderspezifischen Gesetzen, in Antwortzeiten von Anwendungen und in der steigenden Komplexität, die sich auf die Beherrschbarkeit der IT-Sicherheit niederschlägt.

Da bei ABC viele IT-Dienstleistungen zentral am Firmensitz betrieben werden, wurde viel Wert auf eine schnelle Anbindung der Standorte und jeweils existierende Backup-Leitungen gelegt. Alles in allem handelt es sich um ein typisches Netzwerk. Eine eigene Abteilung kümmert sich um den Betrieb der WAN-Leitungen und den Kontakt zu den verschiedenen Netzwerkanbietern und in den Lokationen selbst ist zumindest eine Gruppe für die lokalen Router und Switches zuständig. Diese Gruppe kümmert sich zudem um den Anschluss von Servern und PCs und betreut den DNS- und DHCP-Service auf Microsoft-Windows-Servern.

Hinweis

In einem Großteil der Unternehmen, die die Hauptzielgruppe für das Projekt darstellen, wird Software der Firma Microsoft eingesetzt. So auch in unserem Beispiel. Aus diesem Grund werden, im Rahmen der Praxisbeispiele, einige grundlegende Mechanismen anhand einiger dieser Produkte erläutert. Aber auch wenn Sie ein vergleichbares Benutzerverzeichnis oder vergleichbare Netzwerkdienste eines anderen Herstellers einsetzen, ist es leicht möglich, die Aufgaben jeweils zu übertragen. So ist es nicht entscheidend, ob Administratoren auf einem Microsoft-Server oder einem Server unter einem Linux-Betriebssystem arbeiten. In beiden Fällen sind die Sicherheitsprozesse sehr ähnlich – auch wenn die jeweiligen administrativen Werkzeuge unterschiedlich aussehen.

Das Benutzerverzeichnis und die Datei- und Druckdienste basieren auf Microsoft-Technologie. Größtenteils sind Microsoft-Windows-2008- und -2012-Server im Einsatz. Die Server der Version Windows Server 2003 wurden bereits erfolgreich abgelöst. Dies war notwendig geworden, weil die Unterstützung mit Sicherheitsupdates durch Microsoft am 14. Juli 2015 ausgelaufen ist.

Die zentrale Schaltstelle für das Benutzermanagement bildet das Microsoft Active Directory (ADS), das in Form eines Forest mit zwei Domänen aufgebaut wurde. Jeweils eine Domäne für die Region Europa und eine für Nordamerika. Implementiert wurde das ADS vor ca. zehn Jahren unter Einbezug eines externen Dienstleisters. Seitdem wird es von einer Abteilung betreut, die sich auch um die Berechtigungsvergabe im Allgemeinen kümmert. Wesentliche IT-Infrastrukturdienste wie DNS, DHCP und das alte, angeblich seit Langem überflüssige WINS werden unter Microsoft Windows betrieben. Das Gleiche gilt für die Datenserver und die Datenbankserver, auf denen Microsoft SQL und Oracle zum Einsatz kommt. Nicht nur auf Microsoft Windows basierenden Betriebssystemen, sondern auch unter Unix sind einige zentrale SAP-Server installiert.

Die Benutzer melden sich auf ihren Arbeitsplatzrechnern und Laptops, die unter Windows 7 und Windows 8.1 betrieben werden, jeden Morgen an das ADS an und abends wieder ab. Die allermeisten tun dies aus dem Local Area Network (LAN) der Firma heraus, einige Benutzer nutzen das firmeneigene Wireless LAN, um ihre Laptops mit dem Netzwerk zu verbinden, Benutzer mit einem Heimarbeitsplatz-Vertrag melden sich über ein VPN von zu Hause aus an, Außendienstmitarbeiter aus dem Netzwerk von Kunden oder aus dubiosen Wireless-LAN-Netzen, die in Flughäfen oder in Cafés betrieben werden. Windows XP ist auf einigen, vereinzelten Computern immer noch zu finden, da die Umstellung, selbst nach Ablauf der Unterstützung durch Microsoft, recht zäh verläuft. Ganz zu schweigen von Embedded-Windows-XP-Systemen auf Produktionsmaschinen, die es in der Fertigung an einigen Stellen gibt.

Hinweis

Wenn Sie sich in diesen Schilderungen wiederfinden, dann gehört Ihr Unternehmen zu der Masse an typischen Firmen, wie sie überall zu finden sind. Es wird aber dennoch auch bei Ihnen den einen oder anderen Sonderfall geben, der von all dem abweicht und der sich über die letzten Jahre, trotz einiger Versuche, ihn loszuwerden, hartnäckig gehalten hat. Auch wenn dieser Sonderfall nicht direkt im Fokus der beispielhaften Regelungen stehen könnte, so darf er dennoch nicht einfach übergangen werden.

Wie in vielen Firmen, die bereits seit den 80er Jahren stark auf ihre IT setzen, wimmelt es auch in Firma ABC nur so von Applikationen aller Art. Eine Zählung von vor einigen Jahren brachte damals schon erstaunliche 500 Programme zutage, die alle mehr oder weniger aktuell auf den Arbeitsplatzrechnern, Servern und Laptops installiert sind. Diesen Wildwuchs möchte man einschränken, indem man den Mitarbeitern die lokalen Administrationsrechte entzieht. Schlussendlich, also nach Abzug von VIPs und einigen Ausnahmeregeln, arbeiten heute ca. 80% aller Mitarbeiter mit eingeschränkten Rechten. Alle anderen haben vollen administrativen Zugriff auf ihre Rechner.

4.2.5 Hilfestellungen durch genormte Vorgehensweisen

Standards are a common language used to communicate expected levels of performance for products and services.

Glücklicherweise ist man nicht ganz auf sich alleine gestellt, wenn es darum geht, zu einem Sicherheitsthema die korrekten Maßnahmen zu identifizieren und umzusetzen. In den letzten Jahren haben eine ganze Reihe von Institutionen Anleitungen zu den verschiedensten Themen der technischen IT-Sicherheit verfasst, die frei im Internet verfügbar sind. Diese Vorgehensweise hat einige positive Veränderungen angestoßen. So ist die Qualität und der Abdeckungsgrad dieser Best Practices heute so hoch, dass sie weitgehend als Standard akzeptiert sind und damit von vielen Unternehmen gekannt und angenommen werden. Das wiederum führt dazu, dass eine IT-Sicherheitsorganisation, die sich an diesen Standards anlehnt, fast schon automatisch einen gewissen Vertrauensvorschuss genießt. Das bringt zum einen Vorteile für die IT-Sicherheit selbst, da sie sich auf bereits erprobte Prozesse und Anleitungen stützen kann, und zum anderen kann es einen Wettbewerbsvorteil für ein Unternehmen darstellen, seine IT-Prozesse an einen national oder sogar international anerkannten Standard anzupassen.

Die beiden Standards, auf die wir uns im Rahmen der Umsetzung der Regeln vorrangig stützen, sind vornehmlich:

- die **ISO 27002** / ISO 27001 Norm in den jeweiligen Ausführungen aus dem Jahr 2013 und
- die **IT-Grundschutz-Kataloge** des Bundesamts für Sicherheit in der Informationstechnik (BSI) in der Version, die auf der Internet-Präsenz des BSI dargestellt wird.

Neben diesen beiden ist auch der Standard COBIT, aktuell in der Version 5, ein wichtiger Ratgeber. Insbesondere der Leitfaden zur IT-Sicherheit enthält erprobte und über die beiden erstgenannten Standards hinausgehende Anleitungen. Der Standard COBIT wird von der Organisation ISACA herausgegeben.

Hinweis

Insbesondere, wenn man sich auf ein IT-Sicherheitsprojekt vorbereiten und sich auch nachweisbar persönlich weiterqualifizieren möchte, ist es sinnvoll, die von der ISACA herausgegebenen, sehr anspruchsvollen Zertifizierungen zum Certified Information Systems Auditor (CISA) und zum Certified Information Security Manager (CISM) abzuschließen. Die Zertifizierung CISA richtet sich dabei vornehmlich an Auditoren und umfasst deren gesamten Arbeitsbereich. Die Zertifizierung zum CISM richtet sich wiederum eher an den IT-Sicherheitsmanager und ist näher an der technischen IT-Sicherheit angesiedelt.

Die ISO-27002-Norm beschreibt umfänglich die einzelnen Sicherheitsthemen und auch die erforderlichen Maßnahmen. Wie jede Norm tut sie dies von einer gewissen Flughöhe aus, schafft es aber dennoch, den Bezug zu den Themen eines normalen Mitarbeiters in der IT nicht zu verlieren. Trotzdem, die Antworten, die man aus dieser Norm erhält, sind eher generisch gehalten – ganz wie eine Norm ausgestaltet sein muss, die den Anspruch erhebt, für alle Unternehmensgrößen und Branchen einsetzbar zu sein.

Ganz gegensätzlich dazu sind die Dokumente des BSI aufgebaut. Diese decken eine größere Bandbreite, da deutlich detaillierter aufgebaut, an Ebenen ab. So werden grundsätzliche Sicherheitsaspekte genauso behandelt wie technische Detailthemen, so z.B. der sichere Betrieb eines Lotus-Notes-Mail-Servers. Zusammen bilden diese beiden Normen ein Gespann, das alle Fragen der Umsetzung von Richtlinien beantworten sollte. Genügen die dort gelisteten Anleitungen nicht, z.B. weil es sich um ein dort nicht behandeltes IT-System handelt, dann empfiehlt es sich grundsätzlich, zusätzlich den Hersteller bzw. die von ihm bereitgestellten Dokumente direkt anzufragen.

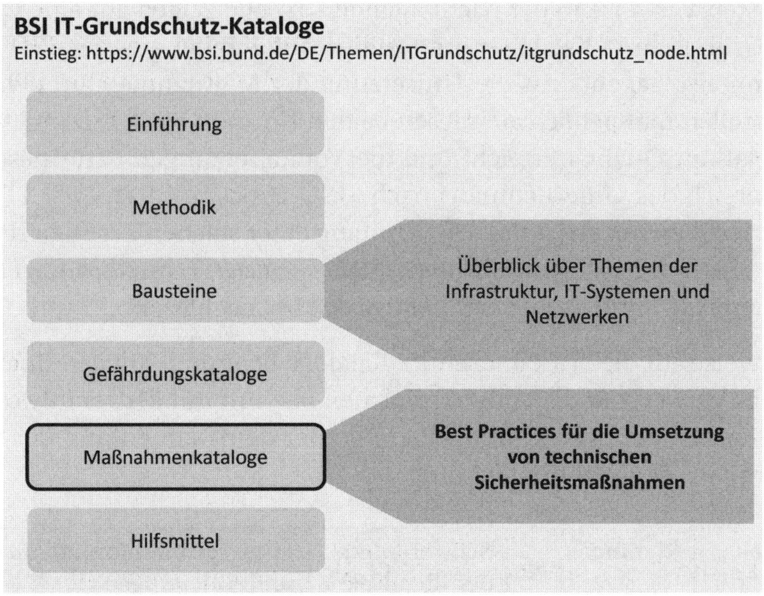

Abbildung 4.3: Überblick über die Grundschutz-Kataloge des BSI

Die IT-Grundschutz-Kataloge des BSI werden seit vielen Jahren ständig gepflegt und weiterentwickelt und beinhalten das gesammelte technische Wissen des Bundesamts für Sicherheit im Informationswesen. Das wiederum heißt nicht, dass die Arbeit mit den Katalogen intuitiv einfach wäre. Im Laufe der Zeit hat sich eine riesige Menge an Informationen angesammelt und dementsprechend benötigt man einen Lotsen, um die wichtigen Dinge von den weniger wichtigen zu trennen. Es ist aber in jedem Fall anzuraten, sich dort ausgiebig umzusehen – auch über die Maßnahmen hinaus, die in diesem Buch aufgeführt werden.

Hinweis

Man muss nicht alles im Kopf haben, man muss nur wissen, wo man es nachlesen kann. Die folgende Tabelle verknüpft die einzelnen Themenfelder der IT-Sicherheit bis herunter zu einzelnen Produkten mit den wichtigsten, anerkannten Quellen im Internet. Ziel ist es, Ihnen eine Tabelle an die Hand zu geben, aus der Sie mit einem Blick ersehen können, wo Sie welche Lösungen finden können, wenn Sie eine bestimmte Richtlinie oder Maßnahme umsetzen wollen.

Die meisten Verweise in der nachfolgenden Tabelle zeigen auf eine Quelle in den IT-Grundschutz-Katalogen und einige auf Kapitel aus der ISO 27002. Man kann also sagen, dass die Umsetzung der Maßnahmen auf den Vorgehensmodellen maßgeblich auf diesen beiden Normen basiert. Damit wird ein hohes Maß an Qualität erreicht und die Voraussetzungen dafür geschaffen, einen Bereich des Unternehmens nach »ISO 27001 auf Basis von IT-Grundschutz« zertifizieren zu lassen. Den Umfang einer solchen Zertifizierung können Sie unter *https://www.bsi.bund.de/DE/Themen/ITGrundschutz/ITGrundschutzZertifikat/itgrundschutzzertifikat_node.html* nachlesen.

Alle Verweise auf die IT-Grundschutz-Kataloge beginnen mit den Buchstaben »GS«, ein Verweis auf die anderen Normen beginnt mit der verantwortlichen Stelle, einer eindeutigen Nummerierung oder dem Namen und der Version bzw. dem Jahr der Veröffentlichung.

Themengebiet	Richtlinie	Schwerpunkte der Richtlinie	Hintergrundinformationen und Anleitungen
Basisrichtlinien		Erstellung der IT-Security Policy	GS M2.192 (Erstellung einer Leitlinie zur Informationssicherheit) ISO 27002:2013 Kapitel 5
Standardisierung	Standardisierung von IT-Systemen und Software		ISO 27002:2013 Kapitel 8.2
IT-Sicherheitsprozesse	IT-Sicherheitsorganisation	Aufbau einer IT-Sicherheitsorganisation	GS M2.193 (Aufbau einer geeigneten Organisationsstruktur für Informationssicherheit) GS M 2.199 (Aufrechterhaltung der Informationssicherheit) ISO 27002:2013 Kapitel 6
		Verpflichtung der Mitarbeiter auf Einhaltung von Gesetzen und Vorschriften	GS M 3.2 (Verpflichtung der Mitarbeiter auf Einhaltung einschlägiger Gesetze, Vorschriften und Regelungen) ISO 27001:2005 A.6.1.5

Themen-gebiet	Richtlinie	Schwerpunkte der Richtlinie	Hintergrundinformationen und Anleitungen
		Beschäftigung von externen Unternehmen	GS M 2.226 (Regelungen für den Einsatz von Fremd-personal) GS M 2.253 (Vertragsgestaltung mit dem Outsourcing-Dienst-leister)
		Laufende Überprüfung der IT-Sicher-heit	GS M 2.199 (Aufrechterhaltung der Informationssicherheit) ISO 27001:2005 A.6.1.8
	Verwaltung der Unterneh-menswerte (siehe auch Kapitel »Transparenz schaffen«)	Erstellung der Klassifi-zierungs-richtlinie	GS M 2.217 (Sorgfältige Ein-stufung und Umgang mit Infor-mationen, Anwendungen und Systemen)
		Aufbau eines Asset-Manage-ments	ISO 27001:2005 A.7 GS M 2.139 (Ist-Aufnahme der aktuellen Netzsituation) GS M 1.57 (Aktuelle Infrastruk-tur- und Baupläne)
		Festlegung der Verantwort-lichkeiten	GS M 2.225 (Zuweisung der Ver-antwortung für Informationen, Anwendungen und IT-Kompo-nenten)
	Prozess IT-Sicherheits-vorfälle melden		GS B 1.8 (Behandlung von Sicherheitsvorfällen) GS M 6.124 (Festlegung der Schnittstellen der Sicherheits-vorfallbehandlung zur Störungs- und Fehlerbehebung)

Themen-gebiet	Richtlinie	Schwerpunkte der Richtlinie	Hintergrundinformationen und Anleitungen
		Microsoft-Windows-Ereignisse überwachen	GS M 2.489 Planung der System-überwachung unter Windows Server 2008 GS M 2. 365 Planung der System-überwachung unter Windows Server 2003
	Prozess Schwach-stellenanalyse	Beschaffung von Informa-tionen über Sicherheits-lücken	GS M 2.35 (Informationsbeschaf-fung über Sicherheitslücken des Systems)
	Prozess Notfall-management		GS IT-Grundschutz-Standards 100-4
	Über-wachung von (Sicher-heits-)Pro-tokollen (logfiles)		GS M 4.25 (Einsatz der Protokol-lierung im Unix-System) GS M 4.81 (Audit und Protokol-lierung der Aktivitäten im Netz) GS M 4.344 (Überwachung von Windows-Vista-, Windows-7- und Windows-Server-2008-Sys-temen)
	Prozess Änderungs-management	Konfigura-tionsänderung an produktiven Systemen	GS M 4.78 (Sorgfältige Durch-führung von Konfigurations-änderungen)
	Umgang mit Schad-software	Virenschutz	GS M 4.3 (Einsatz von Viren-Schutzprogrammen)
	Prozess Backup und Wiederher-stellung		GS B 1.4 (Datensicherungs-konzept) GS M 6.33 (Entwicklung eines Datensicherungskonzepts)

Themengebiet	Richtlinie	Schwerpunkte der Richtlinie	Hintergrundinformationen und Anleitungen
Benutzer	Generelle Richtlinien für Benutzer	Umgang mit Gerätschaften	GS M 1.33 (Geeignete Aufbewahrung tragbarer IT-Systeme bei mobilem Einsatz)
	Richtlinien für Administratoren	Abgesicherter Zugriff unter Unix	GS M 4.14 (Obligatorischer Passwortschutz unter Unix) GS M 4.19 (Restriktive Attributvergabe bei Unix-Systemdateien und -verzeichnissen) GS M 4.20 (Restriktive Attributvergabe bei Unix-Benutzerdateien und -verzeichnissen) GS M 4.21 (Verhinderung des unautorisierten Erlangens von Administratorrechten) GS M 4.22 (Verhinderung des Vertraulichkeitsverlusts schutzbedürftiger Daten im Unix-System)
	Awareness-Maßnahmen	Schulung der Mitarbeiter in Bezug auf IT-Sicherheit	GS M 2.312 (Konzeption eines Schulungs- und Sensibilisierungsprogramms zur Informationssicherheit) ISO 27002 Kapitel 7.2.2 Awareness, Ausbildung und Training
Zugriff auf Daten	Rollenkonzept erstellen		GS Inhalt > Rollendefinitionen
	Regeln zur Vergabe von Berechtigungen		GS M 4.149 (Datei- und Freigabeberechtigungen unter Windows)

Themengebiet	Richtlinie	Schwerpunkte der Richtlinie	Hintergrundinformationen und Anleitungen
	Datenübertragung und Verschlüsselung		GS M 4.34 (Einsatz von Verschlüsselung, Checksummen oder Digitalen Signaturen) GS M 4.101 (Sicherheitsgateways und Verschlüsselung) GS M 5.68 (Einsatz von Verschlüsselungsverfahren zur Netzkommunikation)
Sichere Systeme	PCs und Laptops sicher konfigurieren	Allgemeine Einstellungen	GS M 4.241 (Sicherer Betrieb von Clients) GS M 4.244 (Sichere Systemkonfiguration von Windows-Client-Betriebssystemen)
		Bildschirmsperre	GS M 4.2 (Bildschirmsperre) GS M 4.146 (Sicherer Betrieb von Windows-Client-Betriebssystemen)
		Verschlüsselung von Laptops	GS M 4.29 (Einsatz eines Verschlüsselungsproduktes für tragbare IT-Systeme)
		Umgang mit Wechseldatenträgern	GS M 4.4 (Geeigneter Umgang mit Laufwerken für Wechselmedien und externen Datenspeichern)
		Lokale Firewall	GS M 4.238 (Einsatz eines lokalen Paketfilters)
		Patchmanagement	GS M 4.249 (Windows-Client-Systeme aktuell halten)
		Wireless LAN	GS M 4.295 (Sichere Konfiguration der WLAN-Clients)

Themen-gebiet	Richtlinie	Schwerpunkte der Richtlinie	Hintergrundinformationen und Anleitungen
	Sichere Server-systeme	Sichere Konfiguration unter Microsoft-Windows-Server	GS M 4.48 (Passwortschutz unter Windows-Systemen) GS M 4.15 (Gesichertes Login) GS M 4.79 (Sichere Zugriffsmechanismen bei lokaler Administration) GS M 4.80 (Sichere Zugriffsmechanismen bei Fernadministration) GS M 4.138 (Konfiguration von Windows Server als Domänen-Controller) GS M 4.313 (Bereitstellung von sicheren Domänen-Controllern) Stellvertretend auch für Windows Server 2008 und Windows Server 2012: GS M 4.280 (Sichere Basiskonfiguration ab Windows Server 2003)
		Sichere Konfiguration unter Unix	GS M 4.105 (Erste Maßnahmen nach einer Unix-Standardinstallation) GS M 4.106 (Aktivieren der Systemprotokollierung)
		Sichere Konfiguration von Servern allgemein	GS M 4.95 (Minimales Betriebssystem) GS M 4.98 (Kommunikation durch Paketfilter auf Minimum beschränken) GS M 4.239 (Sicherer Betrieb eines Servers)

Themengebiet	Richtlinie	Schwerpunkte der Richtlinie	Hintergrundinformationen und Anleitungen
	Sicherer Betrieb von Lotus Notes		GS M 4.116 (Sichere Installation von Lotus Notes/Domino) GS M 4.128 (Sicherer Betrieb der Lotus Notes/Domino-Umgebung) GS M 4.132 (Überwachung der Lotus Notes/Domino-Umgebung)
	Sicherer Betrieb von Microsoft Exchange		GS M 4.161 (Sichere Installation von Exchange-Systemen) GS M 4.162 (Sichere Konfiguration von Exchange-Servern) GS M 4.163 (Zugriffsrechte auf Exchange-Objekte) GS M 4.165 (Sichere Konfiguration von Outlook) GS M 4.166 (Sicherer Betrieb von Exchange-Systemen)
	Sicherer Betrieb von SAP-Systemen		GS M 4.256 (Sichere Installation von SAP-Systemen) GS M 4.257 (Absicherung des SAP-Installationsverzeichnisses auf Betriebssystemebene) GS M 4.261 (Sicherer Umgang mit kritischen SAP-Berechtigungen) Zusätzlich GS M 4.258 – 273
Physische Sicherheit	Kritische Bereiche absichern	Regelungen bezüglich des Rechenzentrums	GS M 1.49 (Technische und organisatorische Vorgaben für das Rechenzentrum) GS M 1.70 (Zentrale unterbrechungsfreie Stromversorgung)
		Brandschutz im Rechenzentrum	GS M 1.6 (Einhaltung von Brandschutzvorschriften) GS M 1.47 (Eigener Brandabschnitt)

Themengebiet	Richtlinie	Schwerpunkte der Richtlinie	Hintergrundinformationen und Anleitungen
		Zugang zum Rechenzentrum	GS M 1.73 (Schutz eines Rechenzentrums gegen unbefugten Zutritt) GS M 1.80 (Zutrittskontrollsystem und Berechtigungsmanagement) GS M 1.15 (Geschlossene Fenster und Türen) GS M 1.19 (Einbruchsschutz)
		Aufstellung von IT-Systemen und IT-Arbeitsplätzen	GS M 1.29 (Geeignete Aufstellung eines IT-Systems)
Netzwerk	Netzwerk allgemein	Abgesicherter Zugriff auf Netzwerkkomponenten	GS M 1.43 (Gesicherte Aufstellung aktiver Netzkomponenten) GS M 4.82 (Sichere Konfiguration der aktiven Netzkomponenten) GS M 4.203 (Konfigurations-Checkliste für Router und Switches) GS M 4.204 (Sichere Administration von Routern und Switches)
	Sicherer Betrieb eines Wireless LAN		GS M 4.296 (Einsatz einer geeigneten WLAN-Management-Lösung) GS M 4.297 (Sicherer Betrieb der WLAN-Komponenten)
Softwareentwicklung	Skript- und Softwareentwicklung		ISO 27002 Kapitel 14.2 ISO 27034 (Prozessorientiert) Microsoft Security Development Lifecycle (Microsoft SDL)
Platz für weitere Verknüpfungen von Aufgaben und hilfreichen Quellen			

In der Tabelle werden ein Großteil der Richtlinien aufgeführt, die im Buch behandelt werden und die als Ausgangspunkt für die im Rahmen des Projekts zu erstellenden Richtlinien dienen sollen. Dabei kann es sich natürlich nur um eine Auswahl an möglichen Richtlinien handeln. Zusätzliche Richtlinien oder auch Sicherheitsprozesse, die Sie als wichtig erachten, fügen Sie bitte am Ende der Liste hinzu.

4.3 Die Richtlinien/Aufgaben des Projekts

4.3.1 Aufgabe: Checklisten IT-Sicherheitsrichtlinien und IT-Sicherheitsprozesse

Input	Formular »Themengebiete der IT-Sicherheit«
Output	Checkliste »Status IT-Sicherheitsrichtlinien« Checkliste »Status IT-Sicherheitsprozesse«

In Abschnitt 3.4 wurden die Themengebiete der IT-Sicherheit aufgelistet und die Projektteilnehmer gebeten, festzulegen, welche dieser Themen relevant für das Projekt sind und welche nicht. Diese Festlegung basiert auf der kleinen Business-Impact-Analyse und versucht die hochpriorisierten Aufgaben von denjenigen zu trennen, die nachrangig verfolgt werden sollen. Das daraus entstandene Formular »Themengebiete der IT-Sicherheit« dient als Grundlage für die nachfolgende Checkliste.

An dieser Stelle geht es darum, die noch bestehenden Defizite darzustellen und in eine übersichtliche Form zu bringen. Zu diesem Zweck wurde der Tabelle eine Reihe weiterer Spalten hinzugefügt. Bevor im Projekt weiter vorgegangen wird, sollte an dieser Stelle eine Ist-Aufnahme der bereits vorhandenen oder bereits abgearbeiteten Aufgaben und deren Status durchgeführt werden. Die Vorgehensweise, die sich hier anbietet, ist, alle Beteiligten zusammenzubringen und die Punkte einzeln durchzugehen und alle Informationen darüber zu erfassen. Am besten sind alle schriftlich festgelegten Vorgehensmodelle. Diese können in der Tabelle direkt erfasst werden.

Häufig genug erfährt man erst im Laufe eines solchen Projekts, dass weitere Vorgaben erforderlich sind, um spezielle Prozesse oder den Betrieb wichtiger

IT-Systeme zu beschreiben, die bislang übersehen wurden. In diesem Fall fügen Sie diese neuen Anforderungen einfach am Ende der Liste ein. Die Liste sollte zum Ende dieses Projektschrittes vollständig und in sich logisch sein. Der nächste Schritt, die Umsetzung der Vorgaben bzw. die Durchführung von Audits, kann erst dann beginnen, wenn dies der Fall ist.

Kapitel	Aufgabe	Dokument				
		Name / Speicherort	**Kann übernommen werden**	**Muss überarbeitet werden**	**Status**	**Verantwortlich**
	Basisrichtlinien	Information Security Policy Klassifizierungsrichtlinie				
	Standardisierung	Standardisierung von IT-Systemen und Prozessen				
	...					

Natürlich existiert in jedem Unternehmen bereits eine mehr oder weniger große Anzahl von generischen bis detaillierten Vorgaben, die entweder direkt übernommen oder zumindest als Input genutzt werden können. Um eine endgültige Arbeitsliste zu erstellen, übernehmen wir diejenigen Richtlinien, die umgesetzt werden sollen, aus der Richtlinienübersicht und ergänzen die Tabelle um Informationen über eventuell bereits existierende Vorgaben.

Es ist dabei immer zu beachten, dass in einem international ausgerichteten Unternehmen der Einbezug der lokalen Stellen außerordentlich wichtig ist, da häufig Vorschriften existieren, die aufgrund der lokalen Gesetzgebung oder lokationsspezifischer Verträge festgelegt wurden und die nicht einfach übergangen werden können. Ob diese länder- oder auch standortspezifischen Rahmenbedingungen als Unterpunkt in einer generellen Richtlinie widergespiegelt werden oder ob man von vornherein einzelne Vorgaben in mehreren Versionen bereitstellt, ist dabei unerheblich.

4.3.2 Aufgabe: Kommunikation von IT-Sicherheitsthemen

Input	Checkliste »IT-Sicherheitsrichtlinien« Checkliste »IT-Sicherheitsprozesse«
Output	Dokument »Kommunikation von IT-Sicherheitsthemen«
Sicherheitslevel	Basissicherheit

Die Dokumentation und die Kommunikation von IT-Sicherheitsprozessen sind stark miteinander verzahnt. Die Art der Dokumentation folgt immer dem Grundsatz, dass der Inhalt verständlich, nachvollziehbar und stringent sein muss. Mit »stringent« ist gemeint, dass Inhalte nicht nur in sich selbst logisch aufgebaut sein sollen, sondern dass darüber hinausgehend die Gesamtheit aller Dokumente ohne innere Widersprüche gestaltet sein soll. So kann der Inhalt einer Regelung nicht eine andere Aussage haben als eine andere Regelung zum gleichen Thema und mit dem gleichen Geltungsbereich. Neben diesem Punkt sind weitere Rahmenbedingungen zu erfüllen, um eine optimale Kommunikation zu gewährleisten. So ist es wichtig, dass

- die Dokumentenstruktur, siehe z.B. die bereits vorgestellte Richtlinienstruktur in Form einer Pyramide, klar gegliedert ist.
- für alle Arten von Dokumenten Templates zur Verfügung gestellt werden, um einen einheitlichen Aufbau zu gewährleisten.
- Dokumente einer Versionierung unterliegen, die sicherstellt, dass jedes Dokument nur in der aktuellsten Version kommuniziert wird.
- Dokumente grundsätzlich überprüft und abgenommen werden, bevor sie veröffentlich werden.

Es existieren geeignete technische Mittel, um Mitarbeitern jederzeit die für sie relevanten Dokumente leicht abrufbar zur Verfügung zu stellen. Dabei kann es sich um eine Intranet-Anwendung, ein Dokumentenmanagementsystem, eine Dateiablage oder aber auch um einen Aktenordner handeln. Die Form ist nicht so wichtig wie die Prozesse, die die Verwaltung der Dokumente und den Zugriff darauf lenken sollen.

Das Thema »Bewusstsein schaffen für die Thematik der IT-Sicherheit« erstreckt sich natürlich nicht nur auf die Kommunikation von Regeln. Selbst wenn diese nach den oben aufgeführten Rahmenbedingungen aufgebaut sind, ist es immer noch entscheidend, dass der Mitarbeiter das Gefühl hat, dass das Thema auch im geschäftlichen Umfeld wichtig ist. Leider ist zu beobachten, dass Sicherheit grundsätzlich zunächst aus der eigenen privaten Sicht heraus beurteilt wird und dass das Bewusstsein für den korrekten Umgang mit Daten schwächer wird, je weiter man sich aus diesem privaten Umfeld herausbewegt. So wird ein Mitarbeiter zögern, bevor er seine Kreditkarteninformationen oder gar den PIN seine EC-Karte an einen Fremden weitergibt. Höchstwahrscheinlich wird er dies sogar entrüstet ablehnen. Betritt er aber seinen Arbeitsplatz, dann ist die persönliche Bindung zu seinem Benutzerkonto, zu seiner geschäftlichen Kreditkarte und zu dem Anmeldepasswort an seinen Arbeitsplatzrechner weit weniger ausgeprägt und deshalb wird er diese Informationen deutlich schneller weitergeben oder fahrlässig damit umgehen. Das ist menschlich und deshalb zielt eine Awareness-Kampagne häufig auch darauf, Emotionen und ein »Wir-Gefühl« hervorzurufen. Für das Projekt ergibt sich daraus der Gedanke, dass eine Kampagne zur Steigerung des Verantwortungsbewusstseins hinsichtlich geschäftlicher Daten einen großen Nutzen für die Erreichung der Sicherheitsziele mit sich bringt. Im Laufe des Kapitels wird sich eine Aufgabe weiterführend mit dieser Thematik beschäftigen.

4.4 Die sechs Grundsatzthemen

Referenz	COBIT 5 for Information Security

Wenn Sie an diesem Abschnitt angekommen sind, dann haben Sie vermutlich das Gefühl, viel Grundsatzarbeit geleistet, die richtigen, handfesten Probleme aber bislang kaum angepackt zu haben. Dieses Gefühl ist nicht vollkommen verkehrt. Alle bisherigen Schritte und Aufgaben waren zwar unabdingbar erforderlich und ohne sie könnten Sie keine nachhaltige IT-Sicherheit betreiben, aber noch haben Sie keinen Arbeitsplatzrechner angefasst und noch keinen Virus in Quarantäne geschickt. Das ändert sich nun. Dieser Abschnitt stellt einen Schnellstart in die technische IT-Sicherheit dar. Das bedeutet, dass wir mit den sechs Feldern anfangen, mit denen sich bereits ein sehr großer Teil der Sicherheitsprobleme adressieren lässt und die zuerst angegangen werden sollten, weil sie eben die größten Lücken schließen.

Die sechs nachfolgenden Felder der IT-Sicherheit adressieren die folgenden Bedrohungen:

- Zugang zum Unternehmensnetzwerk
- Angriffe auf Arbeitsplatzrechner
- Angriffe auf Daten, die auf Servern abgelegt sind
- Angriffe auf das Benutzerverzeichnis

Es ist das Ziel, mit den ersten konkreten Maßnahmen bereits einen großen Schritt zu tun und das Sicherheitsniveau sofort auf einen Minimallevel zu heben. Natürlich ist es auch wichtig, an die IT-Sicherheitsprozesse zu denken und Awareness-Maßnahmen zu starten, aber alle diese weiteren Punkte bauen auf einem Fundament auf, das durch die folgenden sechs Grundsatzthemen vorbereitet wird:

- Standardisierung von IT-Systemen, Software und Prozessen
- Schutz vor Schadsoftware (Antivirus)
- Patchmanagement
- Zugang zum Unternehmensnetzwerk
- Dateiberechtigungen auf Servern
- Grundregeln Benutzerverzeichnisse

4.4.1 Aufgabe: Standardisierung von IT-Systemen und Software

Output	Dokument »Standardisierung von IT-Systemen und Software«
Sicherheitslevel	Basissicherheit

IT-Sicherheit und die Standardisierung von IT-Systemen und Software, teilweise auch von Prozessen, haben gemeinsame Ziele: Transparenz, geringere Kosten und Effektivität. In Zeiten, in denen IT-Systeme immer größer und wichtiger werden, gilt der Grundsatz, dass Unsicherheit mit steigender Komplexität überproportional zunimmt. Betreibt man ein komplexes System, so kann dies vermutlich beherrscht werden. Unterscheidet sich aber jedes System im Kleinen und Großen voneinander und betreibt man dadurch eine Vielzahl unterschiedlicher komplexer Systeme, so ist die Wahrscheinlichkeit hoch, dass man den Überblick verliert und daraufhin nicht einmal mehr weiß, wie der Sicherheitsstatus jedes Systems aktuell einzuschätzen ist. Diese Entwicklung kostet viel Geld und verringert die Effektivität der IT-Sicherheit genauso wie die der IT im Ganzen.

Die Standardisierung findet auf allen Ebenen statt und ist eines der wichtigsten Begleitumstände, wenn nicht Grundvoraussetzung, für die Erreichung von Basissicherheit. Möchte man das Problem »Sisyphos« lösen, dann führt kein Weg daran vorbei, Standards für

- den **Einkauf**,
- den **Aufbau**,
- den **Betrieb**,
- die **Wartung** und
- die **Entsorgung** von IT-Systemen, die Ablage und Verarbeitung von Daten und die Konfiguration von Software, insbesondere Betriebssysteme,

zu definieren, zu dokumentieren und umzusetzen. Das Gleiche gilt für IT-gestützte Prozesse von der Benutzeranlage bis zur Entwicklung von Software.

Hinweis

Die Dokumente, die es in diesem Schritt zu erstellen gilt, sind auf einer unteren Ebene der Richtlinienstruktur angesiedelt. Sie werden häufig angepasst, haben eine Änderungshistorie und gehen technisch ins Detail. Trotz dieser Einordnung lassen sich Standards nur dann durchsetzen, wenn alle Bestimmungen verbindlichen Charakter haben. Die Herausforderung liegt damit darin, die wichtigsten Rahmenbedingungen vorzuschreiben und die Detailausgestaltung als Vorschlag einzubringen. Da nicht jeder Server und jede Software dem genau gleichen Zweck dient und sich damit im Detail unterscheiden wird, ist diese Art der stufenweisen Vorgehensweise anzuraten.

Typische Standards decken unter vielen anderen folgende Bereiche ab:

- Konfiguration von Netzwerkkomponenten
- Installationshandbücher für Server oder Arbeitsplatzrechner
- Inbetriebnahme von IT-Systemen

- Konfiguration der Telefonanlage
- Konfiguration von Standardsoftware
- Prozesse zur Berechtigungsvergabe
- Prozesse für neue Mitarbeiter
- Prozesse für Mitarbeiter, die ausscheiden

Damit ist die Umsetzung einer Standardisierung von IT-Gerätschaften und Software der erste Schritt auf dem Weg zu einem IT-Fundament, auf dessen Basis sich IT-Sicherheit umsetzen lässt.

Die Aufgabe, die diesem Abschnitt zugrunde liegt, erfordert nicht die Erstellung der jeweiligen Dokumente, dies wird in den nächsten Abschnitten angestoßen werden. Es geht darum, Sensibilität für die Erfordernisse für eine stringente und standardisierte Vorgehensweise zu schaffen. Es muss klar und deutlich formuliert werden, dass kein System von der IT in Betrieb genommen werden darf, das nicht den aktuell gültigen Vorgaben entspricht. Das Gleiche gilt für Änderungen an Systemen, was sich in einem entsprechenden Dokument zum Thema Änderungsmanagement widerspiegeln sollte. Dabei ist es wichtig, die richtige Durchdringungstiefe bei den Vorgaben zu finden. Zu detaillierte Anweisungen werden schnell zu starr und kompliziert in der Umsetzung. Zu oberflächliche Vorgaben tendieren dazu, »kreativ« aufgebaute und konfigurierte Systeme zu fördern und den Standardisierungsansatz ad absurdum zu führen. Im täglichen Betrieb müssen die Administratoren wissen, was sie erwartet, wenn sie sich mit einem System beschäftigen müssen, das bislang von einem Kollegen betreut wurde.

4.4.2 Aufgabe: Schutz vor Schadsoftware (Antivirus)

Output	Richtlinie »Umgang mit Schadsoftware«
Beteiligt	IT-Sicherheitsvorfälle melden und bearbeiten
Sicherheitslevel	**Basissicherheit** Antivirenschutz auf Servern und Clients. **Erweiterte IT-Sicherheit** Zusätzlich zum allgemeinen Antivirenschutz: Überprüfung (Penetrationstests) selbst entwickelter Software und Software von Drittanbietern

Der Begriff »Schadsoftware« (*malware*) umfasst alle Software, die vom Benutzer oder vom Administrator ungewollte Funktionen ausführt. Damit sind im Wesentlichen Viren, Würmer und Trojaner gemeint. Diese können Betriebssysteme oder Anwendungen infizieren oder aber auch in elektronischen Bauteilen fest implementiert sein und auf ein von außen hereinkommendes Aktivierungssignal warten. Die Ansatzpunkte zur Abwehr von Schadsoftware sind vielfältig und werden in den nächsten Abschnitten dargestellt.

Prozess 1: Installation geeigneter Software zur Abwehr von Schadsoftware

Antivirensoftware muss auf allen Servern und Arbeitsplatzrechnern installiert sein. Mit Arbeitsplatzrechnern sind vor allem die Arbeitsplatz-PCs der Mitarbeiter und die eingesetzten Laptops gemeint. Nach der Installation ist auf regelmäßige und flächendeckende Updates der jeweiligen Virensignaturen zu achten. Um den Schutz zu erhöhen, können Produkte verschiedener Anbieter implementiert werden. So kann die Software von Anbieter A auf den Servern oder dem Mailsystem und Software von Anbieter B auf den Arbeitsplatzrechnern eingesetzt werden, um eine erhöhte Entdeckungssicherheit zu bieten.

Prozess 2: Berichten und reagieren

Erkannte Viren, Trojaner oder auch infizierte Webseiten sollen zeitnah an eine zentrale Stelle gemeldet werden. Dafür ist es erforderlich, dass die Antivirensoftware, die auf den IT-Systemen installiert ist, Vorfälle aktiv zurückmeldet. Dies geschieht üblicherweise in eine Datenbank hinein, die auch Schnittstellen zu handelsüblichen Warnsystemen hat. Natürlich kann dies auch viel einfacher per Mail an den Administrator geschehen. Im Falle einer Meldung muss entsprechenden Vorgaben gefolgt werden, die das Ziel haben, den Virus zu entfernen und gleichzeitig das Risiko für weitere IT-Systeme zu verringern. Eine Sofortmaßnahme könnte die Abschaltung von IT-Systemen oder auch ganzen Netzwerken sein. Dieser Vorgang sollte mit dem allgemeinen Prozess »IT-Sicherheitsvorfälle melden« abgestimmt sein.

Die Tätigkeiten *melden* und *darauf reagieren* hängen eng miteinander zusammen, werden aber häufig von verschiedenen Organisationseinheiten wahrgenommen. In der Richtlinie sollte dieser Zusammenhang kurz skizziert werden. Dies gilt auch für den Fall, dass Schadsoftware nicht nur vereinzelt identifiziert wird, sondern sich vielmehr unbegrenzt ausbreitet. In letzterem Fall müssen mögliche Abwehrszenarien angesprochen werden, da diese unter Umständen massive Auswirkungen auf die Produktivität haben können. Wird es z. B. erforderlich, den Netzwerkzugang zu sperren, dann können die Auswirkungen schnell einen Einfluss auf den Vertrieb oder die Produktion haben. Da es aber gilt, schnell zu handeln, müssen die Abwehrmöglichkeiten und die verantwortlichen Stellen im Vorfeld benannt werden. Dies kann Teil dieser Richtlinie oder des Notfall-Managements sein.

Prozess 3: Eindringungspunkte

Schadsoftware muss zunächst in das Netzwerk und auf IT-Systeme gelangen, bevor sie Schaden anrichten kann. Dies kann über viele verschiedene Wege stattfinden. Dazu gehört das Internet genauso wie DVDs und USB-Sticks oder E-Mail. Alle diese Wege müssen so weit wie möglich überwacht und notfalls gesperrt werden. Zudem sollten Mitarbeiter darüber aufgeklärt werden, dass das Starten von unbekannter Software einem hohen Risiko unterliegt. Dieser Klassiker wird auch heute noch häufig missachtet. Das liegt unter anderem darin begründet, dass die entsprechenden ausführbaren Dateien immer häufiger durch Office-Makros oder Ähnlichem ersetzt werden und der Benutzer den Aufruf einer solchen Datei nicht mit der Ausführung eines Programms assoziiert.

Prozess 4: Schwachstellen in Software

Eigenentwickelte Software, im Auftrag erstellte Software von Drittanbietern (insbesondere auf Webservern gehostete Software) und eingekaufte Standardsoftware sollte aktiv mithilfe entsprechender Tools auf Schwachstellen überprüft werden. Gerade z. B. Webservices, die Schnittstellen nach außen auf wichtige Unternehmensdaten anbieten, können zu einem Ziel eines Trojaners werden. In diesem Fall ist das Schadensrisiko sehr hoch, da mehr als nur die Daten eines einzelnen Mitarbeiters im Fokus des Angriffs sind.

Die gilt generell für jede Art von Software, die als Ziel eines Angriffs dienen kann. So kann entschieden werden, dass der Flash-Player auf Clients aufgrund eines zu großen Risikos nicht eingesetzt werden darf – oder aber dieses Risiko wird reduziert, indem hier eine tägliche Überprüfung auf Sicherheitsupdates stattfindet, die dann auch innerhalb eines engen Zeitrahmens getestet und implementiert werden. Ein solches Vorgehen kostet wiederum Zeit und Ressourcen und reduziert, wie in diesem Fall, unter Umständen den Nutzen des Internets und schränkt damit die Produktivität der Mitarbeiter ein. Auch hier gilt es abzuwägen zwischen den Komponenten Risiko und Chance.

4.4.3 Aufgabe: Patchmanagement

Output	Richtlinie »Patchmanagement«
Sicherheitslevel	Basissicherheit

Das Patchmanagement berührt eine ganze Reihe von Bereichen in der IT. So sind Patches für Software, Betriebssysteme, aber auch für Hardware, in Form von Firmware-Updates, denkbar. An dieser Stelle soll es vor allem um die beiden Bereiche Software und Betriebssysteme gehen.

Dass Software Schwachstellen hat und dass diese über kurz oder lang an die Öffentlichkeit kommen, ist naheliegend. Dass, um das Risiko zu reduzieren, regelmäßige Sicherheitsupdates erforderlich sind, ist damit eine naheliegende Schlussfolgerung. Trotzdem wird dieses Kerngebiet der IT-Sicherheit häufig nur halbherzig angegangen.

Die wichtigste Voraussetzung für ein flächendeckendes Patchmanagement ist eine standardisierte Systemumgebung. Ist diese vorhanden, dann ist es mit heutigen technischen Möglichkeiten mit übersichtlichem Aufwand möglich, alle Kategorien an Software auf dem aktuellen Stand zu halten. Zu diesen Kategorien gehören zunächst die folgenden:

1. Das Standardbetriebssystem des Unternehmens – in unserem Fall Microsoft Windows
2. weitere Betriebssysteme
3. Microsoft-Software
4. Standardsoftware
5. weitere Softwareprodukte

Für die Punkte **eins** und **drei** findet sich recht schnell eine Lösung, und zwar das Microsoft-Produkt »Windows Server Update Service« (WSUS). Es ist leicht zu installieren, etwas weniger leicht zu konfigurieren und noch etwas aufwendiger zu betreiben, aber es funktioniert und das Risiko, Systeme zu beschädigen, ist überschaubar. Mithilfe einer Testumgebung, die aus einer Handvoll Testclients bestehen kann, ist es möglich, das Risiko eines solchen automatisierten Systems weiter zu reduzieren.

Damit wäre der größte Teil der Betriebssysteme, aber nur ein kleiner Teil der Softwarepalette abgedeckt. Für Unix-Betriebssysteme existieren auch Lösungen, die diese Aufgabe gleichermaßen automatisieren können. Es wird aber, selbst wenn man diese Techniken einsetzt, deutlich komplexer und aufwendiger.

Damit verbleiben noch zwei Kategorien. Die erste Kategorie beschreibt diejenige Software, die zwar nicht mit dem Windows Server Update Service von Microsoft angesprochen werden kann, die aber zum Standardsoftware-Pool des Unternehmens gehört, die regelmäßig gewartet werden sollte und die auf fast jedem Rechner zum Einsatz kommt. Diese Software wird im besten Fall per Softwarepaket verteilt und ist auf jedem Rechner in einer identischen Version vorhanden. Damit hält sich der Umfang an Tests, falls eine neue Version oder ein Sicherheitsupdate erscheint, in überschaubaren Grenzen. Auch diese Softwareprodukte sollten schnell und flächendeckend einem Patchzyklus unterworfen werden.

Die letzte Kategorie verursacht die meisten Probleme und wird aus diesem Grund sehr häufig vernachlässigt. Es handelt sich dabei um all diejenigen Applikationen, die nicht zum Standardrepertoire gehören. Meistens umfasst diese Kategorie die größte Anzahl der Applikationen. Hier liegt das Problem in der Vielfalt. Unterschiedliche Versionen sind auf einer unbestimmten Anzahl an Arbeitsplatz-Rechnern installiert. Software, die nur ein oder zwei Mal im Unternehmen existiert, ist zudem bei den zuständigen IT-Mitarbeitern kaum bekannt und mögliche Auswirkungen der Installation eines Patches sind damit schwer vorhersagbar. Wenn möglich dann sollte diese Kategorie an Software weitgehend beschränkt und durch Standardprodukte ersetzt werden.

Wenn es darum geht, zu entscheiden, auf welche dieser zusätzlichen Softwareprodukte die sowieso knappen Ressourcen verwendet werden sollen, dann ist auch an dieser Stelle ein Risikoansatz zur Entscheidungsfindung heranzuziehen. Als Ergebnis eines solchen Entscheidungsprozesses kristallisieren sich schnell diejenigen Applikationen heraus, die einen hohen Einfluss auf das Sicherheitsniveau haben. Sehr häufig wird es sich dabei um sehr weit verbreitete Software handeln, die nach außen hin Schnittstellen hat, die angegriffen werden könnten. So wird ein Add-on zu einem Webbrowser gleich mehrere dieser Kriterien erfüllen. Es wird häufig installiert sein und als Front-End zum Internet ist der Browser an sich einem erhöhten Risiko ausgesetzt.

4.4.4 Zugang zum Unternehmensnetzwerk

Der Angriff auf die Daten eines Unternehmens beginnt entweder mit einem Einbruch und einem Diebstahl von Arbeitsplatzrechnern oder sogar Servern und Datenplatten oder aber mit dem simplen Anschließen eines Laptops an das Unternehmensnetzwerk. Dies kann komplett von der Ferne aus geschehen, indem z. B. ein existierender Internet-Zugang genutzt wird, oder mehr aus der Nähe, indem das WLAN des Unternehmens genutzt wird. Sehr wahrscheinlich ist es aber auch in der Tat, dass sich der Angreifer selbst in die Räumlichkeiten des Unternehmens begibt, sich in einen Besprechungsraum setzt und eine LAN-Buchse nutzt, um sich zu verbinden. Gegen alle drei Kategorien gilt es, Vorkehrungen zu treffen.

In der Kategorie »Basissicherheit« finden sich folgende Aufgaben wieder:

- Wireless LAN (WLAN) sicher betreiben
- sicherer Zugang zum Internet

Das Thema »LAN-Anschluss sichern« fällt bereits in das Feld der erweiterten Sicherheit und ist mit einigem organisatorischen und finanziellen Aufwand verbunden. Dieses Thema wird im Abschnitt »Aufgabe: Regeln zum Zugang zum internen Netzwerk« vorgestellt.

Aufgabe: Wireless LAN sicher betreiben

Output	Richtlinie »Wireless LAN (WLAN)«
Sicherheitslevel	Basissicherheit

Die Nutzung von WLAN auf dem eigenen Campus ist eine verlockend einfache und effektive Art der Anbindung an das Unternehmensnetzwerk. Vor allem auch deshalb, weil man es schon von zu Hause aus kennt. Man ist vertraut damit und denkt häufig nicht genug darüber nach, welche Regeln für ein WLAN im Unternehmen gelten sollten, die im eigenen Heim getrost auch mal ignoriert werden können. Dazu kommt die Faustregel, dass, je sicherer ein WLAN konfiguriert wird, zum einen der Aufwand und die Kosten stark ansteigen und zum anderen, dass mit steigender Sicherheitsstufe auch die Menge an Clients, die damit ein technisches Problem haben, ansteigen wird. So kann ein Laptop mit den stärksten Authentifizierungs- und Verschlüsselungsalgorithmen spielend umgehen – für den Betrieb eines WLAN-fähigen Barcode-Lesers sieht die Sache unter Umständen schon wieder ganz anders aus. Senkt man nun die IT-Sicherheit auf ein Level ab, mit dem wirklich jedes Device umgehen kann, dann findet man sich bald bei WEP und einem schwachen Passwort wieder und das gilt es, so gut wie möglich zu verhindern.

Es gibt für alle Herausforderungen technische Lösungen. So kann man eine Firewall aufbauen, die das Netz der Barcode-Scanner vom restlichen Netzwerk abtrennt und nur Datenverkehr zu ausgewählten Servern zulässt. Für die Authentifizierung kann man Zertifikate verwenden und für die Verschlüsselung Verfahren mit hoher Schlüssellänge einsetzen. Das alles funktioniert natürlich nur dann, wenn sichergestellt ist, dass alle WLAN-Spots bekannt sind und den Regeln gemäß konfiguriert sind.

Im Zuge der Erstellung von Regeln für das WLAN sollten die folgenden Themen geklärt werden:

- Art der Gerätschaften, die das WLAN nutzen sollen.
- Soll das WLAN auch Besuchern und externen Mitarbeitern offenstehen? In diesem Fall sind technische Vorkehrungen zu treffen, die es einem Benutzer z.B. erlauben, sich mit dem Internet zu verbinden, den Zugang zum Unternehmensnetzwerk aber geschlossen halten. Des Weiteren gilt es, gesetzliche Bestimmungen zu beachten und die Haftungsfrage im Falle der illegalen Nutzung zu klären.
- Wie sollen sich Devices gegenüber dem WLAN authentifizieren? Anstelle von Usernamen wird hier sehr häufig auf Zertifikate gesetzt.
- Welche Art der Verschlüsselung soll genutzt werden?
- Welche Bereiche sollen genau ausgeleuchtet werden? Die Verfügbarkeit sollte dann auch auf die definierten Flächen eingeschränkt sein.

Eine Regelung wird sich also mit technischen Spezifikationen für die verschiedenen Devices beschäftigen müssen. Aufgrund der Natur dieser Netze sind zudem die Bereiche des Wachschutzes bzw. des Facility-Managements mit in die Überlegungen einzubinden.

Aufgabe: Sicherer Zugang zum Internet

Output	Richtlinie »Verbindung zum Internet«
Sicherheitslevel	Basissicherheit

Der Zugang **zum** Internet ist in den allermeisten Fällen auch gleichzeitig ein Zugang vom Internet aus **in** das Unternehmensnetzwerk. Es kann sich dabei um einen internen Server handeln, der aus dem Internet heraus angesprochen wird, um z.B. Zugriff auf das Mailsystem zu erhalten, oder auch um eine Datenverbindung nach innen. In jedem Fall gelten die folgenden Grundregeln:

- Jeder Zugang zum Internet und vom Internet zu internen IT-Systemen muss dokumentiert sein.
- Eine entsprechend ausgestaltete Firewall muss die Verbindung von Unternehmensnetzwerk und Internet absichern.
- Das Regelwerk auf der Firewall muss regelmäßig überprüft und aktualisiert werden.
- Jeder Zugang zum Unternehmensnetz von außen muss über die Firewall geleitet werden.

Im Normalfall beginnt die Diskussion bezüglich einer Firewall mit einer Diskussion über die erforderlichen technischen Spezifikationen und das ist häufig der falsche Startpunkt. Der erste Ansatzpunkt muss immer der sein, zunächst alle bereits vorhandenen Zugänge zum Internet zu identifizieren und zu dokumentieren. Davon ausgehend, dass diese Zugänge für den Betrieb tatsächlich erforderlich sind, kommt diese Ist-Aufnahme einer Feststellung der aktuellen Erfordernisse gleich. Wenn man im Laufe dieser Prozedur nicht benötigte Zugänge findet und abschaltet, dann ist dies ein Zusatznutzen. Bei diesen Zugängen kann es sich um einen WLAN-Router an einem DSL-Port handeln oder gar um ein altes Modem, das an eine Maschine in der Produktion angeschlossen ist und über einen Zugang zu einem Provider verfügt. Manchmal hat es sich einfach so entwickelt, dass sich kleine Standorte oder Verkaufsbüros weitgehend autark mit IT-Dienstleistungen versorgen, und dazu gehört dann auch mal der Internetzugang. In jedem Fall kann es an dieser Stelle keine IT-Sicherheit geben, wenn nicht alles bekannt ist und für jedes Szenario eine Risikoeinschätzung stattgefunden hat. Das Motto »das schwächste Glied in der Kette definiert die Gesamtsicherheit« gilt hier ganz besonders.

Ist eine Dokumentation erstellt und ist jede Anforderung aufgenommen, dann kann über eine technische Lösung diskutiert werden. Diese muss zum einen die Belange der IT-Sicherheit berücksichtigen, die technischen Anforderungen und natürlich die Anforderungen, die vonseiten der Organisation bestehen. Die Umsetzung der dann gefundenen Lösung wiederum muss getreu den Regeln aus dem Vorgabendokument »Verbindung zum Internet« umgesetzt werden. Die dort aufgeführten Regeln orientieren sich dabei an der technischen Lösung und den organisatorischen Prozessen.

4.4.5 Aufgabe: Dateiberechtigungen auf Servern analysieren

Output	Richtlinie »Zugriffsberechtigungen prüfen« Report: Aktueller Status Berechtigungen auf Datenservern Erstellung To-do-Liste, um die größten Risikofelder abzuarbeiten
Sicherheitslevel	Basissicherheit

Wenn man gemeinhin an Know-how in digitaler Form denkt, dann denkt man automatisch an Listen und Berichte, an CAD-Zeichnungen und Entwürfe oder an Strategiepapiere. Alle diese Dokumente liegen in den allermeisten Fällen in Form von Dateien auf der lokalen Platte oder auf einem zentralen Server vor. Da eine lokale Speicherung auf dem Arbeitsplatzrechner keine gute Idee ist aufgrund der allgemeinen Sicherheit oder auch wegen fehlender Möglichkeiten, diese Daten zu sichern, werden diese Daten in einem Großteil der Fälle primär in persönlichen Laufwerken, Abteilungslaufwerken oder aber Projektlaufwerken auf Dateiservern abgelegt sein. Dazu kommen viele Daten, die in Mails versendet werden und demnach auf den Mailservern gespeichert sind. Dort liegen diese Daten dann für viele Jahre und unterliegen einer gewissen Erosion. Die Praxis zeigt, dass der Aufwand, laufend deren Kritikalität zu überprüfen und die Zugriffe danach auszurichten, eher selten geleistet wird. Daher ist für diese

Art der Speicherung der Begriff »Datengrab« sehr passend. Um dem Chaos, den der Begriff umschreibt, Herr zu werden, weicht man gerne von Dateiservern ab und speichert bestimmte Daten in sogenannten Dokumentenmanagement-Systemen. Dort ist der Überblick wieder gegeben, sofern man diese Systeme nicht so umfunktioniert, dass sie wieder wie ein Dateiserver aussehen.

Hinweis

Die Überprüfung von Dateiberechtigungen auf Servern ist nur ein herausgegriffener Teilaspekt des Themenfeldes »Zugriffsberechtigungen überprüfen«. Natürlich erstreckt sich der Gesamtkomplex auf alle Arten von Zugriffsrechten. So sind auch Rollenkonzepte unter SAP ein Ziel oder auch der Zugriff auf Daten auf Unix-Servern. Es ist aber auch wichtig, die gelebte Praxis nicht außer Acht zu lassen, und hier zeigt sich, dass auf Microsoft-Windows-Servern ein Großteil der »teilweise ungeordneten« Daten gespeichert liegt und dass genau hier im Rahmen der Grundsatzthemen der Hebel angesetzt werden sollte.

Was ist das Ziel der Aufgabe »Dateiberechtigungen auf Servern analysieren«? Aus Sicht der IT-Sicherheit geht es wieder an erster Stelle um Transparenz im Allgemeinen und darum, nicht gewollte bzw. fehlerhafte Berechtigungen zu identifizieren und zu beheben. Um diese Aufgabe zu meistern, muss die folgende Frage beantwortet werden – und darum dreht sich auch diese Aufgabe:

- **Welcher Benutzer** hat auf **welche Daten** auf den Dateiservern **welche Art von Zugriff** und ist dies im Einzelfall sinnvoll und gewollt?

An dieser Stelle könnte man einwenden, dass diese Frage gleich drei Fragen auf einmal beinhaltet. Die technische Umsetzung einer solchen Analyse sollte aber auf alle drei Unterfragen eine Antwort finden und deshalb bilden sie zusammen einen Komplex.

Nun gibt es die Möglichkeit, die Datenserver einzeln manuell zu untersuchen, sprich, die eingerichteten Rechte aufzunehmen und zu dokumentieren, oder aber diesen Vorgang mittels einer Software zu automatisieren. Kostengünstig wäre es z. B. möglich, ein kleines Skript zu schreiben, das alle Rechte rekursiv einliest und in eine Textdatei exportiert. Das Ergebnis wäre dann aber eine sehr große Datei mit Informationen, die dann in einem Tabellenkalkulationsprogramm weiter verarbeitet werden müssten. Auf diese Weise ließe sich feststellen, ob es Verzeichnisse gibt, auf die alle Benutzer Zugriff haben, obwohl dies so nicht angedacht ist. Auch weitere Analysen wären möglich, aber sehr aufwendig.

Eine weitere Möglichkeit besteht darin, hinreichend viele Stichproben zu nehmen und aus den Ergebnissen auf die Gesamtsituation zu schließen. Werden dabei einzelne Ordner und Dateien untersucht, so sollte darauf geachtet werden, dass vor allem diejenigen Bereiche betrachtet werden, die sensible Daten beinhalten. Die Stichproben sollten also aussagekräftig sein. Zudem sollte sich der Untersuchungsbereich bei jeder nachfolgenden Untersuchung insoweit verschieben, dass über einen längeren Zeitraum hinweg die Menge und damit die Aussagekraft stetig anwachsen. Alle Ergebnisse müssen dokumentiert werden.

Die Ergebnisse der Untersuchung werden in einem zweiten Schritt hinsichtlich der oben aufgeführten Fragestellung untersucht. Werden Abweichungen vom Soll aufgedeckt, so werden entsprechende Maßnahmen eingeleitet. Bei entsprechend gravierenden Risiken ist es sehr empfehlenswert, den Untersuchungsbereich auszuweiten und gezielt nach weiteren Regelverstößen derselben Art zu suchen. Spätestens dann, wenn dieser Fall eintritt, ist es sinnvoll, ein entsprechendes Tool einzuführen und regelmäßig zu nutzen.

Hinweis

Die **regelmäßige** Überprüfung der Zugriffsberechtigungen auf Dateiservern fällt in die Kategorie »Audit«.

Einfacher ist es, wenn man eine kommerzielle Softwarelösung hinzuzieht, die genau diese Aufgabenstellung abdeckt. In diesem Bereich tummelt sich eine ganze Reihe an Anbietern, die alle mehr oder weniger ähnlich umfangreiche Analysen anbieten. Manche unterstützen dabei auch weitergehende Aufgaben, wie die Abdeckung eines kompletten Identity-Managements.

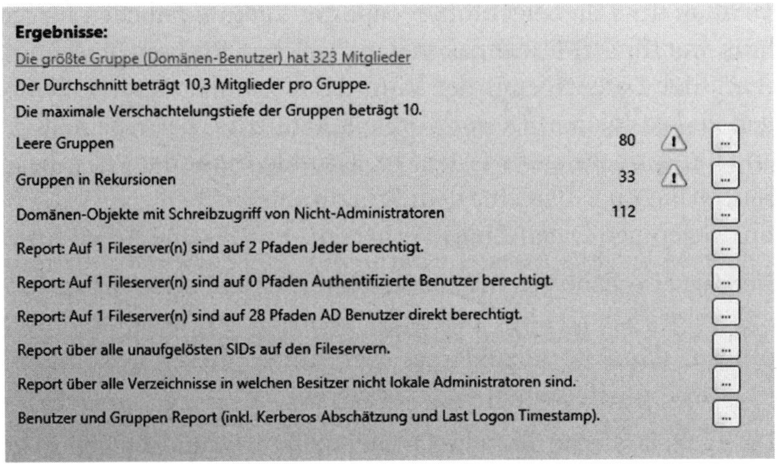

Abbildung 4.4: Musterbericht der Software 8MAN zum Status der Dateiberechtigungen

Oft werben die Anbieter solcher Softwareprodukte mit dem Schlagwort »Compliance« und fügen, um diese Aussage zu unterstützen, eine Reihe an Gesetzen an, wie das Bundesdatenschutzgesetz oder Sarbanes-Oxley, die in diesem Zusammenhang von Bedeutung sind. Um Compliance-Anforderungen einhalten zu können, sind solche Produkte sicherlich hilfreich, weil sie den aktuellen Status auf einen Blick darstellen können. Für uns ist im Rahmen des Projekts aber vor allem das Sichtbarmachen von Schwachstellen im Kontext der Berechtigungsvergabe wichtig. In Abbildung 4.4 kann man sehen, welche Berichte eine solche Software aus dem Themengebiet »Dateiberechtigungen auf Servern analysieren« anbieten könnte. In diesem Fall stammt der Bericht exemplarisch aus der Software »8MAN«.

Im Rahmen der Aufgabe soll zunächst festgelegt werden, welche Sachverhalte regelmäßig geprüft werden sollen. Das kommt der Definition des Soll-Zustands gleich. Wird jetzt eine Prüfung durchgeführt, dann können die Ergebnisse direkt mit diesen Vorgaben abgeglichen werden. Abweichungen sollen dann in einem Schritt abgearbeitet werden. Diese Vorgehensweise zeigt schon auf, dass es sich lohnt, ein Tool einzusetzen, das diese Aufgaben möglichst effektiv unterstützt.

Die folgenden Problemfelder können Teil der Vorgaben sein:

- Überprüfung, welche Verzeichnisse für **alle** Benutzer zugreifbar sind und ob dies in jedem Fall gerechtfertigt ist.

- Information der Dateneigentümer, also der Verantwortlichen für jedes Verzeichnis, wer für ihre Ordner aktuell mit welchen Rechten berechtigt ist. Das Feedback der Dateneigentümer kann dann genutzt werden, Fehlberechtigungen zu korrigieren. Dieser Vorgang kann zu einer regelmäßig wiederholten Übung ausgebaut werden. Im Grunde muss die Frage beantwortet werden, ob die Zugriffsrechte dem Prinzip entsprechen, dass jeder Benutzer nur auf diejenigen Daten Zugriff erhält, die er für seine Arbeit benötigt.
- Werden, wie im Falle von Microsoft-Servern, keine Klarnamen von Benutzern als zugriffsberechtigt angezeigt, sondern nur deren kryptische SID-Nummern, dann ist abzuklären, wer hinter diesen Nummern steckt. Ungeklärte Zugriffe sollten entfernt werden.
- Sind die Dateisysteme bzw. die Ordnerstruktur grundsätzlich so angelegt, wie es in den entsprechenden Regelungen vorgegeben ist und wie es erforderlich ist, um den Sicherheitsanforderungen gerecht werden zu können?
- Werden Berechtigungen so vergeben, wie es in den Vorgaben aus dem Dokument »Zugriffsberechtigungen prüfen« vorgesehen ist?
- Wer ist Besitzer (*data owner*) der Ordner und ist dies sinnvoll?
- Welche Freigaben (*shares*) sind eingerichtet und welche Berechtigungen sind darauf angelegt?
- Sind die Änderungen seit der letzten Untersuchung nachvollziehbar und sinnvoll? Dieser Punkt bezieht sich auf die regelmäßige Untersuchung.

Viele der identifizierten Schwachstellen sind sicher auf Flüchtigkeitsfehler zurückzuführen, einige werden aber auch aufgrund von mangelhaften Prozessen entstanden sein. Die Behebung der entdeckten Probleme sollte also immer auch von der Frage begleitet werden, wie die jeweilige Schwachstelle zukünftig unterbunden werden kann.

4.4.6 Aufgabe: Grundregeln Benutzerverzeichnisse

Output	Richtlinie »Grundregeln Benutzerverzeichnisse« Dokumentation »Benutzerverzeichnisse« Übersicht in Form einer Matrix, welcher Administrator welche Rechte auf welches Benutzerverzeichnis innehat
Sicherheitslevel	Basissicherheit

Benutzerkonten repräsentieren die Mitarbeiter eines Unternehmens. So wie der Zugriff auf einen Safe nur durch eine eingeschränkte Gruppe an Personen möglich sein soll, so darf auch ein Benutzerkonto nur zu den Daten Zugriff erhalten, die der dahinterstehende Mitarbeiter benötigt. Benutzerkonten wiederum müssen verwaltet werden. Sie werden angelegt und gelöscht, ihnen werden Rechte zugeordnet und wieder entzogen. Wer Zugriff auf diese dahinterliegenden Mechanismen hat, der hat indirekt auch Zugriff auf Daten und damit auf das Know-how der Firma. Das ist der Grund, warum das Benutzerverzeichnis, die Datenbank, in der die Konten abgelegt sind, und der Zugriff darauf streng reglementiert werden müssen. Daraus lässt sich bereits die erste Regel ableiten:

- Nur diejenigen Personen dürfen Zugriff auf das Benutzerverzeichnis erhalten, die diesen Zugriff unbedingt benötigen, um ihre Arbeit zu tun.

Im Falle des Microsoft Active Directory (ADS) bedeutet dies, dass sichergestellt werden muss, dass nur die absolut erforderlichen Mitarbeiter administrative Rollen innehaben. In diesem Fall lohnt es sich oft, einen Blick in die sogenannten Built-in-Gruppen, wie »Domänenadministratoren«, »Schema-Admins« oder »Enterprise Admins« zu werfen, um zu sehen, wer darin aufgeführt wird. Diese Gruppen wurden exemplarisch genannt, da sie diejenigen Gruppen sind, deren Mitglieder sehr weitreichende Zugriffsrechte besitzen. Solcherart Gruppen gibt es in jedem Benutzerverzeichnis und deshalb gilt, dass die Mitgliedschaft eines jeden Mitglieds in einer dieser Gruppen hinterfragt werden muss.

Die Betrachtung dieses Themas zum jetzigen Zeitpunkt dient natürlich auch der möglichen Abstellung grober Sicherheitsmängel – noch wichtiger ist aber, dass, bevor man zu einem späteren Zeitpunkt anfängt, über Rollen und Rechte zu sprechen, die Projektteilnehmer einen Einblick bekommen, welche Benutzerverzeichnisse es gibt und wie deren Sicherheitslevel einzustufen ist. Damit kommen wir zur zweiten Regel:

- Alle Benutzerverzeichnisse müssen erfasst und dokumentiert werden. Dazu gehört eine Auflistung aller vorhandenen Verzeichnisse, deren Zweck und eine Liste aller Administratoren. Auch die eben genannten »speziellen« Gruppen und Rollen mit besonders weitreichenden Rechten müssen identifiziert und dokumentiert werden.

Mittels einer kleinen Matrix können auf diese Weise alle Administratoren dargestellt werden mit den Rechten, die sie auf die verschiedenen Verzeichnisse haben. Diese Liste beinhaltet dann auch gleich alle Personen, mit denen gesprochen werden muss, wenn es darum geht, eine tiefer gehende Analyse anzufertigen und vor allem auch die daraus abgeleiteten Ergebnisse in die Tat umzusetzen.

Nun greifen aber nicht nur Administratoren auf ein Benutzerverzeichnis zu – es ist auch ein primäres Ziel eines Angreifers. In der Tat ist es ein sehr lohnendes Ziel und die Härtung solcher Systeme muss daher mit hoher Priorität angegangen werden. Anders ausgedrückt: Die Klassifizierungseinstufung eines Benutzerverzeichnisses entspricht mindestens der Einstufung der Daten und IT-Systeme, auf die durch Benutzer dieses Verzeichnis zugegriffen werden kann. Dementsprechend müssen die Maßnahmen ausgestaltet sein, die dem Zweck dienen, den Schutz angemessen wahrzunehmen.

4.5 Themengebiet IT-Sicherheitsprozesse

Referenz	ISO 27002 Kapitel 12 Betrieb der IT-Sicherheit (*operations security*) ISO 27002 Kapitel 16 IT-Sicherheitsvorfälle (*incident management*) ITIL (*change management*)

Das IT-Sicherheitsmanagement besteht aus den technischen Vorkehrungen, die dazu dienen, den Sicherheitslevel zu erhöhen, aus Richtlinien und Vorschriften und vor allem auch aus den IT-Sicherheitsprozessen. Diese Prozesse verbinden Datenflüsse und Abteilungen und damit ganze Arbeitsfelder miteinander. Sie nehmen Einfluss auf die Kommunikation und auf die Strukturierung der täglichen Arbeit. So kann in Prozessen wie z. B. dem Abarbeiten von IT-Sicherheitsvorfällen eine ganze Reihe von Personen aus den unterschiedlichsten Fachbereichen involviert sein. In diesem Beispiel beginnt dies oft bei einem Mitarbeiter, dem ein Sicherheitsrisiko auffällt, erstreckt sich weiter über die Hotline, der das Problem gemeldet wird, bis hin zum IT-Sicherheitsverantwortlichen, der die Abarbeitung der dann getroffenen Maßnahmen überwacht. Diese Maßnahmen wiederum können zu neuen Regeln führen, die wiederum jeden Mitarbeiter berühren könnten.

Hinweis

In den meisten Fällen sollte es nicht erforderlich sein, komplette Prozesse zu ersetzen. Es sollte genügen, Modifikationen an den richtigen Stellen vorzunehmen, um vorhandene Prozesse auf das gewünschte Sicherheitsniveau zu heben.

Prozesse zu beschreiben und deren Inhalte vorzugeben, gehört zu den anspruchsvolleren Aufgaben in diesem Schritt. Es genügt nicht wie bei einer Vorgabe zur Konfiguration des Virenscanners, nur eine Liste mit Vorgaben zu erarbeiten. Aus diesem Grund ist die Disziplin der Prozessanalyse ein großes Feld mit einer Menge an fachspezifischen Bezeichnungen und den dazugehörigen Tools. Dreht es sich dort aber noch vorwiegend um Effizienz und die Steigerung der Wettbewerbsfähigkeit, so liegt der Fokus hier im Rahmen der IT-Sicherheit auf dem Schutz der Verfügbarkeit, Vertraulichkeit und Integrität von Daten und IT-Systemen. Es muss deshalb genügen, z.B. diejenigen Prozesse zu identifizieren, in denen sensible Daten oder der Zugriff darauf eine Rolle spielen, und diese aus Sicht der IT-Sicherheit zu durchleuchten und nachfolgend zu optimieren.

4.5.1 Aufgabe: IT-Sicherheitsorganisation

Output	Dokument »IT-Sicherheitsorganisation« Offizieller Eintrag in das Unternehmensorganisationsdiagramm
Sicherheitslevel	Basissicherheit
Referenz	ISO 27002 Kapitel 6 IT-Sicherheitsorganisation

Ist es für die Ermittlung des Status quo bereits essenziell, mit den richtigen Personen auf die richtige Art und Weise zu sprechen, so ist es noch mehr erforderlich, die richtigen Personen für die tägliche Arbeit der IT-Sicherheit zu finden und auszubilden. Es gibt viele Modelle, wie der Verantwortliche für Datensicherheit Personen rekrutieren und lenken kann. Diese reichen von eigenen Abteilungen mit Mitarbeitern, die zu 100 % diesem Thema verpflichtet sind, bis hin zu Personen verschiedener Fachabteilungen, die mehr oder weniger formal zu x% ihrer Arbeitszeit der Datensicherheit zuarbeiten sollen. Der erste Weg ist dann einzuschlagen, wenn von vornherein angedacht ist, die Aufgabe der Datensicherheit einer unabhängigen Organisationseinheit zu übertragen. Ähnlich der internen Revision wird diese dann üblicherweise, und diese Vorgehensweise ist auch meine Empfehlung, am Vorstand oder an einem Geschäftsführer aufgehängt und agiert unabhängig und unbeeinflusst von IT, Revision oder der Personalabteilung.

Viel häufiger wird die Aufgabe aber durch einen Vertreter der IT-Abteilung wahrgenommen. Der Vorteil liegt darin, dass sich dadurch Personen mit internem IT-Know-how um die häufig auch technischen Fragen der Datensicherheit kümmern. Der Nachteil liegt offensichtlich darin, dass sie dadurch automatisch in einen Interessenskonflikt geraten und auch die Durchführung unabhängiger Audits wird in diesem Fall oft nur unter Akzeptanz von eingeschränkter Objektivität möglich sein. Es ist offensichtlich, dass die Frage nach der richtigen Organisation der IT-Sicherheit nicht leicht zu beantworten ist und den Rahmen dieses Buches sprengen würde.

Der Aufbau der IT-Sicherheitsorganisation und die Steuerung der Themen der IT-Sicherheit durch diesen Bereich stellen die Grundlage für jede Tätigkeit im Umfeld der IT-Sicherheit dar und damit auch für die Etablierung, Überwachung und Verbesserung der IT-Sicherheitsprozesse. Das sagt aber nichts darüber aus, wie die IT-Sicherheitsorganisation im Detail ausgestaltet werden muss. Es wäre denkbar, dass sich jede betroffene Abteilung selbst um die sicherheitsrelevanten Prozesse kümmert. Ohne eine zentrale Steuerung aber ist die Effektivität einer solchen Vorgehensweise mehr als anzuzweifeln. Dadurch würde die zentrale Steuerung, die den Kern des IT-Sicherheitsmanagements ausmacht, verloren gehen und die Umsetzung dieses Projekts sehr schwierig werden.

Hinweis

Jede Diskussion und jede Entscheidung im Bereich der IT-Sicherheit basiert darauf, dass sie von einer entsprechenden Organisation gesteuert und letztendlich entschieden wird. Immer wieder ging es um Rechte und Pflichten, die unter anderem in der Information Security Policy zum Ausdruck kommen. Immer wieder ging es um Verantwortung und wer sie grundsätzlich für das Gesamtthema und wer sie letztendlich im täglichen

Betrieb trägt. Außerdem müssen die Arbeitspakete des Projekts abgearbeitet werden und dafür kommt an tragender Stelle nur das Team infrage, das auch später im Betrieb diese Aufgaben wahrnehmen wird. Aus diesen grundsätzlichen Tatsachen kann man die Wichtigkeit ersehen, dass dieser Schritt bereits vollzogen wurde, bevor das Projekt IT-Sicherheit gestartet wird.

Davon ausgehend, dass eine solche Organisation, auch wenn sie aus einer einzelnen Person besteht, bereits installiert wurde, soll im Folgenden nur kurz auf ein paar Grundsätze eingegangen werden, die allgemein von Wichtigkeit sind. Der Kern dieser Aufgabe besteht damit weniger in einem grundsätzlich neuen Aufbau des Bereichs als vielmehr darin, diesen zu dokumentieren und eventuelle Anpassungen an entsprechende Best Practices vorzunehmen.

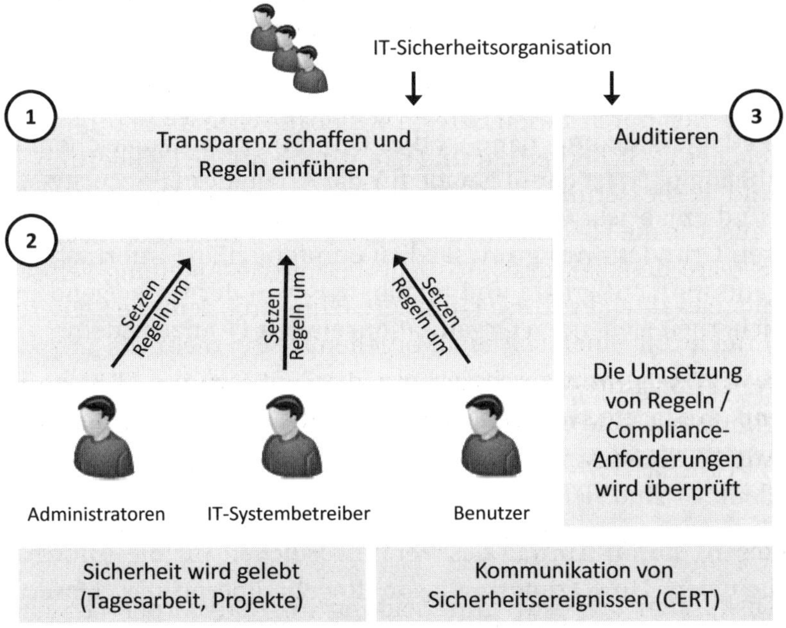

Abbildung 4.5: Das Selbstverständnis der verschiedenen Akteure im Gesamtkontext der IT-Sicherheit

Abbildung 4.5 zeigt eine grobe Darstellung des Selbstverständnisses der verschiedenen Akteure im Gesamtkontext der IT-Sicherheit. Je nach Größe des Unternehmens überlappen sich die zugeordneten Personen. Das muss für die Effektivität kein Hindernis sein, solange sich diejenigen Personen ihrer verschiedenen Rollen bewusst sind. Vor allem auch die Vorgesetzten in kleineren Unternehmen müssen häufig den Spagat bewerkstelligen, einmal mit Herrn Müller in seiner Rolle als IT-Administrator zu sprechen und am Tag darauf mit dem gleichen Mitarbeiter in seiner Rolle als Verantwortlicher oder Mitarbeiter der IT-Sicherheitsorganisation.

Vor allem für größere Unternehmen gilt: Wirft man von außen einen Blick auf die Einordnung der IT-Sicherheitsorganisation in die Gesamtstruktur des Unternehmens, so kann man schnell erkennen, wie die Aufgabe aus Sicht der Unternehmensleitung bewertet wird. Eine direkte Zuordnung zu der Unternehmensleitung oder dem Vorstand steht hier im Kontrast zu einer Zuordnung zur IT-Abteilung oder gar dem Fehlen einer solchen Organisationseinheit. Die Zuordnung zur IT-Abteilung ist häufig zu finden und spiegelt den Werdegang dieser Disziplin wider. Das muss nicht unbedingt eine endgültige Aussage bezüglich der Wirksamkeit der Informationssicherheitsprozesse darstellen. Ein engagierter IT-Leiter kann durchaus Sorge dafür tragen, dass die Informationssicherheit unabhängig und effektiv arbeiten kann und im Rahmen ihrer Aufgabenstellung auch unangenehme Fragen stellen darf. Fehlt aber diese Unterstützung, dann ist dies kaum mehr auszugleichen. Das Gut der Unabhängigkeit ist damit gerade für die Arbeit des IT-Security-Managers wichtig und entspricht weitgehend dem Objektivitätsansatz eines Auditors. Aus diesen Gründen wird grundsätzlich empfohlen, die Informationssicherheitsorganisation außerhalb und unabhängig von der vorwiegend im Fokus der IT-Sicherheit stehenden Organisationseinheit IT anzusiedeln.

Neben dem IT-Security-Manager (CISO), der an der Spitze der IT-Sicherheitsorganisation steht, sind eine ganze Reihe weiterer Rollen innerhalb der Struktur wichtig. Zumindest fünf dieser Rollen werden nachfolgend kurz aufgeführt – denkbar sind viele weitere:

- **Auditoren**, die im Auftrag des Verantwortlichen für die Informationssicherheit den Umsetzungsgrad von Regeln überprüfen, bewerten und dabei helfen, geeignete Maßnahmen zu entwickeln.
- **Lenkungsausschuss für Informationssicherheit** als Schnittstelle zur Unternehmensleitung oder zu anderen Geschäftsbereichen.
- **Lokale Informationssicherheitsverantwortliche**, die vor Ort die Aufgabe der Informationssicherheit wahrnehmen. Eine Person kann in einem

Unternehmen mit vielen einzelnen Niederlassungen nur bedingt jede lokale Problematik in geeigneter Weise aufnehmen, bewerten und für eine Problemlösung sorgen. Diese Aufgabe kann unterstützend durch Personen vor Ort wahrgenommen werden. Diese berichten im Idealfall wiederum an den zentralen Verantwortlichen für die Datensicherheit.

- **Experten für die technische Informationssicherheit.** Im Gegensatz zur häufig geäußerten Meinung muss ein Informationssicherheitsverantwortlicher nicht unbedingt auch ein versierter Techniker sein. In dieser Tätigkeit wird er vielmehr von denjenigen unterstützt, deren Aufgabe in der Administration von IT-Systemen oder der Entwicklung von Software liegt. So können wichtige Aspekte der Informationssicherheit, wie das Monitoring, die Durchführung von eigenen Penetrationstests oder die Auswertung von Protokolldateien, in die Hände dieser Personen gelegt werden.
- **Die Mitarbeiter des CERT.** Diejenige Stelle im Unternehmen, die sich um Sicherheitsereignisse kümmert, ist häufig als unabhängige Einheit vorgesehen. Als Schnittstelle zwischen den Benutzern, den Administratoren, der IT-Abteilung und der IT-Sicherheitsorganisation nehmen sie die entsprechenden Fälle auf und begleiten diese bis zu dem Punkt, an dem sie als abgearbeitet bewertet werden können.

Im Grunde gibt es nicht die eine ideale Konstellation, die für alle Unternehmen perfekt ist. Auch eine IT-Sicherheitsorganisation muss zum Unternehmen passen. Es ist aber darauf zu achten, dass die verantwortliche Person an der Spitze dieser Organisationseinheit über ausreichende Fachkenntnisse verfügt und die Zeit eingeräumt bekommt, diese Aufgabe wirksam zu betreuen. Die Kompetenzen dieser Person müssen an die Aufgabenstellung angepasst sein, und wenn es dazu notwendig ist, die Position als Stabsstelle am Vorstand aufzuhängen, dann sollte man dies auch tun.

Neben den direkt mit der IT-Sicherheit befassten Personen ist eine ganze Reihe von weiteren Mitarbeitern direkt oder indirekt in die verschiedenen IT-Sicherheitsprozesse involviert. Man muss also unterscheiden zwischen den Personen, die für die IT-Sicherheit in einem (Teil-)Bereich verantwortlich sind, den Personen, die tatsächlich auch rechtlich zur Verantwortung gezogen werden können, und denjenigen, die über Aktivitäten informiert werden.

4.5.2 Aufgabe: Verwaltung der Unternehmenswerte (assets)

Input	Dokument »Kritische Daten« Dokument »Kritische IT-Systeme«
Output	Richtlinie »Asset-Management«
Sicherheitslevel	Basissicherheit

Zu wissen, welche Unternehmenswerte es gibt, wo diese zu finden sind, wie wichtig sie im Einzelnen einzustufen sind und vielleicht noch, was sie aus buchhalterischer Sicht heraus wert sind, ist eine grundlegende Anforderung in einem Unternehmen. Welche Werte aus Sicht der IT-Sicherheit heraus wichtig sind, wurde bereits in Abschnitt 1.2.6 erläutert. Genau diese gilt es, zu erfassen und zu verwalten. Dies ist nicht nur aus Sicht der IT-Sicherheit wichtig, sondern auch aus Sicht der IT und des Unternehmens im Allgemeinen. Die IT muss letztendlich wissen, wo sich welcher Laptop befindet, auf welchem IT-System welche Software installiert ist, welche Lizenzen erforderlich sind und welche Unternehmensdaten wo abgelegt sind. Für die IT-Sicherheit sind diese Informationen nützliche Attribute. Die Damen und Herren aus der Buchhaltung interessieren sich dagegen nicht so sehr für die technischen Details, sie müssen wissen, welches Inventar existiert und wie es verbucht und abgeschrieben werden muss.

Alle diese Anforderungen laufen auf das Betreiben eines sogenannten »Asset-Managements« hinaus. Je nach Bereich werden zwar unterschiedliche Aspekte wichtig sein, dennoch ist es durchaus sinnvoll, ein gemeinsames System für diese Aufgabe zu verwenden. Dabei ist es nicht vorgeschrieben, wie es technisch umgesetzt werden muss. Viele Unternehmen arbeiten mit Datenbanken und ausgefeilter Software, andere Unternehmen verwenden sehr erfolgreich einfache Listen. Wie man mit dieser Aufgabe umgeht, hängt größtenteils mit den Parametern »Anzahl der Werte«, »Komplexität des Unternehmens« und »Stärke des Wunsches nach Automatisierung« zusammen.

Was die IT-Sicherheit betrifft, ist es dann doch nicht ganz so leicht wie anfangs vermutet. Existiert ein solches System und sind die dazugehörigen Prozesse bereits definiert und sturmerprobt, dann sollte man sich daran beteiligen und das existierende System nutzen. Sehr häufig aber wird nur ein Teil der sicherheitsrelevanten Werte in einer solchen Umgebung gepflegt und dann wird es erforderlich sein, die fehlenden Systeme oder Daten hinzuzufügen. So sind die Unternehmenswerte »Daten«, da sie nicht mit einem Einkaufsprozess gekoppelt sind, an dieser Stelle nicht zu finden und müssen nachgetragen werden. Für alle Werte gilt aber wieder die Regel, dass man darauf achten muss, dass vorrangig die wichtigsten Werte gepflegt werden. Welche dies sind, entnehmen Sie bitte den Dokumenten »Kritische Daten«, »Kritische Anwendungen« und »Kritische IT-Systeme«.

4.5.3 Aufgabe: Prozess IT-Sicherheitsvorfälle melden

Referenz	ISO 27035 Information security incident management
Input	Liste »IT-Sicherheitsprozesse« Organigramm der IT-Sicherheitsorganisation Liste »IT-Systeme und Prozesse, deren Systemprotokolle überwacht werden«
Output	Dokument »Aufgabenbeschreibung CERT« Richtlinie »Management IT-Sicherheitsvorfälle« Bildung eines Computer Emergency Response Teams (CERT) Trainingsplan für die CERT-Mitarbeiter erstellen
Sicherheitslevel	**Basissicherheit** Um den Level Basissicherheit zu erreichen, ist es zumindest erforderlich, festzulegen, was passieren soll, wenn ein Sicherheitsvorfall erkannt wird, und wie er zu dokumentieren ist. **Erweiterte IT-Sicherheit** Über den Basislevel hinausgehend sollte das vollständige Prozedere von Prävention über die Meldung von Sicherheitsvorfällen, über die Abarbeitung bis hin zur Dokumentation und Nutzung der Ergebnisse zur Verbesserung der IT-Sicherheit beschrieben und eingeführt werden.

In den meisten Fällen wird ein IT-Fachbereich Sicherheitsvorfälle (*IT security incident*) entdecken und melden. Aber auch Benutzer oder sogar Externe sollten als mögliche Melder in Betracht gezogen werden, wenn es darum geht, einen Prozess zur Meldung und Abarbeitung von Sicherheitsvorfällen zu entwickeln.

Die folgende Übersicht stellt die häufigsten Quellen für die Meldung eines Sicherheitsvorfalls vor:

- Über die Computer-Hotline meldet ein Benutzer einen Sicherheitsvorfall. Die Spanne dieser Meldungen reicht dabei von einer Virenmeldung bis hin zu einem Diebstahl eines Laptops.
- Einem IT-Mitarbeiter fällt ein Sicherheitsvorfall auf. Diese Meldungen basieren häufig bereits auf tiefer gehenden technischen Ermittlungen. Genauso gut kann eine Schwachstelle aber auch im Rahmen eines Penetrationstests transparent werden.
- Ein Tool zur Speicherung von Systemprotokollen, das z. B. das Sicherheitslog auf Microsoft-Windows-Servern prüft, registriert einen Vorfall und meldet ihn. Die Liste »IT-Systeme und Prozesse, deren Systemprotokolle überwacht werden« listet die jeweiligen möglichen Quellen auf.
- Ein IT-System meldet einen Sicherheitsvorfall. Die üblichen Applikationen sind in diesem Fall der Virenscanner, das Security-Information-Event-Management (SIEM) , ein Intrusion-Detection-System oder eine Firewall, das Betriebssystem auf Clients oder Servern oder aktive Netzwerkkomponenten mit eingebauten Intrusion-Detection-Modulen.
- Ein Mitarbeiter der Gebäudesicherheit meldet ein Ereignis, bei dem eine Person dabei ertappt wurde, wie sie versucht, Daten auf Festplatten oder auch DVDs oder einem USB-Stick aus dem Gebäude zu schaffen. Bei dem Täter kann es sich um einen Mitarbeiter des Unternehmens oder auch um einen Fremden handeln. In beiden Fällen sind nachfolgende, auch forensische, Untersuchungen einzuleiten.

Alle diese Beispiele haben eines gemeinsam: Die Zeit spielt eine herausragende Rolle. Je schneller ein Vorkommnis gemeldet wird, desto schneller und effizienter kann darauf reagiert werden. Insbesondere wenn es auch darum geht, gerichtsverwertbare Beweise sicherzustellen, zählt jede Minute. In vielen Fällen sind deshalb Sicherheitsprozesse wie eine forensische Untersuchung oder auch ein vorgegebener Ablauf im Falle des Auftretens von Schadsoftware in großem Umfang direkt im Anschluss an eine Meldung in Gang zu setzen.

Der einfachste Prozess zur Meldung eines Sicherheitsereignisses kann wie im folgenden Diagramm abgebildet dargestellt werden. Dabei wird vorausgesetzt, dass es einen organisatorischen Unterschied zwischen CERT und IT-Sicherheitsorganisation gibt. Dies ist nicht zwingend erforderlich, aber in vielen Fällen sinnvoll. Ein Grund dafür ist, dass die Anforderungen an die Mitarbeiter eines CERT unterschiedlich sind zu denen, die an ein Mitglied der IT-Sicherheitsorganisation gestellt werden. Das liegt darin begründet, dass die

Fähigkeiten der Mitarbeiter des CERT ganz speziell in der Identifizierung, Analyse, Auswertung und Bekämpfung komplexer Angriffe liegen. Damit sind diese Fähigkeiten ähnlich ausgeprägt wie diejenigen von Mitarbeitern, die IT-forensische Untersuchungen vornehmen oder die ein Intrusion Detection System betreuen. Ein weiterer Grund ist der Wunsch, das CERT organisatorisch unabhängig von der IT und auch der IT-Sicherheit zu betreiben – eine eigene, unabhängige und objektive Stelle, die mit der Dokumentation und Abarbeitung von Sicherheitsereignissen betraut wird.

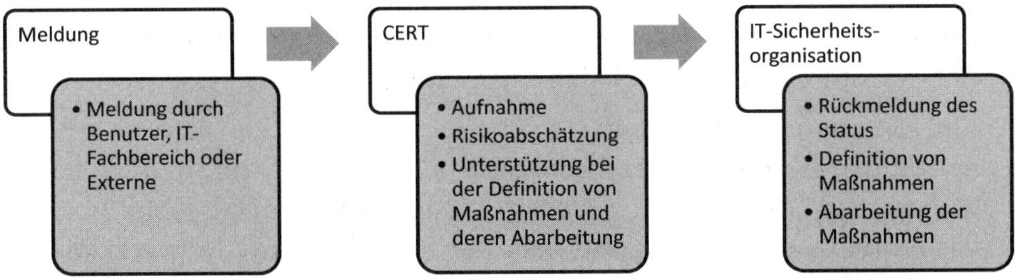

Abbildung 4.6: Übersicht über die involvierten Stellen

Die Erkennung von Sicherheitsvorfällen hängt stark mit der Aufgabe zusammen, Transparenz zu schaffen. Nur das, was man erkennt, kann auch bekämpft werden.

Übliche Aufgaben eines CERT können sein:

- Die Entdeckung von Sicherheitsvorfällen
- Erstellung von Guidelines hinsichtlich von Sicherheitsschwachstellen
- Ausbildung und Training von IT-Fachpersonal zur besseren Erkennung von Sicherheitsvorfällen
- Abarbeitung von Maßnahmen oder die Überwachung der Abarbeitung von Maßnahmen
- die Dokumentation
- die Information von Betroffenen

Erhält das CERT die Meldung, dass ein IT-Sicherheitsvorfall erkannt wurde, dann geht es in erster Linie darum, den Vorfall schnellstmöglich einzudämmen. Im Falle einer Virenattacke gilt es demnach, den Virus vor Ort auszuschalten oder im Extremfall Teil des Unternehmensnetzwerks abzukoppeln, um seine Ausbreitung zu verhindern. Gleichzeitig muss das Risiko für das Unternehmen bzw. für kritische Prozesse abgewogen werden. So ist es unwirtschaftlich, ein Teilnetz abzukoppeln und damit teure Prozesse zu behindern, wenn der Virus nur wenige, unwichtigere IT-Systeme befallen hat. Dies geschieht alles in Zusammenarbeit mit lokalen IT-Verantwortlichen, der IT-Sicherheit und den Benutzern, die betroffen sind. Ist das Problem nicht schnell und technisch nachhaltig zu lösen, dann gilt es, Informationen zu sammeln und eine Abwehrstrategie zu entwickeln. In diesem Fall kann es sinnvoll sein, externe Hilfe anzufordern. Eventuell sind Angreifer zu identifizieren und Maßnahmen zu ergreifen, die eine Meldung bei der Polizei und zuständigen Staatsanwaltschaft beinhalten.

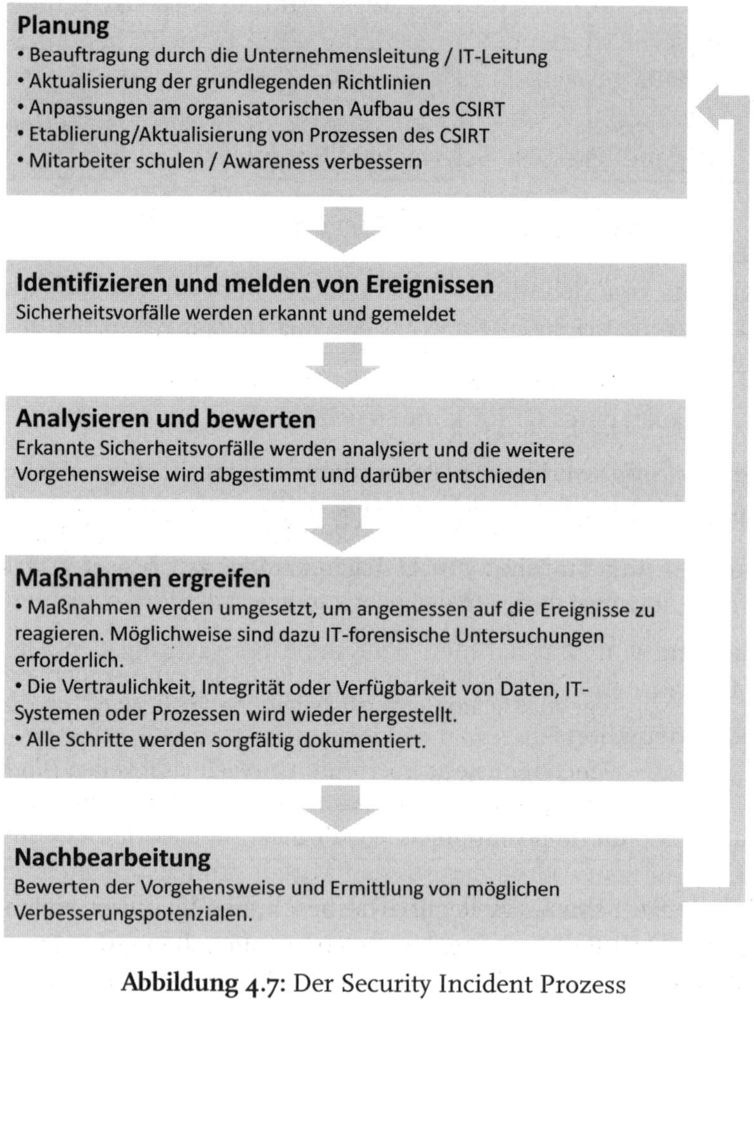

Abbildung 4.7: Der Security Incident Prozess

Nach der Abarbeitung des Vorfalls ist es wichtig, alle Einzelheiten zu dokumentieren. Diese Dokumentation dient als Vorlage für Verbesserungen, die ein erneutes Auftreten des Sicherheitsvorfalls unterbinden sollen.

Der Standard ISO 27035 befasst sich mit dem Thema IT-Security-Incident-Management und zeigt die wesentlichen Bausteine und Prozessinhalte auf. Abbildung 4.7 ist eine Zusammenfassung des Gesamtprozesses, der innerhalb der CERT-Prozesse, auch »CSIRT« abgekürzt, für eine kontinuierliche Weiterentwicklung sorgen soll. Auch hier steht der Gedanke im Mittelpunkt, dass jeder abgeschlossene Fall nachträglich aus dem Blickwinkel betrachtet werden soll, mögliche Schwachstellen zu identifizieren und in Verbesserungsmaßnahmen umzusetzen. Auf diese Art und Weise ist es möglich, den immer komplexer werdenden Angriffen auf die IT-Sicherheit auch auf längere Sicht hinaus gewachsen zu bleiben.

4.5.4 Aufgabe: Prozess Schwachstellenanalyse

Input	Liste »Kritische IT-Systeme« Berichte der Organisationseinheit »CERT«
Output	Richtlinie »Schwachstellenanalyse und Penetrationstests«
Beteiligt	IT-Sicherheitsvorfälle melden und bearbeiten
Sicherheitslevel	**Basissicherheit** Die kritischen IT-Systeme werden regelmäßig auf Schwachstellen überprüft. IT-Systeme, die vom Internet aus erreichbar sind, werden mithilfe von Penetrationstests überprüft. Eventuell gefundene Schwachstellen werden mit geeigneten Maßnahmen ausgeschaltet oder zumindest das Risiko vermindert. **Erweiterte IT-Sicherheit** Kritische und weniger kritische IT-Systeme werden gezielt regelmäßig auf Schwachstellen überprüft. Vom Internet aus erreichbare und wichtige interne IT-Systeme werden mittels Penetrationstests überprüft. Unregelmäßigkeiten (*findings*) werden konsequent gesammelt und mithilfe von Maßnahmen in Projektgruppen abgearbeitet.

Die Richtlinie zur Schwachstellenanalyse beschreibt detailliert, welche IT-Systeme von welchem Personenkreis in welchen Intervallen auf Schwachstellen überprüft werden müssen bzw. was mit Meldungen passiert, die über den

Prozess »IT-Sicherheitsvorfälle melden und bearbeiten« eingebracht werden. Auch die Beschreibung der Prozesse von der Aufnahme von Schwachstellen bis hin zu deren Abarbeitung und der Präsentation der Ergebnisse soll Teil des Inhalts sein.

Folgende Vorgaben sollen definiert werden:

- Verantwortliche für den Vorgang der Schwachstellenanalyse und für die Durchführung bzw. Planung von Penetrationstests müssen definiert werden.
- Die Liste »Kritische IT-Systeme« muss dem eben genannten Personenkreis zeitnah und aktuell zur Verfügung gestellt werden. Neu eingerichtete IT-Systeme, Softwareprodukte oder neue Ablageorte für Daten müssen ebenso kommuniziert werden.
- Es sollte definiert sein, in welchem Intervall welche möglichen Problemfelder mit welchen Methoden analysiert werden müssen. So könnten Penetrationstests für externe Systeme vorgeschrieben werden, während intern vorrangig nur diejenigen Systeme zu prüfen sind, die mit Entwicklungsdaten in Kontakt kommen.
- Wird eine Schwachstelle entdeckt, so sind die entsprechenden Betreiber zu informieren und zu beraten. Die Verantwortlichen für die Schwachstellenanalyse sollten aber weiterhin zumindest die Abarbeitung entsprechender Maßnahmen überwachen.
- Für das Patchen von IT-Systemen oder Software sollte ein eigener Prozess mit eigenen Richtlinien verabschiedet werden. An dieser Stelle kann darauf Bezug genommen werden.

Ein typisches IT-System, das regelmäßig überprüft werden sollte, ist die Firewall, die das Unternehmensnetzwerk gegen das Internet abschottet. Dabei überprüft man unter anderem, ob der Stand des Betriebssystems aktuell ist und ob die Firewall-Regeln konsistent und sicher aufgebaut sind. Ein solcher Test umfasst gewöhnlich auch diejenigen IT-Systeme, die sich in der durch die Firewall gesicherten und abgegrenzten demilitarisierten Zone (DMZ) befinden.

Der Prozess kann sich auf die Klassifizierung der einzelnen IT-Systeme stützen. Eine Firewall wird aufgrund ihrer Kritikalität einer hohen Schutzstufe zugeordnet sein, während ein Webserver, der den Speiseplan bereitstellt, vermutlich niedriger eingestuft sein wird. Eine allgemein gehaltene Formulierung wie »IT-Systeme und Software der Schutzstufe 3 (sehr hoch/geheim) müssen jährlich durch einen qualifizierten externen Partner mithilfe von Penetrationstests auf Schwachstellen überprüft werden« würde dann das erwünschte Ergebnis erbringen, ohne dass jedes IT-System einzeln aufgeführt werden muss.

4.5.5 Aufgabe: Prozess Notfallmanagement

Input	Checkliste »IT-Sicherheitsprozesse«
Output	Richtlinie »Notfallkonzept«
Sicherheitslevel	Basissicherheit

Ein Schutzziel der IT-Sicherheit ist im Allgemeinen die »Verfügbarkeit«. Aus diesem Schutzziel kann eine eingeschränkte Verantwortung für die Aufgabe abgeleitet werden, die Erreichbarkeit und das Funktionieren der IT-Infrastruktur mit zu unterstützen. In den Unternehmen, die unsere Zielgröße haben, wird diese Aufgabe im Wesentlichen vom Betreiber der jeweiligen IT-Systeme wahrgenommen werden. Hier wird es aber hilfreich sein, wenn die IT-Sicherheitsorganisation diesen Personenkreis hinsichtlich dieser Problematik berät und unterstützt. Die entsprechenden Themenfelder sind hierbei die Unterstützung des Notfallmanagements und des Security-Incident-Managements, wie es im Abschnitt »Aufgabe: Prozess IT-Sicherheitsvorfälle melden« bereits behandelt wurde. Die Wahl fällt deshalb vorrangig auf diese beiden Prozesse, da sie direkt positiv auf die Verfügbarkeit der IT-Infrastruktur und einzelner IT-Systeme hinwirken. Es ist zudem denkbar, dass durch den IT-Sicherheitsverantwortlichen eine unabhängige Prüfung und Bewertung der vorhandenen Notfall-Prozesse vorgenommen wird.

Nachfolgend werden diejenigen Themenbereiche aufgeführt, die innerhalb der Richtlinie »Notfallkonzept« dokumentiert sein sollten. Wie eben schon erwähnt, sind nur einzelne Themengebiete direkt der Organisationseinheit IT-Sicherheit zuzuordnen.

- **Meldung von Notfällen:** Ein Problem wird an eine zentrale Stelle gemeldet. Dabei kann es sich um die Hotline handeln oder auch um einen einzelnen Mitarbeiter der IT. Wichtig ist, dass sich diese Stelle damit auseinandersetzt und zunächst klärt, um welche Art Problem es sich handelt. Ist es ein einzelnes, typisches IT-Problem, ist es ein ganzes IT-System und damit ein Prozess oder gar ein katastrophales Ereignis? Je nach Einschätzung sind andere Maßnahmen zu treffen und unter Umständen auch andere Personen zu informieren. Der hierfür zuständige Prozess wird eng verzahnt sein mit dem Prozess der Meldung von Sicherheitsereignissen.

- **Einschaltung des CERT:** Handelt es sich bei dem gemeldeten Ereignis um ein Problem, das eindeutig der IT-Sicherheit zugeordnet werden kann, dann sollte parallel das Team informiert werden, das sich um Sicherheitsprobleme kümmert. Gerade wenn es um aktive Hackerangriffe oder Schäden durch Schadsoftware geht, ist diese Stelle am besten eingerichtet, um strukturiert an der Problemlösung zu arbeiten.
- **Notfallbewältigung:** Wurde ein Notfall gemeldet und klassifiziert, dann ist der nächste Schritt die Bewältigung des Notfalls. Um diesen Vorgang möglichst formal zu beschreiben, macht es Sinn, ihn zusammen mit Telefonnummern jeweiligen Experten, einer Vorgehensbeschreibung und der Festlegung der Teamstruktur schriftlich festzuhalten.
- **Notfallhandbuch:** Im Notfallhandbuch werden alle Vorgänge beschrieben und alle hilfreichen Dokumente abgelegt. Je nach Größe des Unternehmens und der Anzahl der IT-Systeme, die mithilfe des Notfallhandbuchs abgedeckt werden sollen, kann hier auch schon detailliert darauf eingegangen werden, was technisch zu tun ist, falls ein System ausfällt, bzw. wie ein betroffener Prozess auch ohne das IT-System behelfsmäßig weiterlaufen kann.
- **Wiederanlaufpläne:** Ein Wiederanlaufplan zeigt detailliert auf, was zu tun ist, um ein IT-System wieder in Betrieb zu nehmen. So kann hier z.B. vermerkt sein, wie ein Server neu zu starten ist und wie und in welcher Reihenfolge nach dem Start Programme gestartet oder konfiguriert werden müssen, um die volle Funktionalität wiederzuerlangen.
- **Notfallübungen:** Ob ein Notfallplan in der Praxis funktioniert, darf sich nicht erst nach tatsächlichem Eintritt des Notfalls zeigen. Jeder Plan sollte realitätsnahe geprüft werden, bevor er endgültig abgenommen werden kann.

Die Verbindung zwischen dem allgemeinen Notfallmanagement, das tätig wird, wenn ein Systemfehler auftritt oder auch eine größere Krise beginnt, wird immer dann deutlich, wenn es sich bei den jeweiligen Auslösern um einen IT-Sicherheitsvorfall handelt. Werden Systeme durch einen Wasserschaden beschädigt, dann greifen die normalen Mechanismen der Wiederanlaufprozesse. Wird die Verfügbarkeit von Systemen durch einen Angriff durch Hacker oder einen profanen Trojaner beeinträchtigt, dann sind Ursache und Wirkung häufig nicht so einfach ersichtlich und die Einschaltung des CERT ist in diesen Fällen der nächste Prozessschritt.

4.5.6 Aufgabe: Prozess Überwachung von (Sicherheits-) Protokollen (logfiles)

Input	Checkliste »IT-Sicherheitsprozesse«
Output	Liste »IT-Systeme und Prozesse, deren Systemprotokolle überwacht werden« Dokument »Schnittstellen zu weiteren Prozessen« Richtlinie »Überwachung von Protokolldateien« Betriebsvereinbarung »Überwachung von Protokolldateien«
Sicherheitslevel	**Basissicherheit** Die manuelle Überwachung von sicherheitsrelevanten Systemprotokollen wie den Sicherheitsereignissen auf den Microsoft-Domänencontrollern. **Erweiterte IT-Sicherheit** Das zentrale Sammeln und Zusammenführen von Protokolldateien auf einem zentralen System, um gezielt und übergreifend nach Abweichungen suchen zu können bzw. ein Meldesystem zu implementieren.

Die Überwachung von Systemprotokollen (*system logfiles*) unterscheidet sich vom System Monitoring zum einen dahin gehend, dass andere Quellen, nämlich Protokolldateien anstelle von z. B. aktiven IP-Ports herangezogen werden, und zum anderen darin, dass es überwiegend nicht um eine Echtzeitüberwachung geht, sondern um das nachträgliche Reagieren auf Ereignisse. Natürlich gibt es auch hier Ausnahmen. So können Veränderungen an Protokolldateien laufend auf bestimmte Ereignisse überprüft und automatisch per Mail oder SMS an die jeweils Verantwortlichen gemeldet werden. Das kommt einer Echtzeitüberwachung schon sehr nahe. Die meisten Anwendungsgebiete erstrecken sich aber auf die Sammlung von Informationen aus Protokolldateien, um diese nachträglich korrelieren und auswerten zu können. Dabei geht es um Protokolle wie z. B. die des Backup-Systems, das täglich darauf überprüft wird, ob alle Systeme gemäß den Vorgaben gesichert wurden oder ob dabei Fehler aufgetreten sind. Je nach Fehler können dann automatisiert oder manuell die jeweiligen Fachabteilungen informiert werden oder ein Fall in einem Ticketsystem aufgemacht werden. Daran kann man bereits erkennen, dass auch die Überwachung von Sicherheitsprotokollen ein Teil des Incident-Managements sein kann. In unserem Fall interessiert uns aber vor allem die Rolle der Überwachung von Systemprotokollen im Zusammenhang mit dem Melden von Sicherheitsvorfällen.

Selbstverständlich kann nicht alles protokolliert werden und nicht alles, was protokolliert wird, kann auch gespeichert und ausgewertet werden. Man steht also immer vor den Fragen

- was will man erreichen und
- welche Daten sind dafür erforderlich.

Aus Sicht der IT-Sicherheit stehen zwei Ziele im Fokus: Zum einen möchte man, so zeitnah wie technisch möglich, über eine Gefährdung unterrichtet werden. Findet also ein Angriff auf die Passwörter von Benutzern statt, so soll ein entsprechender Alarm ausgelöst, vorbereitete Maßnahmen eingeleitet und die Bedrohung eliminiert werden. Ein weiterer Ansatz ist der, dass man mittels einer Analyse von Daten, die über einen längeren Zeitraum gesammelt wurden, Auswertungen vornimmt und damit Einbrüche in IT-Systeme oder Ähnliches aufdeckt. Für eine aussagekräftige Analyse ist es häufig erforderlich, komplexe Zusammenhänge durch die Korrelierung verschiedener Daten darzustellen. Manchmal existiert auch ein Anfangsverdacht, der durch eine Analyse der Protokolldateien erhärtet werden soll. Gleichzeitig stellen sich dann natürlich die Fragen

- was genau ist passiert und
- wer oder was ist dafür verantwortlich.

Wenn man erst einmal die Antworten auf diese Fragen kennt, dann kann man wiederum Maßnahmen einleiten, um die Bedrohung zu eliminieren.

Werkzeuge zur Überwachung von Protokolldateien werden von verschiedenen Unternehmen angeboten. Die größten Unterschiede liegen in der Art der

Datenhaltung, der Art der Indizierung der Daten, den Schnittstellen zu den verschiedenen Quellen und in der Mächtigkeit, was die Verknüpfung und Auswertung der Daten angeht. Entscheidet man sich dafür, nur wenige Quellen regelmäßig auszuwerten, so ist es auch möglich, dies manuell zu tun. Ein Blick in die Protokolldateien des Backup-Systems und ein Blick in die Sicherheits-Ereignisanzeige auf den Microsoft-Domänencontrollern können schnell weiterhelfen, sofern der Umfang der angelaufenen Daten nicht allzu groß ist.

Folgende Schritte sind demnach sinnvoll, wenn es um die Einführung eines solchen Prozesses geht:

- **Identifizierung der möglichen Quellen.** Dabei geht man vom Ergebnis aus, das man erwartet. Möchte man z.B. Versuche, Passwörter zu erraten, aufdecken, so muss man sich zunächst fragen, ob und wie solche Ereignisse protokolliert werden können. Hat man dies untersucht, dann können die betroffenen Systeme dahin gehend konfiguriert werden, sodass Protokolle erzeugt werden. Liegen die Protokolldateien vor, so ist zu entscheiden, wie man diese Protokolle am besten einliest, archiviert und indiziert. Hat man dies für alle gewünschten Sicherheitsereignisse getan, so liegt ein Lastenheft vor, das genau beschreibt, was ein zukünftiges System leisten muss.
- **Auswahl der Anwendung bzw. der Vorgehensweise,** falls eine manuelle Auswertung gewünscht wird. In beiden Fällen wird es eine Prozessbeschreibung geben müssen. Diese legt fest, wer in welchen Intervallen was prüft und wer in welchen Fällen zu informieren ist.
- **Die Schnittstellen zu anderen Sicherheitsprozessen** müssen beschrieben werden. Dazu gehört z.B. die Meldung von Sicherheitsvorfällen an das CERT.
- Die folgenden Regelungen befassen sich mit dem Thema »Überwachung von Protokolldateien«:
- **Liste »IT-Systeme und Prozesse, deren Protokolldateien überwacht werden«**

  Eine solche Liste stellt quasi die Inhaltsübersicht der Protokollüberwachung dar. In ihr werden alle im Rahmen der Protokollüberwachung eingesetzten IT-Systeme und Softwareprodukte aufgeführt. Es ist zudem sinnvoll, diese Angaben durch diejenigen Attribute oder Felder zu ergänzen, die jeweils aufgezeichnet werden. Dieses Dokument dient auch als Vorlage für eine Betriebsvereinbarung bzw. die Abstimmung mit dem Datenschutzbeauftragten.

- **Dokument »Schnittstellen zu weiteren Prozessen«**

  Findet ein überwachtes Ereignis statt und wird dieses durch die Protokollüberwachung erkannt, so muss diese Information in geeigneter Weise an die richtigen Stellen weitergeleitet werden, um dort die erforderlichen Maßnahmen einzuleiten. Diese Prozedur und die beteiligten Prozesse werden in diesem Dokument aufgezeigt.

- **Richtlinie »Überwachung von Protokolldateien«**

  Die Richtlinie »Überwachung von Protokolldateien« stellt die übergeordnete, allgemeine Richtlinie zum Thema dar. In ihr werden die Kriterien für die Aufnahme neuer Systeme genauso abgehandelt wie Vorgaben über das, was überwacht werden muss. Auch Zuständigkeiten können an dieser Stelle erfasst werden.

- **Betriebsvereinbarung »Überwachung von Protokolldateien«**

  Alles, was mit der Aufzeichnung von Vorgängen, an denen Personen beteiligt sind, zu tun hat, ist auch ein Thema für den Betriebsrat und, je nachdem welche Daten erfasst werden, auch für den Datenschutzbeauftragten. Eine Betriebsvereinbarung zu diesem Thema zu erstellen ist deshalb zu empfehlen. Eine solche Betriebsvereinbarung legt im Detail fest, welche Daten erfasst werden, wie und zu welchem Zweck diese Daten ausgewertet werden und wer darauf Zugriff erhält.

4.5.7 Aufgabe: Microsoft-Windows-Ereignisse überwachen

Output	Richtlinie »Konfiguration Microsoft-Ereignisanzeige«
Sicherheitslevel	Basissicherheit

Die Überwachung der Microsoft-Infrastruktur deckt in vielen Unternehmen bereits einen großen Teil der Basisdienste ab. Dies reicht von den Anmeldeereignissen bis hin zu Änderungen an Benutzerkonten und der Zuweisung von Benutzern zu Gruppen. Auch legen Dienste wie DNS Daten in Protokolldateien ab. Die wichtigsten Änderungen werden zentral in der Ereignisanzeige auf den Domänencontrollern protokolliert. Verschiedene Untergruppen von

Protokolldateien beherbergen dabei unterschiedliche Quellinformation. Vor allem der Bereich der Sicherheitsereignisse ist dabei für uns von Interesse.

Hinweis

Ab Windows 2008 R2 und Windows Vista wurde eine Granulierung der Überwachungskategorien vorgenommen, auch wenn die Kategorien an sich ähnlich bleiben. Das hat zur Folge, dass es in gemischten Domänen mit Windows-2003- und Windows-2008-R2-Domänencontrollern häufig undurchsichtig ist, welche Richtlinien letztendlich wirken. Ein weiterer Unterschied ist der, dass sich die Ereignis-IDs ab Windows 2008 R2 von den alten IDs unterscheiden. Es ist daher wichtig, die Domäne auf eine eindeutige Domänenfunktionsebene (*domain functional level*) zu bringen – vorzugsweise auf eine aktuelle Microsoft-Windows-Version.

Die Ereignisanzeige ist unterteilt in verschiedene Bereiche, die entweder zur technischen Analyse oder aber zur Aufzeichnung sicherheitsrelevanter Ereignisse dienen. Im Rahmen des Projekts konzentrieren wir uns auf das Windows-Protokoll Sicherheit (*security log*).

Hinweis

In den entsprechenden Vorschlägen des BSI werden detaillierte Konfigurationsvorschläge unterbreitet, wie die Ereignisanzeige konfiguriert werden kann – siehe dazu Abschnitt »Hilfestellungen durch genormte Vorgehensweisen« und die darin aufgeführte Tabelle.

Im Sicherheitslog werden Informationen über Benutzer-Ereignisse gesammelt, wobei die Art der mitprotokollierten Ereignisse frei konfiguriert werden kann. Das Sicherheitslog auf Domänencontrollern ist dabei von besonderem Interesse, da es allgemein Kontenveränderungen oder auch Versuche von fehlgeschlagenen Anmeldungen an Systemen erfasst. Die Anzahl der aufgeführten Ereignisse ist dabei abhängig von den eingeschalteten Kategorien und der Menge an Aktivitäten in der Domäne. Im Allgemeinen handelt es sich um eine große Anzahl von Anzeigen, die eine Auswertung direkt im GUI durch Windows-Protokolle erschweren bis unmöglich machen.

Hinweis

Es lohnt sich, die Ereignisse zu erfassen und nach der Ereignis-ID zu sortieren. Häufig belegen wenige Ereignisse einen großen Teil des zur Verfügung stehenden Platzes. Werden diese nicht benötigt, so können sie manchmal deaktiviert werden, indem die Unterkategorie abgeschaltet wird. Es existieren viele Quellen im Internet, die die Ereignis-IDs und den dahinter stehenden Nutzen erläutern.

Microsoft stellt kostenfrei ein Tool zur Verfügung, mit dessen Hilfe es möglich ist, in den Sicherheitsereignisanzeigen mehrerer Domänencontroller gleichzeitig nach Stichworten zu suchen. Für die Suche ist es erforderlich, die entsprechenden Ereignis-IDs *(event id)* zu kennen, die auf die jeweilige Suche passen. Das Tool heißt »EventCombMT« und ist für alle Versionen von Domänencontrollern nutzbar. Zu beachten ist allerdings, dass die voreingestellten Suchparameter die Ereignis-IDs bis einschließlich Windows 2003 berücksichtigen. Für die Suche unter Windows 2008 R2 und höher sind die entsprechenden Ereignis-IDs manuell einzutragen.

4.5.8 Aufgabe: Dateizugriffe auf Servern überwachen

Input	Checkliste »IT-Sicherheitsprozesse«
Output	Richtlinie »Überwachung von Dateizugriffen auf Servern« Einführung und Betrieb entsprechender Tools
Sicherheitslevel	Erweiterte IT-Sicherheit

Was in vielen Ländern bereits seit Jahren gang und gäbe ist, wird in Deutschland und in Europa allgemein, sicher zu Recht, immer noch kritisch gesehen: die Überwachung von Zugriffen auf Dateien auf Servern. An dieser Stelle wird gerne Big Brother bemüht und der Vorgang mit der Überwachung durch Videokameras gleichgesetzt. Diese Befürchtungen muss man ernst nehmen und ganz von der Hand zu weisen sind sie auch nicht. Schließlich gibt es kaum eine andere Art der Überwachung, die so detailliert aufzeigen kann, was eine Person am Computer tut, wie die lückenlose Überwachung der Dateizugriffe. Die Praxis zeigt aber, dass sich dieses Thema entschärfen lässt, wenn man ein paar Grundregeln beachtet:

- Es findet keine Überwachung von Zugriffen auf Dateien auf dem Arbeitsplatz-PC statt.
- Es wird ausgeschlossen, dass die Überwachung zur Leistungs- oder Verhaltenskontrolle genutzt wird. Bezüglich dieser Punkte ist der Betriebsrat, zumindest in Deutschland, in jedem Fall mitbestimmungsberechtigt.
- Die Bestimmungen des Bundesdatenschutzgesetzes bzw. die länderspezifischen Gesetze zum Datenschutz werden beachtet.

Die Überwachung im Rahmen der IT-Sicherheit hat ganz klare Ziele, die sich wiederum in zwei Kategorien unterteilen lassen:

- Die Echtzeitüberwachung von Zugriffen auf Dateien soll Muster aufdecken, die auf missbräuchliche Nutzung hindeuten. Dazu gehören Zugriffe wie das Kopieren großer Datenmengen an Wochenenden.
- Die Archivierung von erfolgten Zugriffen soll nachträglich als Beweismaterial dienen.

Der zweite Ansatz der Überwachung ist vor allem dann nützlich, wenn es darum geht, eine bereits erfolgte missbräuchliche Nutzung von Daten nachzuvollziehen. Damit bügelt man in den meisten Fällen aber im Grunde nur inkorrekt angewendete Zugriffrechte aus. Deshalb sollte der Fokus darauf ausgerichtet sein, durch entsprechende Prozesse von vornherein sicherzustellen, dass auf Daten nur von den Personen zugegriffen werden kann, die auch dafür berechtigt sein sollen. Das hilft natürlich nicht, wenn alle Rechte korrekt gesetzt sind, der Mitarbeiter aber beschließt, diese Daten missbräuchlich zu nutzen. Um dies zu verhindern, müssten Prozesse aufgesetzt werden, die das Verhalten der Mitarbeiter überwachen und Abweichungen registrieren und darauf reagieren. Das könnte z.B. eine Regel sein, dass, wenn ein Mitarbeiter mehr Daten kopiert als üblich, dieser Kopiervorgang unterbunden wird. Damit wandelt man aber wiederum auf dem schmalen Grat zwischen Sicherheit und Verfügbarkeit.

Eines der sechs Grundsatzthemen, dargestellt im Abschnitt »Aufgabe: Dateiberechtigungen auf Servern analysieren«, ist eng verwandt mit diesem Thema. Es adressiert das Aufspüren von Fehlberechtigungen, **bevor** es zu missbräuchlicher Nutzung kommt. Es gehört damit zu den proaktiven Maßnahmen, während das Thema der Dateizugriffüberwachung eher unter »reaktiv« eingeordnet werden muss.

4.5.9 Aufgabe: Prozess Änderungsmanagement (change management)

Input	Checkliste »IT-Sicherheitsprozesse«
Output	Richtlinie »Änderungsmanagement« Trennung von Entwicklungs-, Test- und Produktivumgebung im Rahmen der Programmierung oder dem Aufbau von IT-Systemen
Sicherheitslevel	Erweiterte IT-Sicherheit

Jede Änderung in der Organisation, in Prozessen oder an IT-Systemen kann den Schutzbedarf ändern oder das Niveau an IT-Sicherheit herabsetzen, weil Maßnahmen nur noch begrenzt oder gar nicht mehr greifen. Es können auch völlig neue Schwachstellen entstehen und die Bedrohungslage kann sich komplett ändern. Aus diesem Grund müssen Änderungen gemeldet, protokolliert und auf ihren Einfluss auf die IT-Sicherheit überprüft werden. Dies ist ein integraler Bestandteil des kontinuierlichen Verbesserungsprozesses.

Handelt es sich um größere Änderungen oder betrifft es unterschiedliche Unternehmenseinheiten, dann sollte ein Workflow eingerichtet werden, der sicherstellt, dass Änderungen nur dann in einem **abgestimmten** Maße vorgenommen werden, wenn diese von den betroffenen Stellen geprüft und genehmigt wurden.

Ein typisches Beispiel sind Änderungen an Programmcode in der Entwicklungsumgebung. Ein Verantwortlicher für das Änderungsmanagement wird zustimmen müssen, wenn es darum geht, den Code in das Qualitätsmanagement-System und später in das Produktivsystem zu überführen.

Es ist sinnvoll, eine Regelung zu erstellen, die den Aufbau von Änderungsprozessen generisch beschreiben. In einer weiteren Arbeitsanweisung kann dann explizit der Änderungsprozess bezüglich IT-sicherheitsrelevanter Prozesse beschrieben werden. Neben der Inbetriebnahme von intern erstellten Programmen erstreckt sich dies auf alle Änderungen an IT-Systemen; zumindest an denjenigen, die kritische Daten verarbeiten. Dazu gehören unter anderem das Patchmanagement, Konfigurationsänderungen an Softwareprodukten, wie Datenbanken oder Unternehmensanwendungen, Änderungen an Betriebssystemen oder an Arbeitsabläufen.

Die Regelung befasst sich mit allen Stadien der Änderung:

- Die Planung einer Änderung
- Das Testen von Änderungen
- Die Abschätzung der Sicherheitsrisiken, die durch die Änderung entstehen könnten
- Der formale Prozess, wie ein Änderungs-Genehmigungs-Workflow aussehen könnte
- Die Kommunikationswege, die einzuhalten sind
- Wie eine Planung aussehen muss für den Fall, dass die Änderung rückgängig gemacht werden muss

Eine solche Prozessbeschreibung ist am übersichtlichsten mit Visualisierungstools zu erstellen.

Grundsätzlich entfaltet ein solcher Prozess dann am meisten positive Wirksamkeit, wenn im Rahmen der Programmierarbeit oder auch im Zuge des Aufbaus eines IT-Systems eine Trennung von Entwicklungsumgebung, Testumgebung und Produktivumgebung vorhanden ist. Sollen neue Anwendungen oder Konfigurationen eingeführt werden, so sollten diese zunächst getestet werden, bevor sie produktiv werden.

4.5.10 Aufgabe: Prozess Backup und Wiederherstellung

Input	Checkliste »IT-Sicherheitsprozesse«
Output	Richtlinie »Backup und Wiederherstellung«
Sicherheitslevel	Basissicherheit

Die Sicherung von Daten, von ganzen IT-Systemen oder von Software bzw. deren Konfigurationen ist ein grundlegender Vorgang innerhalb der IT und hat damit vor allem die Aufrechterhaltung des Betriebs zum Ziel. Dementsprechend engmaschig sollten entsprechende Vorgaben definiert sein. Es genügt also nicht, nur eine allgemeine Vorgabe zu erstellen, dass Daten grundsätzlich zu sichern sind. Vielmehr ist es erforderlich, alle Werte, die gesichert werden sollen, explizit zu benennen, zu klassifizieren und schriftlich festzuhalten. Jeweils mit Informationen über das Sicherungsmedium, den Rhythmus der Sicherung, die Art und Weise, wie Sicherungsmedien sicher untergebracht werden können, und die Art und Weise, wie diese Werte im Notfall wiederhergestellt werden können.

Gesicherte Daten können, abhängig von der Art des Sicherungsmediums, nach einiger Zeit inkonsistent werden. Deshalb sind regelmäßige Testläufe und im Zweifelsfall das Überspielen der Daten auf neue Medien notwendig.

Ein wichtiger Punkt aus Sicht der IT-Sicherheit ist der Zugriff auf Daten im Backup. Der Zugriff muss denselben Zugriffsbeschränkungen und das Backup-Medium denselben Zugangsbeschränkungen unterliegen wie die Originaldaten. Dieser Grundsatz wird durch entsprechende Regelungen und technische Hilfsmittel umgesetzt. Die Wiederherstellung von Daten aus dem Backup muss explizit so geregelt werden, dass diesem Grundsatz uneingeschränkt entsprochen wird.

4.6 Themengebiet Benutzer

Referenz	ISO 27002 Kapitel 6 IT-Sicherheitsorganisation ISO 27002 Kapitel 7 Personalabteilung ISO 27002 Kapitel 7.2.2 Awareness, Ausbildung und Training

Im Grunde dreht sich die IT-Sicherheit um zwei fixe Konstanten: die Unternehmenswerte, die es zu schützen gilt, und die Mitarbeiter des Unternehmens, die diese Unternehmenswerte schaffen, verwalten, ändern und letztendlich zum Wohle des Unternehmens einsetzen. Dieses Zusammenspiel gilt es sicher zu gestalten, ohne es unnötig zu behindern. Das folgende Unterkapitel setzt direkt an den Schnittstellen zwischen den Mitarbeitern und den Unternehmenswerten an. Dementsprechend wichtig ist es, dafür Sorge zu tragen, dass sowohl der Aspekt der Sicherheit beachtet als auch das Verständnis der Mitarbeiter für die entsprechenden Maßnahmen geschaffen wird. Dies gilt es, beim Design und bei der Umsetzung der verschiedenen Regelungen zu betrachten.

4.6.1 Aufgabe: Benutzerverwaltung

Output	Richtlinie »Benutzerverwaltung«

Schritte	Analyse des Aufbaus der Benutzerverzeichnisse Falls erforderlich muss die Struktur harmonisiert werden Festlegung der benötigten Zugriffsrechte für jeden Administrator
Sicherheitslevel	Basissicherheit

Der erste Blick eines Auditors fällt bezüglich der Fragestellungen »Rollenkonzept« oder »Berechtigungen« zunächst auf die Benutzerverwaltung. In Firma ABC handelt es sich dabei vorrangig um das Microsoft Active Directory (ADS) und die SAP-Benutzerverwaltung – es kann aber auch jede andere Art von Applikation betreffen, in der Benutzerkonten geführt werden. Da Benutzerkonten den Schlüssel für den Zugriff auf Daten darstellen, sind diese mindestens genauso gut zu schützen wie die Daten, für die sie berechtigt sind. Diese grundlegende Definition führt automatisch zu einer Reihe an Anforderungen an ein Benutzerverzeichnis. Einige davon werden nachfolgend kurz aufgeführt:

- Übersichtlichkeit und Ordnung sind wichtige Qualitätskriterien, wenn es darum geht, ein Benutzerverzeichnis zu beurteilen. So ist eine durchgängige Strukturierung, dokumentierte Standards und Nachvollziehbarkeit ein erster Schritt zu Transparenz und auch zum sicheren Verwalten der Benutzerkonten.
- Wer die Attribute von Benutzerkonten ändern kann, hat auch die Möglichkeit, sich die Rechte auf Daten zu verschaffen, die eigentlich dem zugrunde liegenden Benutzer alleine zustehen. Daraus folgt, dass zum einen nur diejenigen Administratoren Zugriff auf Benutzerkonten erhalten dürfen, die diese Zugriffsrechte auch wirklich benötigen, und dass zum anderen jede ihrer Aktionen penibel und, falls möglich, revisionssicher protokolliert werden sollte. Dazu gehört auch die Feststellung, dass ein Administrator, der die Benutzer einer Lokation in Kanada betreut, nicht auch unbedingt Zugriffsrechte auf Benutzer in Neuseeland benötigt. Eine Abstufung von Rechten ist also in jedem Fall sinnvoll und notwendig.
- Nicht alle Benutzer sind aus Sicht der IT-Sicherheit gleich zu behandeln. Administratoren und Benutzer mit erweiterten Zugriffsrechten haben mehr Rechte und damit auch mehr Pflichten. Zu den Maßnahmen, die hier zu implementieren sind, gehören unter anderem verschärfte Passwortregeln oder gar die Einführung einer Mehrfaktoren-Authentifizierung wie ein Passwort und ein Hardware-Token.

- Benutzer werden in Gruppen zusammengefasst. Die Gründe liegen nicht nur in der besseren Handhabbarkeit und damit in höherer Effizienz, sondern sehr wohl auch darin, dass dadurch Transparenz und Sicherheit geschaffen wird. Von vornherein muss also ein Gruppen- und Rollenkonzept definiert werden. Diese Thematik wird in einem späteren Abschnitt weiter vertieft.

Wird ein Benutzerverzeichnis so wie in Firma ABC unterhalten, das Benutzerkonten von vielen verschiedenen Standorten enthält, und werden diese Konten jeweils lokal gepflegt, so rückt das Thema Standardisierung wieder in den Vordergrund. Der Aufbau, die Konfiguration und der Zugriff mittels entsprechender Tools sollten durchgehend einem definierten Standard entsprechen. Dies beginnt üblicherweise bei der Namensgebung der Benutzerkonten und reicht bis hin zu den Vorgaben an Passwörter.

4.6.2 Aufgabe: Generelle Richtlinien für Benutzer

Output	Richtlinie »Regeln für den Umgang mit Daten, Internet und E-Mail« Betriebsvereinbarung »Regeln für den Umgang mit Internet und E-Mail« Verpflichtung zum Schutz anvertrauter Daten im Arbeitsvertrag
Sicherheitslevel	Basissicherheit

Die Personen, die als »Benutzer« bezeichnet werden, sind genau diejenigen, die zum Erfolg oder Misserfolg des Unternehmens beitragen. Sie produzieren oder kreieren die Produkte, die das Unternehmen verkauft. Damit stehen sie im Mittelpunkt des Dienstleisters IT. Die IT-Sicherheit hat die Aufgabe, sowohl für den Schutz von Daten und damit des Know-hows der Mitarbeiter Sorge zu tragen als auch den Betrieb und damit die Wirtschaftlichkeit des Unternehmens nicht zu beschränken. Dieses Spannungsfeld begleitet die Mitarbeiter der IT-Sicherheitsorganisation auf Schritt und Tritt. Um dieses Spannungsfeld aufzulösen, ist es immens wichtig, den Benutzern nicht nur Vorgaben zu machen, sondern diese auch zu erklären. Richtlinien für Benutzer und Awareness-Schulungen sind deshalb eng miteinander verbunden. Regeln, die man nachvollziehen kann oder bei denen ein Bezug zum täglichen, auch privaten, Leben erkennbar ist, werden eher angenommen und umgesetzt. Das spiegelt sich in der Wortwahl bei Richtlinien wider. Anstelle von »Es ist verboten ...« sollten Sätze wie »Zum Schutz unserer Daten muss ...« stehen. Nach den Schulungen und nach der Vermittlung einer Idee, wie wichtig die Unternehmensdaten sind, muss aber in jedem Fall eine klare Vorgabe stehen, was erlaubt ist und was nicht.

Hinweis

Es ist zu beachten, dass einige Vorgaben, wie z. B. der Umgang mit E-Mail oder der Zugang zum Internet, in Deutschland immer auch mit dem Betriebsrat abzustimmen sind. Insbesondere wenn über die Nutzung Protokolle geführt werden, kann dies prinzipiell den Punkt »Leistungskontrolle« oder auch anderen Themen, die die Mitbestimmung berühren, betreffen.

Zum Schutz von Unternehmensdaten sollten folgende Themen, die ganz genau auf das Arbeitsumfeld der Benutzer abzielen, geregelt werden:

- **Der Zugang zum Internet:** Der wichtigste Punkt ist die Grundsatzentscheidung, ob der private Gebrauch des dienstlichen Internetzugangs erlaubt wird oder nicht. Wird er erlaubt, so schränkt man damit die Möglichkeiten einer Kontrolle massiv ein. Die Fragen, wer Zugriff auf das Internet erhält, was erlaubt ist und was nicht und welche Art von Kontrolle ausgeübt wird, sollte Bestandteil einer **Betriebsvereinbarung** sein. Durch den Zugang zum Internet wächst die Gefahr, Schadsoftware einzuschleppen, und durch den Aufruf von infizierten Seiten zudem die Gefahr, dass der eigene Rechner über diesen Weg infiziert wird. In beiden Fällen kann dies unbemerkt geschehen. Dies sind Gründe, die darstellen sollen, warum eine grundsätzliche Regelung erforderlich ist. Ist diese definiert, dann kann darauf aufbauend ein Konzept erstellt werden, wie die dadurch verursachten Risiken durch geeignete Maßnahmen wieder reduziert werden können.
- **Die Nutzung von E-Mail:** Ähnlich wie beim Zugang zum Internet muss auch bezüglich der Nutzung von E-Mail grundsätzlich entschieden werden, ob der dienstliche E-Mail-Dienst auch für private E-Mails genutzt werden darf oder nicht. Wird er erlaubt, so ist der Zugriff auf die Mail-Daten der Benutzer nicht oder nur sehr eingeschränkt möglich. Außerdem baut

man sich damit Hürden auf, was die Löschung oder die Weitergabe von Zugriffsrechten an Nachfolger von Mail oder Mail-Datenbanken nach dem Ausscheiden des Benutzers angeht. Aus Sicht der IT-Sicherheit ist E-Mail ein wichtiges Einfallstor für Schadsoftware. Schon aus diesem Grund sollte die private Nutzung, sofern vereinbar mit den lokalen rechtlichen Vorgaben, verboten werden. Auch diese Regelung sollte in einer **Betriebsvereinbarung** festgehalten werden.

- **Die Installation von Software bzw. der Start von ausführbaren Programmen zweifelhafter Herkunft:** Programme sollten immer erst nach der Durchführung von Tests von Fachpersonal installiert werden. Benutzer sollten weder auf ihrem Arbeitsplatzrechner noch auf ihrem Laptop Applikationen installieren dürfen. Noch wichtiger ist zudem der Hinweis an alle Benutzer, dass Applikationen, die an E-Mails angehängt sind oder auf fremden Wechseldatenträgern gefunden werden, nicht gestartet bzw. installiert werden dürfen.
- **Das generelle Verhalten, wenn es um Daten geht:** Ob es sich um Dateien auf einem Datenserver oder einem USB-Stick handelt, ob es um Akten geht oder Informationen, die auf einem Whiteboard stehen, in jedem Fall muss den Benutzern bewusst sein, dass sie mit diesen Informationen achtsam umgehen müssen. In diese Kategorie fallen Vorgaben wie:
  - die Nutzung von Wechseldatenträgern, DVDs, CDs und USB-Sticks
  - dass der Arbeitsplatz am Ende Tages frei von vertraulichen Dokumenten sein muss (*clean desk*)
  - dass sensible Informationen nicht ungeschreddert in den Papierkorb gehören
  - dass der PC vor dem Verlassen des Arbeitsplatzes gesperrt werden muss
  - dass Informationen nur an diejenigen Personen weitergegeben werden dürfen, die auch dazu befugt sind, diese Informationen zu kennen
- **Passwortrichtlinie:** Dass es Vorgaben zur Erstellung von Passwörtern geben muss, ist offensichtlich. Dass diese Vorgaben technisch in den verschiedenen Benutzerverzeichnissen umzusetzen sind, ebenso. Diese Vorgabe sollte Regeln für die Passwortlänge, die Komplexität und die Aufbewahrung, wie z. B. in sogenannten Passwort-Safes festlegen. Diejenigen Administratoren, die sich um die Konfiguration der Benutzerverzeichnisse kümmern, müssen zudem Regeln für die Haltbarkeit von Passwörtern und weitere Parameter definieren.

- **Das Verhalten auf dem Campus:** Ist das Fotografieren verboten, dann gehört dies in die Benutzerrichtlinie – genauso wie Vorschriften zum Tragen des Ausweises und Ähnliches.

Eine Richtlinie, die z.B. in Form eines Flyers erstellt werden kann, sollte an alle Mitarbeiter verteilt werden. Idealerweise erhält auch jeder neue Mitarbeiter während des Einstellungsprozesses eine solche Richtlinie ausgehändigt und erläutert. Die Richtlinie »Regeln für den Umgang mit Daten, Internet, E-Mail und Gerätschaften« sollte sehr kurz und prägnant alle Vorgaben bezüglich der täglichen Arbeitsumgebung der Benutzer auflisten. Diese Regeln können dann Bestandteil entsprechender Poster und Aushänge auf dem Unternehmensgelände sein.

Der **Arbeitsvertrag** eignet sich gut dafür, grundsätzlich die Verpflichtung jedes Mitarbeiters zum Schutz der ihm anvertrauten Daten aufzunehmen. Jeder neue Mitarbeiter wird so schon vor Antritt seiner Stelle damit konfrontiert. Damit wird der Ansatz des Unternehmens hinsichtlich der Datensicherheit umso deutlicher herausgestellt.

4.6.3 Aufgabe: Richtlinien für Administratoren

Output	Richtlinie »Regeln für Administratoren«
Sicherheitslevel	Basissicherheit

Administratoren-Konten sind nicht Benutzerkonten mit mehr Zugriffsrechten, sondern getrennt davon zu erstellende Benutzer, die ausschließlich für die Administration genutzt werden. Demzufolge bekommt ein Benutzer für seine Rolle als Administrator ein weiteres Benutzerkonto zugeteilt. Administriert er mehrere verschiedene Systeme oder Applikationen, so kann er auch weitere Konten zugeordnet bekommen.

Bei der täglichen Arbeit soll sich auch der Administrator mit einem Konto anmelden, das genauso wie jedes andere Benutzerkonto nur eingeschränkte Rechte auf Daten und seinen Arbeitsplatzrechner hat. Werkzeuge, die er zum Arbeiten benötigt, kann er dann im Administrator-Kontext starten. Administrations-PCs können diesen Anforderungen folgend entsprechend installiert werden.

Ein weiterer Punkt, der für Administratoren explizit geregelt werden kann, sind stärkere Passwortregeln speziell für Benutzer mit erweiterten Zugriffsrechten. Dies kann in den meisten Benutzerverzeichnissen eingerichtet werden.

4.6.4 Aufgabe: Umgang mit Gerätschaften

Referenz	ISO 27002 Kapitel 8 Verwaltung von Unternehmenswerten (*asset management*)
Output	Richtlinie »Regeln für den Umgang mit Gerätschaften«
Sicherheitslevel	Basissicherheit

Im Gegensatz zu vor einigen Jahren ist es heute kaum noch zu verhindern, dass Mitarbeiter private und geschäftliche Gerätschaften mit sich herumtragen. Dazu gehören Mobiltelefone, USB-Sticks, Tablets, Wearables wie intelligente Uhren genauso wie auch Kameras und Laptops in jeder Größe. Bald werden Mitarbeiter Brillen tragen, die selbst oder per Mobiltelefon mit dem Internet verbunden ist. Jedes dieser Geräte kann Daten speichern, viele von ihnen Bilder schießen oder Gespräche aufnehmen. Sie stellen also alle eine potenzielle Gefahr dar, dass Informationen jeglicher Art das Unternehmen unkontrolliert verlassen.

Ein Unterscheidungskriterium ist unter anderen die Frage, ob ein solches Gerät einen Zugang zum Unternehmensnetzwerk hat. In diesem Fall ist die Gefahr besonders groß, dass Daten abfließen könnten. Früher waren dies ausschließlich Laptops, in Zukunft werden auch andere der eben genannten Geräte hinzukommen. Die Ausstattung mit einem Standard-USB-Port ist ein weiteres Problem, das sich quer durch alle Geräteklassen zieht und das sich nur mit der konsequenten Kontrolle dieser Anschlüsse in den Griff bekommen lässt.

Ein Unternehmen muss sich mit dieser Problematik auseinandersetzen, auch wenn es keine allgemeingültige Lösung für die heutigen und schon gar nicht für die zukünftigen Herausforderungen gibt. In erster Linie wird es darum gehen, den Umgang mit den Gerätschaften, die vom Unternehmen gestellt werden, genau zu definieren. Der Zugang von privaten Gerätschaften zum Unternehmensnetz und der Transfer von geschäftlichen Daten auf ein solches Gerät müssen eindeutig und gut kommuniziert verboten werden. Bei den Geräten mit Unternehmenshintergrund handelt es sich vorwiegend um Laptops und Mobiltelefone und für diese sollten die folgenden Punkte geklärt werden:

- Welche Daten auf dem Gerät abgelegt werden dürfen. Je weniger Daten es sind, desto niedriger ist das Risiko, dass diese gestohlen werden.
- Wie die Gerätschaften, die dem Unternehmen gehören, zu behandeln sind, wenn sie sich außerhalb des Unternehmenscampus befinden. Dazu gehören Dienstreisen genauso, wie die Nutzung von zu Hause.
- Dass die Nutzung zu privaten Zwecken und die Installation von eigenen Programmen untersagt sind.
- Welche Schritte einzuleiten sind, falls ein solches Gerät gestohlen wird.

4.6.5 Aufgabe: Awareness-Maßnahmen

Output	Dokument »Awareness-Programm«
Sicherheitslevel	Basissicherheit

Immer wieder wird betont, welche Verantwortung die einzelnen Mitarbeiter im Unternehmen hinsichtlich der Sicherstellung von Vertraulichkeit haben. Sie werden mit Regeln überschüttet, die ihr Arbeitsleben in geordnete, manchmal auch störende, Bahnen lenken. Verantwortung ist aber keine Einbahnstraße. Man kann sie nicht so einfach verordnen und dann darauf hoffen, dass sie auch tatsächlich gelebt wird. Und genau hier setzt die Schaffung von Bewusstsein in Hinblick auf den Umgang mit Daten oder IT-Systemen, und nichts anderes ist mit dem Begriff »Awareness« gemeint, an. Awareness bedeutet, die Mitarbeiter

1. aufzuklären,
2. sie zu überzeugen und
3. sie anzuleiten.

Der erste und der dritte Punkt werden zum Teil bereits in den Richtlinien abgearbeitet. Dort sind die Regeln, nach denen gearbeitet werden muss, aufgeführt und deren Umsetzung erläutert. Darüber hinaus, und Richtlinien decken nun mal nur punktuell die einzelnen Sicherheitsfelder ab, muss innerhalb des Awareness-Programms ein Einblick in die übergeordnete Sicht des Unternehmens gegeben werden. Wenn es im Rahmen dieser Vorgehensweise gelingt, den einzelnen Mitarbeiter von der Notwendigkeit des Vorgehens zu überzeugen, dann ist darüber hinaus ein wichtiger Schritt gelungen.

Awareness-Maßnahmen lassen sich in viele unterschiedliche Bereiche aufteilen und je nach Dienstleister ändern sich deren Namen und die Priorität. Aus diesem Grund stelle ich nachfolgend nur ein paar mögliche Maßnahmen vor, die man als Unternehmen, in diesem Fall als Projektteam, ergreifen kann.

- Erstellung von IT-Sicherheits-Flyern. Diese können sowohl an alle internen Mitarbeiter als auch an alle externen Mitarbeiter ausgegeben werden. Klassischerweise enthalten diese die wichtigsten Regeln zum Umgang mit den Daten und den Gerätschaften des Unternehmens und betreffen den Mitarbeiter in seiner täglichen Arbeit.
- Artikel im Unternehmens-Magazin dienen dazu, nicht nur Verhaltensmaßnahmen und Regeln aufzuzeigen, sondern diese auch zu erläutern.
- Poster und Plakatwände tragen Informationen, die immer wieder gesehen werden.
- Einführungsveranstaltungen finden für neue Mitarbeiter und auch für Mitarbeiter in Positionen, in denen sie häufig Umgang mit sensiblen Daten haben, statt.
- Das Durchführen von E-Learning-Programmen zum Thema IT-Sicherheit kann als verpflichtende Maßnahme eingeführt werden.

Über diese doch sehr einfachen und grundlegenden Punkte hinausgehend habe ich in den letzten Jahren noch weit ausgeklügeltere und umfassendere Projekte kennengelernt. Dies reicht von entsprechenden, eigens für das Unternehmen produzierten Filmen bis hin zu Gewinnspielen oder kleinen Geschenken, die an kleinen Ständen in der Kantine verteilt werden. Das Ganze wird zudem marketingtechnisch über entsprechende Maskottchen und ein einheitliches Design miteinander verbunden.

4.7 Themengebiet Zugriff auf Daten

4.7.1 Aufgabe: Rollenkonzept erstellen

Output	Richtlinie »Rollenkonzept« Matrix »Administratoren und ihre Rechte«
Sicherheitslevel	Basissicherheit

Referenz	ISO 27002 Kapitel 7 Personalabteilung ISO 27002 Kapitel 9 Zugriff auf Daten

Rollenkonzepte sind ein fester Bestandteil der meisten Zugriffskonzepte auf Unternehmensapplikationen und Daten. So ist es z.B. selbstverständlich, dass alle Zugriffe auf Daten, die ein SAP-Modul verwaltet, durch zugewiesene Rollen gesteuert werden. Dies bedeutet nichts anderes, als dass der Zugriff nicht direkt für Benutzer eingerichtet wird, sondern dass Benutzern Rollen für den Zugriff zugewiesen werden. So kann es eine Rolle »Einkäufer« geben, die das Recht hat, auf alle Daten zuzugreifen, die ein typischer Einkäufer für seine tägliche Arbeit benötigt. Um dem Mitarbeiter diese Rechte zu geben, wird seinem Benutzerkonto diese Rolle zugewiesen.

Hinweis

Im Zusammenhang mit Zugriffen über Rollen, aber auch für den direkten Zugriff auf Daten, gilt grundsätzlich das Prinzip des »need to know«. So darf jeder Mitarbeiter nur auf diejenigen Daten oder Programme zugreifen, die er für seine tägliche Arbeit zwingend benötigt. Dazu gehört auch, dass die Benutzerverwaltung auf kritische Rollenkombinationen – das Sicherheitsprinzip, das sich dahinter verbirgt, heißt »Funktionstrennung« – überprüft werden muss. So darf ein einzelner Mitarbeiter nicht die Rolle »Einkäufer« und die Rolle »Wareneingang« gleichzeitig einnehmen, ansonsten könnte er Waren bestellen, diese entwenden und gleichzeitig vermelden, dass sie eingegangen sind.

Rollenkonzepte, die in vielen Unternehmensapplikationen üblich sind, werden wiederum in anderen Bereichen eines Unternehmens oft nicht umgesetzt. So kann man beobachten, dass z.B. im Umfeld des Microsoft Active Directory (ADS) Administratoren der Einfachheit halber mit allen zur Verfügung stehenden Rechten ausgestattet sind, anstelle dieses, feiner granuliert, mithilfe von Rollen auf das erforderliche Maß zu reduzieren. Eine Vorgehensweise für eine Richtlinie »Rollenkonzept Microsoft Active Directory« könnte verschiedene Rollen definieren, deren Mitglieder jeweils folgende administrative Tätigkeiten ausüben:

- Die Anlage von Benutzern
- das Hinzufügen von Computer-Konten
- die Administration von Clients
- die Berechtigungsvergabe durch das Zuweisen von Benutzern zu Gruppen
- die Domänenadministration
- die Administration von DNS oder DHCP

Bevor ein Rollenkonzept praktisch umgesetzt werden kann, müssen die technischen und organisatorischen Rahmenbedingungen geklärt sein. Dazu gehören zum einen die Vorgaben aus der Richtlinie »Rollenkonzept« und eine Auflistung aller Administratoren und den Rechten, die diesen zugeordnet werden sollen. Aus diesen Randbedingungen heraus wird in einem nächsten Schritt festgelegt, welche Rollen angelegt werden sollen. Eine solche Tabelle könnte dann wie folgt aussehen:

Rolle	Name der Gruppe	Mitarbeiter	Zugriffsrechte
Hotline	ABC-Hotline	Maier, Schmidt, Thiele	Zuordnung von Personen zu Gruppen, die den Zugriff auf Abteilungslaufwerke berechtigen. Zugriff auf das Laufwerk T für den temporären Datenaustausch.
Benutzer-verwaltung	ABC-Benutzer-verwaltung	Müller	Schreib- und Lesezugriff auf die Organisationseinheit »Benutzer«
Computer-verwaltung	ABC-Computer-verwaltung	Maier	Schreib- und Lesezugriff auf die Organisationseinheit »Computer«
Domänen-verwaltung	BuiltIn-Gruppe Domain-Admins	Schreiner	Vollzugriff auf die Objekte in der entsprechenden Domäne Weitgehende Konfigurationsrechte

In einer Microsoft-Umgebung erfolgt die Umsetzung des Rollenkonzepts der Vorgehensweise, dass man entweder Gruppen nutzt, die Microsoft bereits vorgibt, dabei handelt es sich um die sogenannten BuiltIn-Gruppen, oder dass man Gruppen neu erstellt und diesen die erforderlichen Zugriffsrechte zuweist. In den meisten Fällen wird man den Mittelweg wählen und sowohl die BuiltIn-Gruppen als auch zusätzlich eigene Gruppen nutzen. In einem letzten Schritt weist man die entsprechenden Administratoren den vorgesehenen Rollen bzw. Gruppen zu und überprüft diese Zuweisung in regelmäßigen Abständen.

4.7.2 Aufgabe: Temporärer administrativer Zugriff

Output	Richtlinie »Temporäre administrative Zugriffsrechte«
Sicherheitslevel	Erweiterte IT-Sicherheit

Die Zuordnung eines Benutzers zu einer Rolle ist nur ein Weg, Mitarbeitern die erforderlichen Zugriffsrechte zu verschaffen, die sie für ihre Arbeit benötigen. Eine weitere Perspektive ist die Betrachtung aus der Ebene der »aktuell anstehenden Aufgabe« heraus. In diesem Fall benötigt ein Benutzer nur zu einem definierten Zeitpunkt erweiterte Rechte, nämlich genau dann, wenn eine Aufgabe ansteht, für die diese Rechte erforderlich sind. Auf diese Art und Weise wird das klassische Rollenkonzept erweitert und das Risiko des unabsichtlichen oder absichtlichen Missbrauchs verringert. In der Praxis spielt diese Betrachtung allerdings eine untergeordnete Rolle, da hierzu weiterer administrativer Aufwand generiert wird und die Komplexität der Rechtevergabe an sich gesteigert wird.

Falls im Unternehmen bereits ein Rollenkonzept etabliert ist, dann lohnt es sich, zumindest für Rollen mit sehr sensiblen Zugriffsrechten darüber nachzudenken, inwieweit Rechte zeitlich und räumlich (Anmeldung nur von definierten Rechnern aus) beschränkt werden können. Im Microsoft Active Directory kann dies z.B. durch das Setzen einer Verfallsfrist auf Ebene der Benutzerkonten umgesetzt werden. Meldet ein Administrator eine Tätigkeit an, die erhöhte Rechte erfordert, dann könnte eine weitere Person das dementsprechende Konto für eine definierte Zeitspanne freischalten.

Hinweis

Angefangen bei den sehr sensiblen Konten, wie z.B. den Mitgliedern der Gruppen der Domänen-Admins und Organisations-Admins, sollten diese Konten generell nur dann freigeschaltet werden, wenn sie für die Abarbeitung einer Aufgabe unbedingt erforderlich sind.

Die Vorgehensweise, eine solche Aufgabenstellung umzusetzen, könnte darin bestehen, einen Prozess zu etablieren, der in den Änderungsprozess eingebettet ist. Fällt eine Aufgabe an, bei der übergeordnete Rechte erforderlich sind, so sorgt der Prozess für die entsprechende Genehmigung und temporäre Freischaltung. Unabhängig davon muss innerhalb des Notfallkonzepts vorgesehen werden, dass dafür Sorge getragen wird, dass in definierten Situationen ein schneller Zugriff auf administrative Benutzer möglich ist.

Um eine solche Art der erhöhten Rechtevergabe umzusetzen, können Werkzeuge von Drittherstellern eingesetzt werden, die den Leistungsumfang des nativen Microsoft Active Directory entsprechend erweitern. Diese Tools bieten im besten Fall die Unterstützung für einen Genehmigungs- und Freischalte-Workflow mit integrierter Dokumentation des gesamten Vorgangs.

4.7.3 Aufgabe: Regeln zur Vergabe von Berechtigungen

Output	Richtlinie »Zuweisung von Zugriffsrechten«
Sicherheitslevel	Basissicherheit

Im Laufe eines Arbeitslebens durchläuft ein Mitarbeiter klassischerweise eine ganze Reihe von Abteilungen. Fängt er bereits als Auszubildender bei dem Unternehmen an, dann findet dieser laufende Wechsel noch viel intensiver statt. Um den erforderlichen Zugriffsberechtigungen nachkommen zu können und nicht mehr benötigte Rechte wieder zu entziehen, muss eine Kommunikation zwischen der Personalabteilung, den einzelnen Abteilungen und der IT-Abteilung stattfinden. Diese drei Instanzen müssen also koordiniert zusammenarbeiten, um diese Problematik aufzulösen. Das funktioniert zwar in den meisten Fällen recht gut, aber oft nicht gut genug aus Sicht eines Verantwortlichen der IT-Sicherheit. Aus diesem Grund werden zusätzliche Mechanismen benötigt, um die Vorgehensweise zum einen verlässlich und zum anderen praktikabel zu gestalten.

Die Zuweisung von Zugriffsrechten folgt drei grundsätzlichen Prämissen, die zwingend befolgt werden müssen:

- Wird einem Benutzer der Zugriff auf ein IT-System, eine Applikation oder auf Daten erlaubt, so muss dieser Vorgang dokumentiert werden.

- Bevor die Rechte gesetzt werden, muss dieser Vorgang von einer Person oder einer Stelle autorisiert werden.
- Derjenige, der als Data Owner für dieses IT-System, diese Applikation oder diese Daten definiert ist, muss darüber informiert sein, dass ein weiterer Benutzer Zugriff erhält.

Die Umsetzung eines entsprechenden Workflows, der diese Prämissen abbildet, kann mit sehr einfachen Hilfsmitteln, wie einer Dokumentation auf Papier und einer telefonischen und per E-Mail durchgeführten Kommunikation, bis hin zu ausgefeilten, vollständig automatisierten Identity-Management-Prozessen ausgestaltet werden. Kleinere Unternehmen werden eher dazu tendieren, den Vorgang so einfach und pragmatische wie möglich zu halten, während große Unternehmen mit vielen Hundert Anfragen pro Tag kaum ohne eine IT-gestützte Infrastruktur auskommen werden.

Bei der Umsetzung eines entsprechenden Prozesses sollten zudem folgende Punkte mit in eine Diskussion eingebracht werden:

- Die Anforderungen an einen Berechtigungsprozess sollten klar definiert und offen diskutiert werden.
- Ein Identity-Management-Prozess geht über die reine Vergabe von Rechten hinaus. Ein solches Produkt kümmert sich um den gesamten Vorgang, von der Anforderung, einen Benutzer in Systemen anzulegen, über die Rechtevergabe bis zur Löschung von Rechten und letztendlich des Benutzerkontos. Alle Komponenten müssen hier ineinandergreifen. Aus diesem Grund macht es Sinn, im Rahmen der Diskussion über die Berechtigungsvergabe auch über die Schnittstellen zu einem solchen System nachzudenken.
- Die Berechtigungsvergabe in den Rahmen eines Workflows mit anschließender Archivierung des Vorgangs einzupassen, hat viele Vorteile, da dadurch eine weitgehende Standardisierung des Vorgangs erreicht werden kann. Vom definierten Prozess abweichende Vorgänge können damit leichter unterbunden werden.
- Ist ein Berechtigungsprozess implementiert, dann macht es immer Sinn, Berechtigungen, die diesen Vorgang umgehen könnten, zu entziehen. Das betrifft z.B. den direkten Zugriff auf die Objekte im Microsoft Active Directory.

- Mitarbeiter können und sollten aktiv mit in den Prozess eingebunden werden. Dies könnte z. B. beinhalten, dass Data Owner einer Active-Directory-Berechtigungsgruppe monatlich über die Mitglieder dieser Gruppe informiert und dann aufgefordert werden, fälschlich erteilte oder nicht mehr aktuelle Berechtigungen zu melden. Dies kann hin zu einem sogenannten »User Self Service« führen, der es Mitarbeitern ermöglicht, z.B über das Intranet Berechtigungen zu beantragen. Auch das Rücksetzen von Kennwörtern kann ein Bestandteil eines solchen Prozesses sein.

Wird ein Benutzerkonto neu angelegt oder wird es nach dem Ausscheiden des zugeordneten Mitarbeiters gelöscht, dann betrifft dies üblicherweise nicht nur ein System und ein Benutzerverzeichnis. Schnittstellen und, wenn möglich, automatisierte Vorgänge sind in großen Unternehmen sinnvoll, um von einer Stelle aus möglichst viele Berechtigungen setzen zu können. Dies hat den großen Vorteil, dass damit auch die Dokumentation über die Zugriffsrechte zentral und damit mit höherer Wahrscheinlichkeit vollständig vorliegt.

4.8 Themengebiet Sichere Systeme

4.8.1 Aufgabe: PCs und Laptops sicher konfigurieren

Output	Richtlinie »Umgang mit Gerätschaften des Unternehmens«
Sicherheitslevel	Basissicherheit

Die Computer, die die Mitarbeiter benutzen, und dies schließt tragbare Rechner, also Laptops, mit ein, sind komplexe Gerätschaften. Dementsprechend viele Aspekte der IT-Sicherheit müssen beachtet werden, um das erforderliche Maß an Basissicherheit zu erreichen. Das bedeutet, dass jeder Rechner gegen eine Reihe unterschiedlicher Bedrohungen geschützt werden muss. Jedes dieser einzelnen Gebiete wird im Folgenden kurz angerissen und bildet einen Mosaikstein auf dem Weg zur PC-Sicherheit. Die Umsetzung des größten Teils dieser Schutzmaßnahmen ist selbst für das Erreichen des Basislevels an Sicherheit erforderlich. Die Aufgabe besteht damit im Wesentlichen daraus, die einzelnen Punkte zu sichten und für sich selbst zu überprüfen, ob es diesbezüglich bereits eine Regelung gibt und welchen Status deren Umsetzung hat.

Hinweis

Jedes dieser Themen könnte ein Kapitel oder gar ein Buch füllen und wird von Unternehmen zu Unternehmen aus einem anderen Blickwinkel gesehen und mit einer anderen Priorität versehen. Aus diesem Grund ist die Tabelle unsortiert und enthält nur die wichtigsten Stichpunkte, die erforderlich sind, ein gemeinsames Verständnis für die Teilaufgabe zu entwickeln.

Wichtige Themen wie das Patchmanagement oder die Installation von Antivirensoftware wurden bereits im Rahmen der sechs Grundsatzthemen erläutert.

Thema	Inhalt
Umgang mit Wechseldatenträgern	Regelung der Nutzung von Datenträgern (von der CD bis zur externen Festplatte oder der Kamera mit USB-Anschluss) im Unternehmen
Keine lokalen Administrationsrechte	Eingeschränkte oder im besten Fall keine lokalen Administrationsrechte für den jeweiligen Benutzer auf seinem Arbeitsplatzrechner. Hier wird häufig eine Unterscheidung zwischen PC und Laptop gemacht, da ein Laptop seine volle Einsatzbereitschaft nur dann erlangt, wenn Daten auf dem Gerät selbst abgelegt werden – daraus sollte aber nicht abgeleitet werden, dass ein Benutzer deshalb das Recht haben sollte, lokal Applikationen zu installieren. Zu den sinnvollen Einschränkungen gehört auch das Sperren von Konfigurationstools, die z. B. Veränderungen an den Sicherheitseinstellungen selbst zulassen würden.
Speicherung von Daten auf dem PC oder Laptop	Es sollten möglichst keine Unternehmensdaten auf der lokalen Festplatte der Arbeitsplatzrechner gespeichert werden. Dies dient der Absicherung gegen das Risiko des Diebstahls und der Ermöglichung von Sicherheitskopien, die vom lokalen Rechner aus nur umständlich erstellt werden können.

Thema	Inhalt
	Auf einem Laptop Daten zu speichern, liegt dagegen in der Natur der Gerätschaft. Es ist aber dafür Sorge zu tragen, dass das Gerät zum einen zwingend komplett verschlüsselt wird, und zum anderen, dass nur diejenigen Daten lokal auf dem Laptop abgelegt werden, die auch benötigt werden. Da, zumindest temporär, auch eine Speicherung auf dem PC nicht ausgeschlossen werden kann, sollten auch diese Geräte unter Abwägung der Kosten und der Risiken verschlüsselt werden.
Festplattenverschlüsselung	Durch die Verschlüsselung der lokalen Platte wird dem Zugriff auf die Daten im Falle des Diebstahls des gesamten Rechners vorgebeugt. In erster Linie gilt dies für tragbare Rechner, für Rechner, auf denen mit sensiblen Daten gearbeitet wird, und des Weiteren dann für alle Rechner des Unternehmens. Diese Abstufung wird aufgezeigt, weil es häufig nicht möglich ist, alle Rechner auf einmal mit einer lokalen Verschlüsselung auszurüsten, die Aufrüstung lange dauert und es wichtig ist, die Reihenfolge der Installation auf den einzelnen Rechner nach Risikogesichtspunkten zu priorisieren.
Aktuelle Version des Betriebssystems	Ein aktuelles Betriebssystem mit aktuellen Sicherheitsupdates. Dieser Punkt erfordert entweder die automatische Installation der Updates initiiert vom Client aus oder die automatische, zentrale Verteilung über ein Softwareverteilungssystem oder, falls es sich um ein Betriebssystem von Microsoft handelt, über den Windows Server Update Service (WSUS).
Nur getestete und freigegebene Software auf PCs und Laptops	Die eigenständige Installation von Software stellt immer noch das größte Risiko für die IT-Sicherheit dar. Die gesamte Bandbreite von Schadsoftware kann auf diesem Weg lokal installiert werden und hat damit Zugriff auf alle die Daten, auf die der Benutzer selbst auch berechtigt ist.
Lokale Firewall	Normalerweise assoziiert man den Begriff »Firewall« mit der Absicherung von Netzwerken oder Servern. Hier handelt es sich aber um die Einrichtung auf Arbeitsplatzrechnern. In diesem Fall spricht man von einer »Lokalen Firewall«. Eine lokale Firewall bei Microsoft-Betriebssystemen ist ab Windows XP standardmäßig verfügbar. Unter LINUX ist es aber genauso möglich, Regeln aufzustellen, welche Quelladressen auf das lokale System zugreifen dürfen und welche blockiert werden.

Thema	Inhalt
	Das Zusammenspiel mit weiteren lokalen Firewalls, die manchmal mit Antivirensoftware oder auch VPN-Software mitgeliefert wird, muss im Vorfeld gut ausgetestet werden. Dazu werden Rechner verschiedener Abteilungen ausgewählt und einzeln konfiguriert und getestet. Die lokale Firewall sollte auf allen Clients aktiviert und konfiguriert werden. Im Rahmen der Microsoft-Infrastruktur ermöglichen die Gruppenrichtlinien eine zentrale Steuerung. Es ist zu beachten, dass vor allem der Datenverkehr, der von außen kommt (*incoming traffic*), eingeschränkt werden muss. Applikationen und Hilfsprogramme, z. B. zur Bildschirmübernahme, müssen dementsprechend einzeln freigeschaltet werden. Handelt es sich dabei um Programme mit wechselnden Ports, so ist es zumeist zweckdienlicher, nicht einen Port oder eine IP-Adresse freizugeben, sondern den hereinkommenden Datenverkehr zu einer definierten Applikation.
Bildschirmschoner/Abschalten von Gerätschaften am Ende des Arbeitstages	Das automatische Sperren des Bildschirms nach einer, möglichst kurzen, voreingestellten Zeitspanne ist immer dann erforderlich, wenn die Mitarbeiter nicht bereit sind, diesen Vorgang beim Verlassen des Arbeitsplatzes selbstständig vorzunehmen. Den Arbeitsplatzrechner am Ende des Arbeitstages herunterzufahren, ist eine zusätzliche Maßnahme, um zu verhindern, dass ein Angreifer über einen DMA-Angriff direkt auf den Hauptspeicher eines aktiven Rechners zugreifen kann. In diesem Fall erfolgt der Angriff auf ein laufendes Gerät durch Anbringen einer Gerätschaft, dem direkten Zugriff auf den Arbeitsspeicher, die Manipulation des Betriebssystems oder von Anwendungen und dem Auslesen von Passwörtern und Daten.

4.8.2 Aufgabe: Sicherer Administrations-PC

Output	Erweiterung der Richtlinie »Umgang mit Gerätschaften des Unternehmens« um spezielle Anforderungen für die Arbeitsplatzrechner von Administratoren
Sicherheitslevel	Basissicherheit

Angenommen, ein Angreifer hat es geschafft, einen Trojaner auf dem Arbeitsplatzrechner eines Administrators zu installieren. Meldet sich dieser Administrator nun auf seinem Rechner in seiner Rolle als Administrator an, so hat dieser Trojaner in diesem Moment dieselben Zugriffsrechte, wie sie auch der Administrator hat. Ähnlich sieht es aus, wenn der gleiche Administrator im Internet eine speziell präparierte Webseite aufruft. Auch in diesem Fall wird ein Skript, das sich lokale Rechte auf dem PC, auf dem der Browser läuft, im Kontext des Administrators agieren können. Aus diesem Grund existiert die Regel, dass sich Administratoren niemals in ihrer Rolle als Administrator an ihrem Arbeitsgerät anmelden dürfen. Aber selbst wenn diese Regel umgesetzt wird, so bleiben Risiken bestehen. Ruft der Benutzer ein Administrationstool auf, so könnten die Anmeldedaten im Hauptspeicher unter Umständen ausgelesen werden, falls bereits eine entsprechende Schadsoftware lokal installiert ist. Über sogenannte DMA-Angriffe kann dies zudem relativ einfach während des laufenden Betriebs geschehen, selbst wenn der Benutzer den Rechner gesperrt hat. Aus diesen Gründen sollten weiterführende Regeln aufgestellt werden, die wie folgt aussehen könnten:

Erste Regel

Der Zugriff auf hoch sensibel eingeschätzte IT-Systeme (mittels Administrationswerkzeuge oder durch Fernzugriff) darf nur von Rechnern aus geschehen, die entsprechend gut geschützt sind. Dazu sind auf diesen Rechnern alle Schutzmaßnahmen, wie Patchmanagement oder Virenscanner, umzusetzen und laufend zu überprüfen.

Zweite Regel

Die Installation von Software auf den Arbeitsstationen der Administratoren muss eingeschränkt sein. Nur entsprechend geprüfte Applikationen dürfen dort installiert werden. Testversionen neuer Software und ähnlich unsichere Applikationen sollten auf weiteren, speziell dafür ausgerüsteten Testarbeitsplätzen ausgerollt werden. Diese Regel gilt im Speziellen auch für die Nutzung von Software, die mit Rechnern im Internet kommuniziert. Dazu zählen der Webbrowser und die dort implementierten Add-ons genauso wie der Adobe Flashplayer und ähnliche Tools. Diese sind auf den zu schützenden Workstations stark einzuschränken und zeitnah zu aktualisieren.

Dritte Regel

Die Anmeldung sollte über eine Mehrfaktoren-Authentifizierung geschehen. Sich rein auf Username und Kennwort zu beschränken, ist bei diesen speziell zu sichernden Workstations nicht angebracht. Viele Rechner bieten direkt die Nutzung von Smartcards an. Dafür ist allerdings die Bereitstellung einer Zertifikats-Infrastruktur erforderlich.

Vierte Regel

Der physische Zugang zu Gerätschaften der Administratoren sollte beschränkt sein. Spezielle Büros mit Zugangsschutz sind angemessen.

Fünfte Regel

Um den Rechner gegen die Folgen eines Diebstahls zu sichern, muss eine Festplattenverschlüsselung eingesetzt werden.

4.8.3 Aufgabe: Sichere Serversysteme

Output	Richtlinie »Härten von Servern«
Sicherheitslevel	Basissicherheit

Es ist festzustellen, dass viele Maßnahmen, die für die Arbeitsplatzrechner wichtig sind, auch bei Servern angewendet werden können. Dazu gehört die Installation von Antivirenprogrammen, der Einsatz eines funktionsfähigen Patchmanagements und die Installation einer lokalen Firewall. Was letztere Maßnahme betrifft, unterscheidet sich die Konfiguration wesentlich von der auf Clients, da der hereinkommende Datenverkehr natürlich nicht im selben Umfang eingeschränkt werden kann. Es gibt aber auch Ausnahmen wie z. B. Datenbankserver, die häufig nur auf einem Port auf hereinkommenden Datenverkehr lauschen und die auch dann uneingeschränkt funktionsfähig bleiben, wenn alle anderen Ports durch eine Firewall abgeschottet werden.

Ein weiterer Unterschied zu Arbeitsplatzrechnern ist, dass Server häufig nur eine kleine Anzahl an Services anbieten. Es kann sich dabei um den Datenbankdienst aus dem letzten Beispiel handeln, um Dateidienste oder Druckdienste. Es kann auch eine beliebige andere Software darauf installiert sein. Trotz dieser eingeschränkten Nutzung wird schon im Zuge der Basisinstallation eine Vielzahl weiterer Programme lokal installiert, die eigentlich nicht benötigt werden und die häufig einen offenen IP-Port mitbringen, der von außen erreichbar ist. Das gilt sowohl für Microsoft-Windows-Server als auch für Server, auf denen ein Unix-Derivat installiert ist. Diese nicht benötigten Programme zu deinstallieren und nicht benötigte, aber nicht entfernbare Dienste zu deaktivieren, ist der erste, sehr wichtige Schritt hin zu einem gehärteten Serversystem. Dieses Vorgehen wird aktiv von vielen Herstellern, wie auch Microsoft, unterstützt. Microsoft bietet zu diesem Zweck Skripte an, die auf einfache Weise ein solches Deaktivieren nicht benötigter Services automatisieren.

Neben den bereits erwähnten Maßnahmen zur Härtung von Servern sind viele weitere Möglichkeiten vorhanden, die speziell für sehr kritisch eingestufte Server auch genutzt werden sollten. Das bezieht sich natürlich in erster Linie auf diejenigen Geräte, die in einer demilitarisierten Zone (DMZ) aufgestellt sind und vom Internet aus direkt erreichbar sind. Neben diesen Servern ist aber auch immer zu überlegen, ob es nicht für einzelne Server angeraten ist, sie speziell zu härten, auch wenn sie im internen Netzwerk aufgestellt sind.

4.9 Themengebiet Physische Sicherheit

Referenz	ISO 27002 Kapitel 11 Physische Sicherheit (*physical and environmental security*)

Die Unterscheidung zwischen dem »bösen Internet« und dem »guten internen Netzwerk« ist weit verbreitet. Daraus leiten sich Regeln ab wie zum Beispiel, dass Server, die im internen Netzwerk aufgestellt sind, nicht besonders zu sichern sind, oder auch, dass die Verschlüsselung des Datenverkehrs nur nach extern zu gewährleisten ist. Diese Sicht stammt noch aus den Tagen der Mainframes und den daran direkt angeschlossenen Terminals und ist heute nur noch dann zu halten, wenn ein Unternehmen tatsächlich sicherstellen kann, dass zum einen die Firewall-Infrastruktur wirklich gegen Angriffe über das Internet schützt und dass der physische Zugang zu Räumlichkeiten des Unternehmens sicher unterbunden werden kann. Speziell der letztere Punkt wird häufig zu optimistisch gesehen. Bevor das Projekt fortschreitet, sollten sich alle Projektteilnehmer kurz fragen, wie sie es als Angreifer bewerkstelligen würden, in einem beliebigen Standort des Unternehmens Zugang zu einer aktiven Netzwerkdose zu bekommen. Vielleicht, indem sie zur Mittagszeit im Pulk das Gebäude betreten oder als Paketbote oder als Pizzabote etwas abliefern und sich dann selbstständig nach einer Netzwerkdose umsehen. Die Möglichkeiten sind so vielfältig wie das Leben und meine Erfahrung sagt mir, dass es nur ganz wenige Unternehmen gibt, die einen solchen Schutz wirklich aufrechterhalten können.

4.9.1 Aufgabe: Zutritt zum Unternehmen

Output	Richtlinie »Gebäudesicherheit«
Sicherheitslevel	**Basissicherheit** Der Zugang zu kritischen Bereichen im Unternehmen, in denen sensible Daten verarbeitet werden, wird restriktiv auf befugte Personen beschränkt. **Erweiterte IT-Sicherheit** Über die Basissicherheit hinaus werden Maßnahmen getroffen, die dafür sorgen, dass auch Bereiche wie die Produktentwicklung, Arbeitsplätze von Entwicklern und Administratoren, Verteilerschränke, IT-Infrastrukturen etc. speziell abgesichert werden.

Der Zutritt zum Unternehmen muss so geschützt sein, dass unbefugte Personen keinen Zutritt erhalten. Dies ist durch Maßnahmen wie der Etablierung eines Werkschutzes, der Einführung von Personenvereinzelungsanlagen im Eingangsbereich und der Zutrittskontrolle über Ausweise zu gewährleisten. Entsprechende Vorgaben adressieren über die IT-Abteilung hinaus alle Mitarbeiter und den Werkschutz.

Es ist davon auszugehen, dass es entsprechende Regelungen in Ihrem Unternehmen bereits gibt. Und vermutlich wird die Thematik an sich auch nicht am Bereich der IT-Sicherheit hängen, sondern eher am Bereich Gebäudemanagement oder dem Sicherheitsingenieur.

Regelungen zu diesem Thema werden nur dann ganzheitlich funktionieren, wenn das Gesamtkonzept stimmig ist, und hier ist vor allem die Mitarbeit aller Kollegen gefordert. Es muss klar geregelt sein, dass Ausweise offen getragen werden müssen, diese müssen schwer zu fälschen sein und Personen ohne Ausweis müssen darauf angesprochen werden, dass ihnen der Ausweis fehlt. In diesem Fall wird der Fragende Verantwortung übernehmen und das ist für viele Personen ein schwierigerer Vorgang, als man zunächst denkt.

Das sind die ersten Schritte zu einer stetigen Überwachung, wer sich im Gebäude befinden darf und wer nicht. Da dieses Thema einfache Regeln der Höflichkeit berührt, sollten solche Punkte offen diskutiert werden, und zwar mit allen Mitarbeitern. Jemandem die Zugangstüre zu einem gesicherten Bereich aufzuhalten, der beide Arme zum Tragen eines Pakets benötigt, ist ein Reflex. Diese Person dann noch zu fragen, wohin sie denn möchte, ist dann schon das Äußerste, was man tun möchte, ohne sich selbst als unhöflich zu empfinden. Wenn der Angreifer darauf eine halbwegs plausible Antwort hat, dann wird er kaum weiter aufgehalten werden. An dieser Stelle sei noch mal darauf hingewiesen, dass wir nicht unbedingt vom Zugang zum Rechenzentrum oder zur Vorstandsetage sprechen. Der Angreifer möchte in unserem Fall nur Zugang zu einer Netzwerkdose erlangen.

4.9.2 Aufgabe: Kritische Bereiche absichern

Input	Kritische Systeme
Output	Richtlinie »Rechenzentrum«
Sicherheitslevel	Basissicherheit

Die kritischen IT-Systeme werden üblicherweise in einem gesonderten Raum, dem Rechenzentrum, untergebracht sein. Dies muss aber nicht in jedem Fall so geregelt sein und deshalb gelten alle Vorgaben, die im Rahmen dieser Aufgabe erarbeitet werden, grundsätzlich auch für alle anderen Bereiche, in denen IT-Systeme aufgebaut sind oder Daten gespeichert werden. Für diese Räumlichkeiten müssen spezielle Vorgaben definiert sein. Die nachfolgenden Fragen zeigen einige der Perspektiven auf, über die man sich dabei Gedanken machen sollte:

- Wie ist der Zugang zum Raum selbst geregelt?
- Wer darf den Raum betreten?
- Wie sind der Raum und die darin aufgebauten Systeme gegen Einbruch oder Sabotage geschützt?
- Sind alle sensiblen IT-Systeme physisch sicher untergebracht?

- Sind alle IT-Systeme und das Netzwerk im Rechenzentrum gegen Umweltrisiken, wie Wasser, Unwetter und Ähnlichem, geschützt?
- Sind die IT-Systeme im Rechenzentrum gegen Stromausfall geschützt?
- Sind die IT-Systeme im Rechenzentrum gegen Überhitzung geschützt?
- Sind die IT-Systeme im Rechenzentrum gegen Vibration, z. B. von der Produktion stammend, geschützt?

Der Schutzbedarf des Rechenzentrums oder auch jeder anderen Räumlichkeit entspricht grundsätzlich dem Schutzbedarf des am höchsten klassifizierten darin befindlichen IT-Systems. Davon abgeleitet ist nicht jeder Raum, in dem sich IT-Systeme befinden, gleich stark abzusichern. Aus diesem Grund empfiehlt es sich, zunächst festzustellen, welcher Klassifizierungsstufe die IT-Systeme, die sich in einer Räumlichkeit befinden, zuzuordnen sind. Stellt man bei dieser Inventur fest, dass sich ein sensibles System unter dem Schreibtisch eines Mitarbeiters befindet, dann sollte dieses zunächst in das Rechenzentrum umziehen. Sind diese Arbeiten vollzogen, dann fällt es durchweg leichter, jede Räumlichkeit, in der sich IT-Systeme befinden, jeweils zu klassifizieren. Dies geschieht in Kategorien wie z. B. »Rechenzentrum Sicherheitsstufe Hoch« oder auch »Rechenzentrum Sicherheitsstufe Niedrig«. Für jede dieser Sicherheitseinstufungen sind im Folgenden dedizierte Vorgaben zu machen, die jeweils Bezug zu den eingangs gestellten Fragen haben.

Die folgende Tabelle zeigt fiktive Parameter auf, die eine mögliche Regelung zum physischen Schutz von IT-Systemen enthalten könnte:

Vorgabe	Rechenzentrum Sicherheitsstufe Niedrig	Rechenzentrum Sicherheitsstufe Hoch
Zugang zum Rechenzentrum	Zugang mittels Schlüssel Schriftliches Protokoll, wer das Rechenzentrum betritt Gäste dürfen nur in ständiger Begleitung von IT-Fachpersonal Zugang erhalten.	Zugang mittels individueller Zugangskarte und einer PIN. Wöchentliche Auswertung des Zugangsprotokolls. Gäste dürfen nur in ständiger Begleitung von IT-Fachpersonal Zugang erhalten. Mittels Videoüberwachung wird der Zugang zum Rechenzentrum dokumentiert.

Vorgabe	Rechenzentrum Sicherheitsstufe Niedrig	Rechenzentrum Sicherheitsstufe Hoch
Physischer Schutz	Türen müssen einbruchsicher sein. Fenster nach außen müssen vergittert sein.	Türen müssen einbruchsicher sein. Fenster nach außen sind nicht erlaubt. Die Wände müssen solide aufgebaut sein. Wenn möglich, soll sich das Rechenzentrum nicht an einer Außenwand des Gebäudes befinden.
Architektur	Sauberer Aufbau aller Komponenten	Die Verkabelung soll strukturiert erfolgen. Dafür kann ein Doppelboden oder aber eine Leitungsführung oberhalb der Serverschränke vorgesehen werden.
Schutz gegen Feuer	Ein entsprechend dimensioniertes Feuerlöschsystem muss vorhanden sein. Entsprechende Feuermelder und ein Meldesystem müssen implementiert sein. Brandschutzübungen müssen mindestens einmal im Jahr durchführt werden. Wird ein sauerstoffunterdrückendes Gas zur Brandbekämpfung eingesetzt, dann ist zudem die Evakuierung des Rechenzentrums zu üben. Brennbares Material darf sich nicht im Rechenzentrum befinden.	Ein entsprechend dimensioniertes Feuerlöschsystem muss vorhanden sein. Entsprechende Feuermelder und ein Meldesystem müssen implementiert sein. Brandschutzübungen müssen mindestens einmal im Jahr durchführt werden. Wird ein sauerstoffunterdrückendes Gas zur Brandbekämpfung eingesetzt, dann ist zudem die Evakuierung des Rechenzentrums zu üben. Brennbares Material darf sich nicht im Rechenzentrum befinden.

Vorgabe	Rechenzentrum Sicherheitsstufe Niedrig	Rechenzentrum Sicherheitsstufe Hoch
Brandabschnitte	Die Daten und das Backup müssen in verschiedenen Brandabschnitten untergebracht sein.	Die Daten und das Backup müssen in verschiedenen Brandabschnitten untergebracht sein. Kritische Systeme, die redundant ausgelegt sind, müssen sich jeweils in unterschiedlichen Brandabschnitten befinden.
Stromversorgung	Eine unterbrechungsfreie Stromversorgung muss implementiert sein.	Eine unterbrechungsfreie Stromversorgung muss implementiert sein. Generatoren übernehmen nach einer definierten Zeitspanne die Stromversorgung für mindestens weitere 24 Stunden.
Computerschränke	IT-Systeme müssen in dafür vorgesehenen Computerschränken untergebracht sein.	IT-Systeme müssen in dafür vorgesehenen Computerschränken untergebracht sein. Alle Schränke müssen stets verschlossen sein. Die Entnahme der jeweiligen Schlüssel muss protokolliert werden.
Klimatisierung	Entsprechend der Wärmeabgabe der IT-Systeme müssen geeignete Geräte zur Klimatisierung installiert sein.	Entsprechend der Wärmeabgabe der IT-Systeme müssen geeignete Geräte zur Klimatisierung installiert sein. Um die Verfügbarkeit zu erhöhen, ist der Ausfall eines einzelnen Systems einzukalkulieren und entsprechend durch redundante Systeme auszugleichen.
Lageplan	Der Pforte muss ein Lageplan des Rechenzentrums zur Verfügung stehen.	Im Empfang muss ein Lageplan des Rechenzentrums zur Verfügung stehen. Alle IT-Systeme müssen unter Angabe ihrer Klassifizierung dokumentiert sein.

Vorgabe	Rechenzentrum Sicherheitsstufe Niedrig	Rechenzentrum Sicherheitsstufe Hoch
Schutz gegen Umwelteinflüsse		Das Rechenzentrum muss gegen möglicherweise lokal auftretende Umwelteinflüsse geschützt sein. Dazu können Überflutungen oder Erdbeben gehören.
Netzwerkkomponenten und Verkabelung	Alle Netzwerkkomponenten müssen sicher untergebracht sein.	Alle Netzwerkkomponenten müssen sicher untergebracht sein. Über strukturierte Verkabelung und eine aktuelle Kennzeichnung wird sichergestellt, dass jederzeit eine schnelle Identifizierung von Kabelstrecken möglich ist.
Tests	Alle Maßnahmen, die in dieser Regelung vorgegeben sind, müssen mindestens einmal im Jahr begutachtet bzw. getestet werden.	Alle Maßnahmen, die in dieser Regelung vorgegeben sind, müssen mindestens einmal im Jahr begutachtet bzw. getestet werden.

4.10 Themengebiet Netzwerk

Referenz	ISO 27002 Kapitel 13 Netzwerksicherheit (*network security management*)

Während dedizierte IT-Systeme wie Arbeitsplatzrechner, Server, aber auch Smartphones genau zu lokalisieren und damit »fassbar« sind, gilt dies nicht für Daten, die über das Netzwerk übermittelt werden. Die Grenzen verschwimmen und je nach Routing werden Daten über interne oder auch externe Netze transportiert. Aus diesem Grund ist es zwar umständlicher, aber durchaus gewinnbringend, an Daten zu kommen, indem man den Netzwerkverkehr abhört und speichert. Ein weiterer Vorteil eines solchen Angriffs ist das kaum vorhandene Risiko der Entdeckung. Das passive Mithören des Datenverkehrs oder auch des Sprachverkehrs bei Voice-over-IP-Telefonaten ist schwer aufzudecken. Damit handelt es sich hier um einen sehr weit gefächerten Themenkomplex, für dessen Sicherung man sowohl Zeit und Ressourcen als auch tief gehende Fachkenntnisse benötigt.

4.10.1 Aufgabe: Datenübertragung und Verschlüsselung

Output	Richtlinie »Datenübertragung und Verschlüsselung«
Sicherheitslevel	**Basissicherheit** Hoch und sehr hoch klassifizierte Daten werden ausschließlich verschlüsselt über das Internet verschickt. Dazu setzt man einfache symmetrische Verschlüsselung ein. Passwörter werden auch über das interne Netzwerk nur verschlüsselt übertragen. **Erweiterte IT-Sicherheit** Daten werden grundsätzlich verschlüsselt über das Internet gesendet. Dadurch verhindert man, dass Benutzer zu niedrig klassifizierte Daten ungesichert versenden. Auch innerhalb des Unternehmens werden möglichst viele Daten verschlüsselt versendet, z. B. zwischen Mailservern. Intern übermittelte Daten werden, falls technisch möglich, verschlüsselt.

Laufend werden Daten innerhalb des lokalen Netzwerks (LAN), zwischen Lokationen, also über Weitverkehrsstrecken (WAN), und über das Internet ausgetauscht. Dabei werden oftmals alle drei Netzwerke nacheinander genutzt. Grundsätzlich haben aber nicht alle drei Netzwerke die gleiche Sicherheitseinstufung. Üblicherweise ist das LAN eher unter Kontrolle der eigenen IT-Abteilung, während das WAN aus einer angemieteten Leitung besteht, deren Endpunkte häufig genug unter der Kontrolle eines Providers stehen. Ab der Firewall über das Internet ist die Überwachung der Sicherheit der Daten überhaupt nicht mehr zu gewährleisten. Damit ist natürlich nicht gesagt, dass die Daten, solange sie im LAN verbleiben, sicher sind. Die heutige Vielzahl an Zugängen zum LAN, wie Wireless LAN oder VPN-Zugänge, ganz zu schweigen von Personen, die ein Gebäude des Unternehmens betreten und einfach einen Netzwerkanschluss nutzen, ist groß und damit ist auch das Risiko groß, dass sich Unbefugte darin bewegen.

Daraus lässt sich die Schlussfolgerung ziehen, dass Daten einer definierten Klassifizierungsstufe grundsätzlich zu verschlüsseln sind, bevor sie über ein Netzwerk übertragen werden. Das ist auch korrekt so, aber in vielen Fällen nicht praktikabel. Deshalb sind die meisten Unternehmen gezwungen, Verschlüsselung nur für

- sehr hoch klassifizierte Daten und
- Daten, die über ein unsicheres Netzwerk übermittelt werden,

zu verschlüsseln. Diese Festlegung soll Bestandteil der Richtlinie »Datenübertragung und Verschlüsselung« sein. Daten zu verschlüsseln, ist technisch gesehen nicht ganz einfach. Macht man es richtig, dann wählt man eine asymmetrische Verschlüsselungsart, wie z.B. PGP. Hier verschlüsselt der Sender die Daten mit dem öffentlichen Schlüssel des Empfängers und der wiederum entschlüsselt die Daten mit seinem privaten Schlüssel. Handelt es sich immer um die gleichen zwei Personen, dann ist ein solcher Prozess durchaus machbar. Sendet man aber an viele neue Empfänger oder auch Personen in anderen Unternehmen, dann stößt man schnell an Grenzen der Verwaltbarkeit. Dazu kommt, dass die asymmetrische Verschlüsselung vergleichsweise langsam ist und man deshalb auf einen Mechanismus ausweicht, bei dem nur der Schlüsselaustausch asymmetrisch geschieht, während die Verschlüsselung der Daten selbst symmetrisch (z.B. per AES-Verschlüsselung) vorgenommen wird.

Der Weg zu einer Lösung besteht immer darin, zunächst genau festzulegen, **welche Daten** über **welches Netzwerk** (bzw. Zone) **wie behandelt** werden müssen. Dazu macht es Sinn, die Tools festzuschreiben, die zur Verschlüsselung genutzt werden müssen. Das kann z.B. eine Software zur Komprimierung sein, die auch die Verschlüsselung beherrscht. Eine Richtlinie für den Versand von sicheren E-Mails könnte beispielhaft folgenden Inhalt haben:

- E-Mail-Attachments mit hoher und sehr hoher Klassifizierungsstufe, die über das Internet versendet werden, müssen verschlüsselt werden.
- Zur Verschlüsselung muss das Produkt ABC-Komprimierer eingesetzt werden und dabei die Verschlüsselung der Daten aktiviert werden. Das dafür verwendete Passwort muss mindestens 16 Zeichen lang sein.
- Das Passwort muss mit dem Empfänger per Telefon ausgetauscht werden. Bei jedem Versand muss ein neues Passwort verwendet werden.

Jede Vorgabe muss durch Schulungsmaßnahmen unterstützt werden. In diesem Fall soll der Benutzer nicht nur Zugriff auf das vorgeschriebene Programm haben, sondern auch fähig sein, es korrekt zu benutzen.

Während das eben aufgeführte Beispiel die Benutzer adressiert, müssen auch Vorgaben für die IT-Fachabteilung vorhanden sein, wie bei technischen Implementierungen mit dem Thema Verschlüsselung umzugehen ist. Dafür bieten sich Vorschriften an, die z.B. folgende Felder abdecken könnten:

- Datenübermittlung über das WAN
- Datenübermittlung über Schnittstellen, wie z. B. Daten aus dem SAP in das Microsoft-Exchange-Mailsystem
- Pflicht zur Nutzung von VPN-Verbindungen, wenn es um die Kommunikation zwischen Unternehmen geht
- Verschlüsselung der Verbindungen zwischen Mail-Servern
- Ausschließliche Nutzung HTTPS anstelle von HTTP auf Webservern
- Vorschrift, dass nur sichere Varianten von FTP erlaubt sind, also z. B. SFTP
- Für alle Remote-Shell-Verbindungen die jeweils sichere, verschlüsselte Version vorschreiben
- Sehr hoch klassifizierte Daten auf Datenservern können explizit verschlüsselt werden.
- Für komplexe IT-Systeme, wie z. B. SAP, existieren üblicherweise Verfahren, um die Sicherheit bei der Datenübertragung zu erhöhen. Diese sollten evaluiert und auch eingesetzt werden.

4.10.2 Aufgabe: Verbindungen zu anderen Unternehmen

Output	Richtlinie »Virtual Private Networks (VPN)«
Sicherheitslevel	Basissicherheit

Unternehmen kommunizieren untereinander nicht nur mittels E-Mail. Häufig genug ist es zudem erforderlich, große Datenmengen auszutauschen oder aber auch gegenseitig auf IT-Systeme zuzugreifen. Zu diesem Zweck werden dedizierte Verbindungen zwischen den Unternehmen implementiert. Dabei kann es sich um normale Standleitungen handeln, die jeweils an den Firewalls der beiden Unternehmen terminieren, oder aber um Virtual-Private-Network-Verbindungen (VPN), die genauso an den Firewalls der beiden Unternehmen jeweils beginnen und enden. Natürlich ist eine Firewall hierfür nicht erforderlich. Ein VPN-Konzentrator muss nicht mit einer Firewall verbunden sein, er könnte die Verbindung auch direkt mit einem Router herstellen. Dies ist aber aus Sicht der IT-Sicherheit ein hohes Risiko, da in diesem Fall die Implementierung eines Regelwerks auf dem Router fehleranfällig, weniger flexibel, sicherheitstechnisch auf niedrigerem Niveau und zudem schwerer zu warten ist.

Der Vorteil einer Firewall ist der, dass die hereinkommende (*inbound*) VPN-Verbindung so wie auch die Verbindung zum Internet mithilfe eines Regelwerks kontrolliert werden kann. So ist es möglich, dem Geschäftspartner nur den Zugriff auf explizit benannte IT-Systeme zu erlauben. In diesem Zusammenhang sollte man sich die Unterschiede von Zugriffsregeln auf Routern und Techniken wie den Stateful-Inspection-Firewalls anschauen.

Ein weiterer Aspekt ist die Sicherheit während der Übermittlung der Daten. Die IT-Sicherheit sollte auch in diesem Fall dem Schutzbedürfnis der übermittelten Daten angemessen sein. Werden Daten für einen ungemein wichtigen Prototyp übermittelt, dann kann die Schutzmaßnahme z.B. darin bestehen, dass diese Daten verschlüsselt übertragen werden. Die Art der Verschlüsselung wird bei der Etablierung der VPN-Verbindung einmal festgelegt und es gelten dieselben grundsätzlichen Dinge, wie sie bei der Verschlüsselung von Daten immer wichtig sind: Die Art der Verschlüsselung muss sicher sein und die Qualität und die Sicherstellung der Vertraulichkeit des Schlüssels müssen gewährleistet sein. Das ist schon dann nicht mehr der Fall, falls ein Preshared Key (PSK) verwendet wird, der direkt mit der Mail, die die Parameter des VPN-Tunnels enthält, mit übermittelt wird. Auch hier gilt, dass Zertifikate vorzuziehen sind oder aber, falls dies nicht möglich ist, lange Schlüssel, die per Telefon oder von Angesicht zu Angesicht übergeben werden.

4.10.3 Aufgabe: Trennung von Netzwerken

Output	Richtlinie »Trennung von Netzwerken«
Sicherheitslevel	**Basissicherheit** Einzelne IT-Systeme werden über kleine Firewalls (lokale Firewalls) mit einfachen Regeln vom Rest des Unternehmensnetzwerks abgeschottet. **Erweiterte IT-Sicherheit** Ein ganzheitliches Konzept zur Abschottung von Benutzern, IT-Systemen und Ressourcen wird implementiert. Über ein Zonenkonzept wird geregelt, welche IT-Systeme mit welchen Kommunikationspartnern Daten austauschen können.

Ein Unternehmensnetzwerk sollte wie eine Zwiebel aufgebaut sein. Die äußere Schale stellt das Verteidigungs-perimeter gegen den Zugang aus dem Internet, über VPNs oder Wireless LAN dar. Die Benutzer arbeiten in der zweiten Schicht, wobei es auch hier eine Unterteilung in verschiedene Benutzerklassen geben kann. Diese können regional, basierend auf ihrem Freigabelevel oder auch rein organisatorisch begründet sein. Die IT-Systeme wiederum befinden sich auf weiteren, tieferen Schichten dieser Zwiebel.

Der Sinn des ganzen Unterfangens ist die Abschottung von Benutzern von Ressourcen und beide wiederum von weiteren IT-Systemen. Sogenannte interne Firewalls verwalten dabei die Zugänge zwischen den verschiedenen Schichten und erlauben eine feine Granulierung, welches Objekt welche Rechte auf welche anderen Objekte erhält.

Dies klingt nicht nur sehr aufwendig, es ist es auch. Jede Firewall muss eigens konfiguriert und laufend angepasst werden, falls man es sinnvoll umsetzen möchte. Das wird ganzheitlich nur in Unternehmen oder Institutionen stattfinden, in denen die IT-Sicherheit extrem wichtig ist oder aber IT-Systeme genutzt werden, die Schwachstellen haben, die nicht durch Maßnahmen behoben werden können. Das können z. B. Produktionsmaschinen mit installiertem Embedded Windows XP sein, deren Aufrüstung sechsstellige Beträge kosten würde. In diesem Fall ist es unter Umständen günstiger, diese Systeme von dem Rest des Netzwerks zu isolieren (*device isolation*). Auch hier gilt die Regel, dass man durch geschickte Installationen den Aufwand stark verringern kann und dennoch die am kritischsten eingeschätzten IT-Systeme und Daten absichern kann. In diesem Fall nutzt man diese Technik also nur punktuell für die kritischsten IT-Systeme.

4.10.4 Aufgabe: Regeln zum Zugang zum internen Netzwerk

Input	Kritische Daten Kritische IT-Systeme
Output	Richtlinie »Zugang zum internen Netzwerk«
Sicherheitslevel	Erweiterte IT-Sicherheit

Den Zutritt zum Unternehmen allgemein und zu kritischen Bereichen im Speziellen zu kontrollieren und restriktiv zu handhaben, ist immer der erste

Schritt, wenn es darum geht, unbefugte Personen daran zu hindern, Know-how zu stehlen oder Sabotage zu begehen. Diese Maßnahmen adressieren, neben dem einfachen Einstecken eines Laptops in eine Netzwerkdose auch den Diebstahl von Daten auf Papier wie Aktenordnern oder von Hardware wie z. B. Prototypen oder Komponenten. Der Zugang über das Internet oder auch das Wireless LAN bezieht sich dann auf Angreifer, die von außen versuchen, in das Netzwerk einzudringen.

In der Aufgabe »Regeln zum Zugang zum internen Netzwerk« geht es nun vorrangig darum, zu verhindern, dass Personen, die bereits den Weg in das Unternehmen gefunden haben, sich in das Netzwerk einklinken können. Die ersten Schutzmaßnahmen, wie der Zugangsschutz, haben in diesem Fall bereits versagt und der Angreifer sitzt entweder an einem beliebigen Arbeitsplatz oder aber in einem Besprechungsraum und hat seinen Laptop vor sich liegen, auf dem seine Tools installiert sind, die er benötigt, um die internen Barrieren der IT-Sicherheit zu durchbrechen.

Hinweis

Es gilt die Regel, dass je näher ein Angreifer an sein Objekt der Begierde, in diesem Fall das interne Unternehmensnetzwerk, kommt, der Aufwand, diesen Angriff zu verhindern, umso stärker ansteigt.

In den meisten Unternehmen wird es genügen, wenn der Angreifer seinen Laptop an eine vorhandene Netzwerkdose anschließt. Die IT-Infrastruktur wird ihm eine IP-Adresse zuweisen und schon ist er im Netzwerk und kann beginnen, seinen Plan zu verfolgen. Wenn dies geschieht, gibt es drei Kategorien an Maßnahmen, die greifen könnten, um diesen Angriff zu stören:

- Der Angreifer erhält keine IP-Adresse, da diese nur entsprechenden Gerätschaften mit definierten Zertifikaten, oder auch anderen Authentifizierungsmerkmalen, zugeordnet werden.
- Der Angreifer bekommt zwar Zugang zum Netzwerk, alle kritischen IT-Systeme und mit ihnen auch die kritischen Daten sind durch interne Firewalls abgesichert und er erhält keinen Zugriff darauf.
- Der Versuch, sich Zugang zu verschaffen, wird durch entsprechende Agenten gemeldet, abgeblockt und der Werkschutz wird alarmiert.

Gleichgültig, welche technischen Hilfsmittel eingesetzt werden, ob Intrusion Prevention Systeme (IPS), Zertifikate oder Firewalls, der Aufwand der Implementierung und des Betriebs sind nicht zu unterschätzen. Aus diesem Grund sind kaum Lösungen in Unternehmen im Einsatz, die eine 100%ige Abdeckung adressieren. Durch geschickte Verknüpfung verschiedener Lösungen ist aber auch hier eine Steigerung der IT-Sicherheit möglich, ohne den Aufwand zu sehr in die Höhe zu treiben. Auch hier gilt wieder, dass zunächst die kritischen IT-Systeme und Daten zu schützen sind.

Eine solche Lösung, z.B. für die Sicherung der SAP-Systeme könnte folgendermaßen aussehen: Eine kleine Firewall wird zwischen dem Unternehmensnetzwerk und den kritischen SAP-Datenbankservern eingerichtet. Das Ziel ist hierbei, dass primär nur noch die SAP-Anwendungsserver direkt auf die Datenbankserver zugreifen dürfen. Damit auch Administratoren weiter arbeiten können, werden deren Netzwerke direkt, z.B. über VLANs, dafür berechtigt, auch auf die Datenbankserver zuzugreifen. Die Zugänge zu diesen Administrationsnetzwerken wiederum sind durch geschlossene Bereiche gesichert oder aber genau für diese Fälle wird der Zugang mittels Zertifikaten implementiert. In diesem Fall werden punktuell verschiedene mögliche Maßnahmen ergriffen, um zumindest die sehr hoch klassifizierten Daten zu schützen. Die Liste mit den kritischen Daten und den kritischen IT-Systemen liefert einen Ansatzpunkt, wo die Maßnahmen zuerst umgesetzt werden sollten.

4.11 Aufgabe: Skript- und Softwareentwicklung

Output	Richtlinie »Skript- und Softwareentwicklung«
Sicherheitslevel	Basissicherheit
Referenz	ISO 27002 Kapitel 14 Sichere Softwareentwicklung

Auch wenn es auf den ersten Blick nicht offensichtlich ist: So gut wie jedes Unternehmen entwickelt eigene Software. Dies betrifft nicht nur Unternehmen mit großen Abteilungen, in denen Mitarbeiter sitzen, die dediziert an Softwareprodukten arbeiten, sondern auch jeden Administrator, der mit Shell-Skripten Datenbanken füllt oder auch nur mittels eines Login-Skripts Daten auf einen Datenserver schreibt. Immer, wenn es darum geht, mittels selbst geschriebener Software oder eigener Skripte Daten zu erzeugen, zu verändern oder zu löschen, müssen Vorsichtsmaßnahmen greifen, um einer versehentlichen Löschung oder Änderung vorzubeugen und um den Missbrauch zu verhindern. Zu diesem Themenkomplex kommt noch hinzu, dass solcherart Zugriff sehr häufig mit Konten und Passwörtern geschieht, die kaum versteckt in den Skripten oder kleinen Programmen mitgeführt werden. Diese Zugangsdaten zu entwenden und dann für die eigenen Zwecke zu nutzen, ist dann nur noch ein kleiner Schritt.

Eine Richtlinie für die Entwicklung von Skripten und von Softwareprodukten wird natürlich zunächst nur einige Punkte gemeinsam haben, da damit kleine Zehnzeiler mit Produkten zusammengeworfen werden, die auch mal Monate oder gar Jahre in Teamarbeit entwickelt werden.

Die gemeinsamen Punkte betreffen folgende Sicherheitsregeln, wobei zu beachten ist, dass die Sicherheitsvorkehrungen von der Klassifizierung der betroffenen Daten abhängig sind:

- Benutzerkonten und Passwörter dürfen nicht mittels Reengineering aus den Skripten oder Programmen extrahiert werden können.
- Es ist verboten, Kontendaten und Passwörter unverschlüsselt über das Netzwerk zu übertragen.
- Jedes Mal, bevor ein Zugriff auf Daten durch das Skript oder das Programm erfolgt, muss die Autorisierung neu überprüft werden. Dies ist wichtig für den Fall, dass zwischenzeitlich die Berechtigung für den Zugriff entzogen wurde.
- Vor dem Einsatz in einer Produktivumgebung müssen Funktionstests durchgeführt werden.
- Ein Freigabeprozess regelt die Freigabe für den Einsatz in der Produktivumgebung.
- Bei jedem Entwicklungsschritt ist die IT-Sicherheit neu mit zu bedenken. Bei der Entwicklung von Skripten kann dies einmalig zu Beginn erfolgen. In Softwareprojekten findet dies bei jedem Projektschritt statt.
- Eine Änderungshistorie dokumentiert Funktionsänderungen fortlaufend.
- Ob Skript oder großes Softwareprojekt, der Code muss dokumentiert sein.
- Es ist sicherzustellen, dass die Programmierer über die Sicherheitsrisiken Bescheid wissen und über das Know-how verfügen, die Software sicher zu erstellen.

Für Softwareprojekte gelten weitergehende Regeln, die bei der Entwicklung von kleinen Skripten überdimensioniert wären:

- Der Transport vom Entwicklungs- zum Qualitäts- hin zum Produktivsystem muss einem definierten Prozess unterworfen sein. Dieser beinhaltet umfassende Freigabemechanismen.
- Innerhalb des Softwareprojekts soll es eigene IT-Sicherheits-Meilensteine geben.
- Softwareänderungen müssen über den implementierten Änderungsprozess gesteuert werden.
- Zur Versionskontrolle sollten Werkzeuge eingesetzt werden.
- Die Software muss mittels Penetrationstests auf Schwachstellen überprüft werden.

5 Audits durchführen

5.1 Das Audit und seine Komponenten

5.1.1 Die Grundzüge

Output	Dokument »Beschreibung Audit-Prozess« (*audit charter*)
Sicherheitslevel	Basissicherheit
Referenz	COBIT

Die Natur eines Audits besteht darin, die Umsetzung und idealerweise auch die Wirksamkeit vorher aufgestellter Regeln zu überprüfen. Auch wenn dies häufig nicht ganz zu Unrecht mit regelmäßigen, aber meist seltenen Begehungen und Interviews in Verbindung gebracht wird, greift dieses Verständnis zu kurz. Die Überprüfung von Regeln, die der IT-Sicherheit dienen, geschieht laufend und muss ein Teil der Unternehmenskultur werden. So sollte sich ein Projektleiter eines beliebigen Projekts ganz automatisch selbst fragen, ob die Verarbeitung von Daten im Rahmen seines Projekts auch wirklich die Erfordernisse an deren Sicherheit erfüllt. Traut sich der Projektleiter selbst eine solche Bewertung nicht zu, dann wird er seinen Ansprechpartner in der IT-Sicherheitsorganisation dazu befragen. Diese Vorgehensweise ist für alle Ebenen wichtig. Von der Unternehmensleitung bis hin zum Dateneigentümer müssen die Regeln bekannt sein und die eigene Vorgehensweise hinterfragt werden. Die flächendeckende Überprüfung geschieht darauf aufbauend im Rahmen der Durchführung von strukturierten Audits durch entsprechend geschulte Auditoren.

Auch für die Durchführung von Audits existieren international anerkannte Vorgehensweisen. Eine der wichtigeren stützt sich auf den Standard COBIT und mündet in den Schulungen und schlussendlich der Zertifizierung zum CISA, zum »Certified Information Systems Auditor«. Die im Rahmen dieses Programms erworbenen Fähigkeiten sind weitgehend umfassend und befähigen den aufmerksamen Teilnehmer, den Gesamtkomplex des Arbeitsgebiets eines Auditors zu verstehen und die Tätigkeit in einem Unternehmen umzusetzen. Wie im Zusammenhang mit anderen Best Practises und Standards auch ist es leichter, die Norm zu verstehen, die Inhalte der Schulungsunterlagen einzustudieren und die Zertifizierungsprüfung abzulegen, als das Erlernte später im eigenen Unternehmen umzusetzen. Das gilt besonders dann, wenn das eigene Unternehmen nicht ganz dem beschriebenen Ideal bezüglich des Verständnisses für die automatische Vorabprüfung in Projekten, den organisatorischen Stellen und den bereits implementierten Prozessen entspricht.

Hinweis

Der Maßgabe der Effizienz und der Umsetzbarkeit auch in kleineren Unternehmen folgend werden wir uns im Rahmen des Projekts auf ein Vorgehensmodell konzentrieren, das zum einen effektiv ist und auf dem bereits Erarbeiteten aufbaut, aber zum anderen auch den grundsätzlichen, international anerkannten Regeln für ein IT-Sicherheitsaudit folgt.

Immer wieder wurde betont, dass IT-Sicherheit nicht durch die Implementierung einer Software oder durch eine einzelne Maßnahme geschaffen wird, sondern nur dann wirklich funktioniert, wenn darüber hinaus ein Prozess der stetigen Verbesserung in Gang gesetzt wird. Die Überprüfung von Umsetzung und Wirksamkeit der zuvor aufgestellten Regeln und auch die Überprüfung dessen, was man durch Schaffung von Transparenz zu wissen glaubt, sind demnach entscheidende Aufgaben, wenn man die IT-Sicherheit weiterentwickeln möchte. Aus diesem Grund sind die **Qualität der Ergebnisse** und die **Quantität der untersuchten Felder** von entscheidender Bedeutung. Ein laxes Audit, das die wirklichen Problemfelder übersieht, schwächt das Sicherheitsniveau und nicht zuletzt auch die Reputation der Mitglieder der IT-Sicherheitsorganisation. Ganz zu schweigen davon, dass ein durch Externe durchgeführtes Audit, das Abweichungen aufdeckt, die vom internen Audit übersehen wurden, ein denkbar schlechtes Licht auf die gesamte Organisation wirft.

Hinweis

Damit sind die Aufgaben des Schritts »Audits durchführen« recht genau umrissen: Mit möglichst geringem Aufwand soll ein Audit-Prozess beschrieben und implementiert werden, der eine hohe Qualität an Ergebnissen liefert und dabei weitgehend flächendeckend die Vorgaben aus der IT-Sicherheit auf Umsetzung und Wirksamkeit überprüft.

Die Aufgabe, die im Rahmen dieses Kapitel abgearbeitet werden soll, besteht im Wesentlichen darin, ein Dokument zu erstellen, das die grundlegenden Bestandteile eines Audits beschreibt und die Vorgehensweise für das Unternehmen definiert. Diese grundlegenden Bestandteile werden nachfolgend aufgeführt und näher beschrieben. Sie zu definieren dient dem Zweck, allen Beteiligten, nicht zuletzt dem Fachbereich, ein verlässliches Vorgehen darzustellen und die Verantwortlichkeiten der verschiedenen Stellen zu definieren. Da auch ein Audit immer mit Aufwand verbunden ist und sich in diesem Fall dieser Aufwand über die verschiedensten Bereiche im Unternehmen erstrecken kann, ist es absolut erforderlich, die dabei entstehenden Herausforderungen von vornherein zu entschärfen, und am besten gelingt dies durch Offenlegung der Prozesse. Dazu kommt, dass die Qualität eines Audits im Grunde von allen Bestandteilen abhängt, die ein Audit üblicherweise ausmachen. Es ist also nicht möglich, an nur einer Stellschraube zu drehen und damit automatisch das Qualitätsniveau zu erreichen, das wir benötigen. An dieser Stelle ist es das Ziel, alle Punkte passgenau für das Unternehmen unter Wahrung unserer Ansprüche an das Sicherheitsniveau festzuzurren.

Zu den essenziellen Bestandteilen eines Audit-Prozesses gehören zumindest die folgenden Punkte:

- Auditor
- Interview-Partner
- Art des Audits
- Audit-Planung, Geltungsbereich, Abstimmung mit den Fachbereichen
- Audit-Bericht
- Aufsichtsgremium
- Lessons learned – Verbesserung des Audit-Prozesses

Die aufgeführten Punkte stellen jeweils einen Teil des Puzzles dar, aus dem ein Audit aufgebaut ist. Demzufolge muss man sich auch zu jedem dieser Teilbereiche seine Gedanken machen und vor allem auch definieren, wie die eigenen Ansprüche hinsichtlich jedes einzelnen Teils aussehen. Um diesen Prozess zu vereinfachen, möchte ich nachfolgend die Punkte kurz einzeln aufzählen.

Hinweis

Der Punkt »Abarbeitung der Abweichungen« ist in dieser Liste nicht aufgeführt, da diese Aufgabe üblicherweise nicht von einem Auditor und in den meisten Fällen auch nicht von der IT-Sicherheitsorganisation umgesetzt wird. An dieser Stelle treten die Experten für die betroffenen Systeme in Erscheinung, nehmen den Ball auf und arbeiten die Aufgaben ab. Die Nachverfolgung und die Überprüfung dieser Abarbeitung können dann wiederum in den Aufgabenbereich der IT-Sicherheit fallen, müssen es aber nicht. Häufig übernimmt z. B. der IT-Leiter die Aufgabe des Controllings und meldet nur den Vollzug zurück.

5.1.2 Der Auditor

Output	Erweiterung Dokument »Beschreibung Audit-Prozess« – Aufgabe des Auditors – Aufgabe der Fachbereiche – Aufgabe der IT – Mitglieder eines Aufsichtsgremiums – Definition, welche Stelle welche Verantwortung hinsichtlich der Abarbeitung der Abweichungen wahrnehmen muss

Die Person des Auditors ist ganz offensichtlich die Schlüsselfigur für den gesamten Vorgang. Da er die Fragen vorbringt und die Antworten bewertet, bestimmt er maßgeblich, welche Abweichungen am Ende des Tages auf dem Papier stehen. Diese Verantwortung bringt einige Ansprüche mit sich, denen ein Auditor genügen muss. Zunächst einmal muss er den Audit-Prozess kennen. Dazu gehört sowohl die rein technische Vorgehensweise als auch die Verantwortungen der verschiedenen weiteren Teilnehmer wie den Fachbereichen oder auch eines Aufsichtsgremiums, das über die Durchführung der Audits wacht. Da sich der Auditor ständig zwischen den Stühlen der IT-

Sicherheitsorganisation, den Fachbereichen und weiteren Stellen wie z. B. der IT-Abteilung bewegt, ist es für ihn wichtig, zu wissen, welche von diesen Stellen welche Verantwortung innerhalb des Audits wahrnimmt.

Neben einiger Geschicklichkeit im Umgang mit Menschen sind auch weitgehende fachliche Kenntnisse gefragt, wenn es darum geht, Antworten zu deuten und mit einem Risikolevel zu hinterlegen. Es genügt also nicht, wie bei einer Marktumfrage Kreuze bei »ja« oder »nein« zu machen, es ist vielmehr so, dass eine Antwort auf eine Frage häufig genug neue Fragen und neue Antworten generieren wird, und das ist auch so gewollt. Das macht den Unterschied zwischen einer oberflächlichen Prüfung und einer qualitativ hochwertigen und in die Tiefe gehenden Diskussion aus. Und in diese Richtung sollte ein Audit auch gehen. Es geht nicht um ein Verhör, sondern um eine Diskussion auf Augenhöhe zwischen einem Experten und einem Auditor mit dem gemeinsamen Ziel, etwaige Abweichungen zu identifizieren und diese genau bezogen auf den Kontext, in dem sie auftauchen, zu bewerten.

Ein weiteres Merkmal eines Auditors ist seine Unabhängigkeit. Wir müssen davon ausgehen, dass nur wenige Unternehmen Full-Time-Auditoren beschäftigen. In den meisten Fällen ist die Durchführung von Audits ein Nebenjob und nicht die Haupttätigkeit. Und aus dieser Gemengelage heraus entstehen Konflikte. Es ist ganz natürlich, dass, wenn man selbst mit seiner täglichen Arbeit in einem Fachgebiet involviert ist, dann auch die Antworten anders interpretiert werden könnten. Besonders deutlich wird es dann, wenn ein Auditor quasi sein eigenes tägliches Arbeiten bewerten soll. Dabei kann man schlicht nicht objektiv bleiben. Hier zeigen sich wieder die psychologischen Fallstricke, die ganz automatisch auftreten und die zu Beginn des Buches beschrieben wurden. Auch wenn es je nach Größe des Unternehmens nicht ganz einfach ist, so sollte man darauf achten, dass sich Auditoren nicht selbst bewerten und, wenn möglich, auch nicht den Bereich, in dem sie selbst tätig sind.

5.1.3 Der Interview-Partner

Output	Erweiterung Dokument »Beschreibung Audit-Prozess« – Definition der Ansprechpartner in den Fachbereichen

Genauso wie der Auditor ist auch sein Sparringspartner, der Interviewpartner, von hoher Wichtigkeit für das Audit. Eine Diskussion lebt ja auch erst dann auf, wenn alle Beteiligten genau wissen, wovon sie sprechen. Ob man nun genau eine Person vor sich haben sollte oder aber immer auch einen Mitarbeiter der IT-Abteilung hinzuzieht, ist abhängig vom Themengebiet. So macht es durchaus Sinn, wenn es um das Thema »Sicherheitsschulung neuer Mitarbeiter« geht, neben der Personalabteilung auch die Person hinzuzuziehen, die für das Thema Sicherheits-Awareness zuständig ist. Wichtig ist dabei, dass am Ende allen Beteiligten klar ist, wer für das Thema primär verantwortlich zeichnet.

5.1.4 Art des Audits

Output	Erweiterung Dokument »Beschreibung Audit-Prozess« – Festlegung, für welchen Bereich welche Art an Audit in welchen Intervallen umzusetzen ist

In der Literatur wird maßgeblich zwischen zwei verschiedenen Hauptformen an Audits unterschieden. Zum einen gibt es das **Vor-Ort-Audit** und zum zweiten die sogenannte **Selbstauskunft** (*self assessment*). Im ersten Fall geht der Auditor physisch vor Ort und führt das Audit durch. Die zweite Art an Audit umfasst alle Audits, bei denen der Interviewpartner Fragenkataloge abarbeitet, ohne dass der Auditor anwesend ist. Dies macht immer dann Sinn, wenn es häufig wiederkehrende Audits gibt, bei denen vor allem klar umrissene Fakten abgefragt werden.

Erstreckt sich eine Selbstauskunft auf Gebiete, in denen eigentlich eine Diskussion und Abwägung erforderlich wäre, tauscht man bei der Durchführung einer Selbstauskunft die Ersparnis an Aufwand, der hinter einem Vor-Ort-Audit stehen würde, gegen eine häufig niedrigere Qualität der Aussagen. Das Gleiche gilt für den Fall, wenn derjenige, der vor Ort eine Selbstauskunft ausfüllt, geschönte Berichte abgibt. Das Wort »Selbstauskunft« impliziert bereits, dass eine solche Bewertung oft genug nicht objektiv sein kann.

Hinweis

Keine der beiden erwähnten Arten an Audits ist grundsätzlich besser oder schlechter. Es geht wie immer darum, abzuwägen, welcher Nutzen mit welchem Aufwand verbunden ist und wie dieses Verhältnis optimiert werden kann.

Neben den beiden aufgeführten, grundsätzlichen Arten an Audits möchte ich noch eine weitere Art einführen, die entweder Bestandteil eines Vor-Ort-Audits oder auch einer Selbstauskunft sein kann oder aber auch völlig unabhängig von diesen ausgeführt werden kann. Es handelt sich dabei um ein **technisches Audit**. Darunter versteht man z. B. Penetrationstests von einzelnen Rechnern bis hin zu gesamten Netzbereichen mit allen IT-Systemen, die sich darin befinden. Ein solcher technischer Scan kann mit geringen Kosten vollständig automatisiert ausgeführt werden. Dazu wird üblicherweise ein Server installiert, von dem aus eine Software eine aktive Komponente im Netzwerk nach der anderen auf offene IP-Ports scannt, diese auswertet, um dann in einem Bericht festzuhalten, welche Schwachstellen gefunden wurden. Da auch Angreifer oft diesen Weg nehmen und da man so flächendeckend alle IT-Systeme bis zu einem gewissen Grad testen kann, ist diese Vorgehensweise eine sehr aussagekräftige unterstützende Maßnahme, die auf jeden Fall in Betracht gezogen werden sollte. Neben diesem flächendeckenderen Ansatz können Penetrationstests auch gezielt auf die kritischen IT-Systeme oder die kritischen Anwendungen angesetzt werden.

5.1.5 Audit-Planung, Geltungsbereich, Abstimmung mit den Fachbereichen

Output	Erweiterung Dokument »Beschreibung Audit-Prozess« – Beschreibung eines exemplarischen Audit-Ablaufs

Den Ablauf des Audits mit den Interview-Partnern abzusprechen, den Gesamtvorgang zu beschreiben und zu erläutern, welche Aufgaben auf die Beteiligten zukommen, gebietet die Höflichkeit und ist ein wichtiger formaler Schritt im Rahmen der Vorbereitung. Je offener über die Details gesprochen wird, desto weniger mysteriös und abgehoben wird ein Audit erscheinen.

Führt der Auditor ein Audit an einem Standort durch, der ihm fremd ist, dann wird die Festlegung einer formalen Vorgehensweise wichtiger sein, als wenn es sich um ein Umfeld handelt, in dem er bekannt ist und sich Termine vielleicht sogar im Vorbeigehen abstimmen lassen. Ein paar Punkte sollten allerdings in jedem Fall Beachtung finden. So ist es angebracht, mit einem Vorgespräch zu beginnen, bei dem auch die Vorgesetzten anwesend sind und bei dem kurz und knapp auf den Geltungsbereich des Audits als auch auf die Vorgehensweise eingegangen wird. Insbesondere der Geltungsbereich sollte allen

Beteiligten bewusst sein. Wenn dieser nicht von vornherein abgestimmt ist, dann kann es mitunter geschehen, dass in einer wohlgemeinten Diskussion immer größere Kreise gezogen werden und immer mehr Bereiche einbezogen werden, was spätestens, wenn es darum geht, Abweichungen abzuarbeiten, auf Gegenwehr stoßen könnte. Kurz, je formaler die Vorabstimmung und die Audit-Planung vollzogen wird, desto mehr hilft dies später, wenn es darum geht, Ressourcen zu investieren, um Abweichungen abzuarbeiten. Auch fällt es dadurch viel leichter, sich auf ein gemeinsames Verständnis zu einigen.

Am Ende eines Audits steht die abschließende Diskussion, bei der der Auditor die Möglichkeit hat, die wesentlichen Punkte zusammenzufassen und dem Management zu berichten. Auf der anderen Seite hat das Management die Möglichkeit, ein letztes Mal vor Weitergabe der Ergebnisse Punkte gerade zu rücken.

5.1.6 Fragenkatalog, Sammeln von Nachweisen

Das zu erarbeitende Dokument »Fragenkatalog« soll drei wesentliche Punkte enthalten:

- Den Fragenkatalog in Form von Fragen, die sich auf den Umsetzungsgrad von existierenden Regelungen beziehen
- Ein definiertes Schema zur Beantwortung der Fragen am besten auf Basis einer Risikoanalyse
- Wie und in welchem Umfang Nachweise (*proof*) erbracht werden sollen

Da dieses Thema etwas umfangreicher ist, wird ihm ein eigenes Unterkapitel gewidmet, das helfen soll, diese wichtige Aufgabe abzuarbeiten.

5.1.7 Der Audit-Bericht

Output	Erweiterung Dokument »Beschreibung Audit-Prozess« – Kurze Angaben über die Berichtsstruktur und die Verteiler

Niemand wartet gespannter auf die Ergebnisse als derjenige, der auditiert wurde, und derjenige, der im Fall von gefundenen Abweichungen Geld für die Umsetzung entsprechender Maßnahmen investieren muss. Zu diesen beiden direkt betroffenen Stellen kommt dann häufig noch eine Gruppe von Personen aus der Leitungsebene, die ganz allgemein wissen müssen, wie der Risikolevel in ihrem Verantwortungsbereich ausgestaltet ist. Damit können wir schon direkt drei verschiedene Berichte identifizieren, die durchaus in ihrer Ausgestaltung voneinander abweichen können. So wird der technische Ansprechpartner nicht mit einer Bemerkung zufriedenzustellen sein, dass der Status der Virenscanner-Abdeckung mit »Ampelstufe Gelb« bewertet wurde. Auf der anderen Seite möchte ein Werksleiter vielleicht gar nicht wissen, dass das Übertragungsprotokoll FTP schnellstmöglich durch die sichere Variante SFTP ersetzt werden muss. Er möchte nur sehen, wie der Status aussieht, wer an den Maßnahmen arbeitet und welche Fortschritte die Abarbeitung macht.

Auch an dieser Stelle gilt, dass es wenig Sinn macht, bei den Vorgaben bezüglich einer Berichtsstruktur zu tief ins Detail zu gehen. Zumindest die Grundzüge und damit die Beantwortung der folgenden Fragen sollten im Dokument »Beschreibung Audit-Prozess« behandelt werden:

- Wer bekommt einen Bericht?
- Wie detailliert sind die jeweiligen Berichte zu verfassen?
- In welchem Zyklus werden welche Personen über Fortschritte informiert?

Am einfachsten fällt es naturgemäß, wenn man entsprechende Software beschafft, die den gesamten Audit-Prozess unterstützt. Diese Software sollte auch die Ausgabe von Berichten für die verschiedenen Ebenen anbieten. Ein weiterer Vorteil liegt darin, dass ein solches Tool eine logische Verbindung von Fragekatalog, den Antworten, den daraus abgeleiteten Maßnahmen und deren Abarbeitung ziehen und damit den Gesamtprozess deutlich vereinfachen kann. Die andere Seite der Medaille ist, dass eine solche Anwendung auch gepflegt werden muss und dass es nicht einfach ist, sie den eigenen Prozessen anzupassen. Aus diesem Grund geschieht häufig genau das Gegenteil, die eigenen Prozesse werden an eine Softwarelösung angepasst. Das muss nichts Schlimmes sein, nur ist es nicht immer gewünscht. Die gute Nachricht ist, dass ein effektives Audit-Verfahren durchaus auch mit einfachen Mitteln, wie Excel, zu stemmen ist. Dies gilt selbst für größere Unternehmen mit einer Vielzahl an international verteilten Standorten.

5.1.8 Das Aufsichtsgremium

Output	Erweiterung Dokument »Beschreibung Audit-Prozess« – Festlegung der Gremien, die Einfluss auf den Audit-Prozess nehmen

Quis custodiet ipsos custodes?

Das Zitat von Juvenal übersetzt man im Bezug auf die IT-Sicherheit schlicht mit »Wer überwacht den Überwacher«. In unserem Fall spielt dieser Satz auf eine ganze Reihe von Eckpunkten an, denen sich ein Verantwortlicher für die IT-Sicherheit gegenübersieht. Zum einen steht er, je nach Aufbau der IT-Sicherheitsorganisation, mit einem Bein in der IT, während er gleichzeitig mit dem anderen Bein unabhängig und objektiv handeln soll – insbesondere wenn es darum geht ein Audit durchzuführen. Wer ist in diesem Fall der Überwacher und wer überwacht ihn?

Zum anderen trifft es den Kern dieses Abschnitts ganz gut und ich habe mit dem Begriff »Aufsichtsgremium« (*steering committee*) ganz bewusst ein hochtrabendes Wort benutzt, um den Kreis derjenigen Personen zu umschreiben, die eine steuernde und überwachende Funktion im Rahmen des Audit-Prozesses wahrnehmen sollen. Es kann sich hierbei um eine einzelne Person, wie den Geschäftsführer, handeln oder aber eine ganze Reihe von Personen. Die Komplexität dieser Aufsichtsgremien hängt wie so häufig von der Größe und der Komplexität des Unternehmens ab.

Die wichtigste Person, die direkt Einfluss auf den Prozess nimmt, ist der Auftraggeber. Der Auftraggeber eines Audits bestimmt, wann welche Bereiche auditiert werden sollen. An diese Person oder Gruppe von Personen wird man sich deshalb auch dann wenden, wenn es darum geht, Ergebnisse zu präsentieren, oder wenn es Verzögerungen bei der Abarbeitung oder dergleichen gibt. Der Auftraggeber erwartet von einem Auditor, dass dieser unabhängig und professionell agiert, aber auch, dass dieser auf mögliche Einwände hört. Der Auftraggeber kann grundsätzlich für alle Audits zuständig sein oder aber auch nur für eines, das er für seinen Bereich anfordert, weil bestimmte Sachverhalte eintreffen und er den Status der IT-Sicherheit abprüfen möchte.

Neben dem oder den Auftraggebern kann es, muss es aber nicht, ein Gremium geben, das grundsätzlich für alle Audits verantwortlich zeichnet, alle Ergebnisse verwaltet und auch alle wichtigen Entscheidungen bezüglich Änderungen am Audit-Verfahren trifft. Dieses Gremium ist üblicherweise nicht an die IT-Abteilung angeschlossen und berichtet direkt an die Geschäftsleitung. Neben diesen IT-Sicherheitsaudits beaufsichtigt es noch alle weiteren internen und externen Audits und ist damit in der Lage, den Gesamtüberblick zu behalten und nach oben zu kommunizieren. Das macht vor allem auch deshalb Sinn, weil immer mehr Kunden sichergehen wollen und müssen, dass ihre Daten und ihr Know-how auch bei einem Lieferanten sicher verwaltet werden – ganz zu schweigen von den gesetzlichen Anforderungen an die Datensicherheit wie die Vorgaben aus dem IT-Sicherheitsgesetz.

5.1.9 Lessons learned – Verbesserung des Audit-Prozesses

Output	Erweiterung Dokument »Beschreibung Audit-Prozess« – Festlegung, wann eine Überarbeitung der Komponenten eines Audits stattfinden soll und wie der dazugehörige Genehmigungsprozess aussehen soll

Die IT-Landschaft ändert sich ständig und wird zudem komplexer. Parallel dazu kommen Schwachstellen und Bedrohungen hinzu, die über angepasste Regeln abgefangen werden müssen. Die Umsetzung dieser Regeln wiederum wird durch das Audit-Verfahren abgeprüft und im besten Fall zudem auf ihre Wirksamkeit überprüft. So sehen die Zusammenhänge aus und es wird nur allzu deutlich, dass jede dieser Stationen stetigen Änderungen und Anpassungen unterworfen ist, und für das Audit gilt dasselbe. Oder wie man es auch ausdrücken kann: Nach dem Audit ist vor dem Audit. Es hat sich deshalb bewährt, nach einem Audit die Meinung des Auditors und die der Interview-Partner einzuholen, um die daraus gewonnenen Erkenntnisse dann gesammelt in die jährliche Überprüfung des Fragenkatalogs und aller anderen Komponenten mit einzubringen.

5.2 Der Fragenkatalog und das Sammeln von Nachweisen

Output	Dokument »Fragenkatalog« Erweiterung Dokument »Beschreibung Audit-Prozess« – Festlegung, welche Nachweise bei der Beantwortung von Fragen aus dem Fragenkatalog erbracht werden müssen
Sicherheitslevel	Basissicherheit

5.2.1 Aufbau eines Fragenkatalogs

Stand heute gibt es keinen allgemeingültigen Fragenkatalog, den man nur herunterladen muss, um ihn dann sofort einzusetzen, und das ist schade.

Wenn es dies nämlich gäbe, dann wäre vieles deutlich leichter. Man könnte den IT-Sicherheitslevel des eigenen Unternehmens viel leichter für jedermann vergleichbar nach außen hin darstellen. Wenn jemand von außen eine Überprüfung vornimmt, dann wüssten beide Seiten viel eher, wovon sie sprechen, und anhand von branchentypischen Werten könnte man zudem auf einen Blick sehen, in welchen Bereichen man gut dasteht und in welchen durchaus noch Verbesserungspotenzial vorhanden ist. Die Vorteile sind so groß, dass es schon seit Langem Bestrebungen gibt, diesen einheitlich verwendeten Fragenkatalog zu erstellen. In einigen Branchen hat es diesbezüglich auch schon große Fortschritte gegeben. So arbeiten die Wirtschaftsprüfer schon seit Längerem nach ähnlichen Standards und ein Wechsel auf ein neues Prüfunternehmen berührt die Inhalte einer Prüfung kaum noch. In der Automobilindustrie hat man sich darauf geeinigt, dass zum einen der Standard ISO 27002 die Grundlage bildet, dass dieser aber durch den Schutz von Prototypen und Komponenten zu erweitern ist. Unter *www.vda.de* ist der aktuelle Katalog erhältlich. Es hat zwar noch weitere Jahre gedauert, bis diese Vorgaben auch tatsächlich in Audits bei den Lieferanten eingeflossen sind, aber das Jahr 2015 scheint der Beginn des Durchbruchs zu werden.

Hinweis

Nachfolgend wird eine mögliche Vorgehensweise bei der Erstellung eines Fragenkatalogs aufgezeigt. Diese Vorgehensweise muss nicht auf jedes Unternehmen passen – sie hat sich bislang aber in vielen Fällen bewährt und ermöglicht sowohl die Anpassung an internationale Standards als auch die individuelle Anpassung an die eigenen Erfordernisse.

Wenn es nun darum geht, einen eigenen Fragenkatalog zu entwerfen, dann gibt es zunächst eine gute Nachricht: Der Standard ISO 27002 ist grundsätzlich geeignet, den Rahmen, also die Bandbreite der Themen, vorzugeben. Die Maßnahmen aus dem Anhang A der ISO 27001 eignen sich zudem als Quelle für eine weitere Unterteilung und die eine oder andere Idee für konkrete Fragen. Darüber hinaus ist es wichtig, je nachdem in welcher Branche das Unternehmen beheimatet ist, beim Branchenverband nachzuforschen, ob es nicht bereits einen Katalog an Fragen gibt, den auch andere Unternehmen verwenden. Die Ausgestaltung und der Detaillierungsgrad bleiben aber nach wie vor jedem einzelnen Unternehmen überlassen.

Damit stehen folgende Quellen für den Aufbau eines Fragenkatalogs zur Verfügung:

- Die ISO 27002 gibt die Kapitel vor und der Anhang A der ISO 27001 dient zur Überprüfung auf Vollständigkeit und als Quelle für Anregungen. Darüber hinaus sind auch alle anderen Normen, die bislang Erwähnung gefunden haben, geeignet, als Nachschlagewerk zu dienen.
- Die im Rahmen des Schritts »Regeln erstellen« erstellten Richtlinien definieren die Regeln, und deren Umsetzung und Wirksamkeit sollen durch den Fragenkatalog überprüft werden.
- Eventuell existieren bracheninterne Fragenkataloge, die als Input dienen können.

Wenn man diese drei Quellen ausgelotet hat, dann wird die Vorgehensweise deutlich. Die Fragen ergeben sich aus den Regeln, die in den Richtlinien festgelegt wurden, und diese wiederum gliedern sich nach den Kapiteln der ISO 27002. Wenn Sie sich rückblickend das Kapitel »Regeln einführen« anschauen und die Struktur der Unterkapitel betrachten, so finden Sie an dieser Stelle bereits eine Gliederung, die stark in diese Richtung tendiert. Die nachfolgende Tabelle stellt eine solche Gliederung anhand der Themen der IT-Sicherheit vor. Die in der zweiten Spalte aufgeführten Schwerpunkte sollten Sie, je nach den eigenen Bedürfnissen, anpassen. Zu guter Letzt können Sie die einzelnen Fragen aus den Richtlinien, die in Spalte drei aufgelistet sind, ableiten.

Thema	Schwerpunkte	Richtlinien und Dokumente
Richtlinien	Aufbau und Betrieb der IT-Sicherheit Vollständigkeit, Aktualität und Kommunikation von Regelungen	Dokument »Prozessbeschreibung Erstellung und Pflege von Richtlinien« Dokument »IT-Sicherheitsorganisation«
Benutzer	Abdeckung der Stadien »Vor der Anstellung«, »Während der Anstellung« und »Nach der Anstellung« Regelung administrativer Zugriffe	Richtlinie »Grundregeln Benutzerverzeichnisse« Richtlinie »Regeln für den Umgang mit Daten, Internet und E-Mail« Richtlinie »Regeln für Administratoren«

Thema	Schwerpunkte	Richtlinien und Dokumente
	Protokollierung von Änderungen an Benutzerkonten Kommunikation im Unternehmen und nach außen Zugriff auf Informationen im Internet	Matrix »Administratoren und ihre Rechte«
Asset-Management	Klassifizierung von Daten, IT-Systemen und Anwendungen.	Dokument »Kritische Daten« Dokument »Kritische IT-Systeme«
Zugriff auf Daten	Umsetzung des Need-To-Know-Prinzips Prüfung der Zugriffsrechte auf Daten, IT-Systeme und Anwendungen	Richtlinie »Rollenkonzept« Richtlinie »Temporäre administrative Zugangsrechte« Richtlinie »Zuweisung von Zugriffsrechten«
IT-Sicherheitsprozesse	Identifizierung von Schwachstellen und Einleitung von Maßnahmen Melden und Bearbeiten von Sicherheitsereignissen Verfügbarkeit von IT-Systemen und Daten Überwachung von Protokolldateien	Richtlinie »Schwachstellenanalyse und Penetrationstests« Dokument »Aufgabenbeschreibung CERT« Richtlinie »Management IT-Sicherheitsvorfälle« Richtlinie »Notfallkonzept« Richtlinie »Konfiguration Microsoft Ereignisanzeige« Richtlinie »Veränderungsmanagement« Richtlinie »Backup und Wiederherstellung«
IT-Systeme	Sicherer Betrieb von allgemeinen Gerätschaften, Arbeitsplatzrechnern und Servern	Richtlinie »Umgang mit Schadsoftware« Richtlinien für die Patchmanagement-Infrastruktur Richtlinie »Regeln für den Umgang mit Gerätschaften« Richtlinie »Härten von Servern«

Thema	Schwerpunkte	Richtlinien und Dokumente
Physische Sicherheit	Schutz sensibler Bereiche Schutz des Rechenzentrums	Richtlinie »Gebäudesicherheit« Richtlinie »Rechenzentrum«
Netzwerk	Zugangsschutz zum Netzwerk	Richtlinie »Wireless LAN (WLAN)« Richtlinie »Verbindung zum Internet« Richtlinie »Datenübertragung und Verschlüsslung« Richtlinie » Virtual Private Networks (VPN)« Richtlinie »Trennung von Netzwerken« Richtlinie »Zugang zum internen Netzwerk«
Skript- und Software-entwicklung	Sichere Übertragung von Kennwörtern Entwicklung sicherer Software	Richtlinie »Skript- und Softwareentwicklung«
Compliance	Datenschutz Awareness-Maßnahmen	Dokument »Awareness-Programm «

5.2.2 Auswahl der Fragen und deren Bewertung

Output	Dokument »Fragenkatalog« Erweiterung Dokument »Beschreibung Audit-Prozess« – Kurze Beschreibung, nach welchem Kriterium Fragen Einlass in den Fragenkatalog erhalten – Freigabeprozess zur Abnahme von Änderungen am Fragenkatalog – Vorgehensweise bei der Beantwortung von Fragen
Sicherheitslevel	Basissicherheit

Bei der Zusammenstellung von Fragen wird naturgemäß darüber diskutiert werden, welche Fragen wichtig sind und unbedingt im Fragenkatalog abgebildet werden sollen und welche Fragen entweder weniger wichtig sind oder auch deshalb entfallen, weil sie aus den wichtigen Fragen heraus bereits abgeleitet werden können. Da man den Katalog nicht überfrachten möchte, ist diese Auseinandersetzung mit der Materie wichtig und sollte auch entsprechend ernsthaft angegangen werden.

Eine Herangehensweise bei der Auswahl der Fragen, die Einlass in den Fragenkatalog erhalten sollen, ist der Risikoansatz. Dabei stellt man sich die Frage, welchen möglichen Schaden die Nichtbeachtung einer Regelung unter der Maßgabe einer entsprechend Eintrittswahrscheinlichkeit haben könnte. Auf diese Art rücken ganz automatisch die wichtigen Punkte in den Vordergrund. In diese Diskussion bezieht man auch die Ergebnisse der kleinen Business-Impact-Analyse und die daraus entstandenen Dokumente, die die wichtigen Daten und die wichtigen IT-Systeme auflisten, mit ein.

Angenommen, es wurde entschieden, welche Fragenkomplexe grundsätzlich in den Fragenkatalog mit aufgenommen werden sollen, dann ist der nächste Punkt, über den entschieden werden muss, wie diese Fragen zu stellen sind. Das hört sich zunächst einfach an, kann aber, insbesondere wenn dies nicht konsequent für alle Fragen auf die gleiche Art gestaltet ist, schnell zu Problemen führen. Die Vorgehensweise, um dieses Problem zu lösen, kann folgendermaßen aussehen: Man überlegt sich die möglichen Antworten und stellt die Fragen dementsprechend. Erwartet man Antworten wie »ja«, »nein« und »nicht zutreffend«, dann kann eine Frage beispielhaft wie folgt lauten: »Sind die Laptops des Unternehmens zu 80 % verschlüsselt?« Hätte die Frage gelautet, »Sind alle Laptops verschlüsselt?«, und wäre dies bei nur ein paar davon nicht der Fall, dann wäre die Antwort ein klares »nein« – ohne jede weitere Information. Die Frage nach den 80 % ist zwar aus Sicht der IT-Sicherheit nicht befriedigend, kann aber korrekt beantwortet werden und lässt Rückschlüsse auf die Situation vor Ort zu. Daraus lernt man schnell, dass Ja/Nein-Fragen eine ganz detaillierte und explizite Fragestellung voraussetzen.

Hinweis

Eine sehr verbreitete Strukturierung der möglichen Antworten richtet sich nach den Reifegraden des Capability Maturity Model Integration (CMMI) oder auch SPICE. Die dort aufgeführten Level reichen z. B. von eins bis fünf, wobei jeder Level genau definierte Voraussetzungen mit sich bringt, die jeweils erreicht sein müssen. Es lohnt sich, die entsprechenden Standards näher zu betrachten.

Es hat sich gezeigt, dass es Sinn macht, die Quantifizierung der Fragestellung als Aufgabe der Antwort zu sehen und nicht der Frage selbst. In unserem Beispiel sähe dies wie folgt aus: Auf die Frage, »Sind die Laptops des Unternehmens verschlüsselt?«, könnten folgende mögliche Antworten zur Verfügung stehen: »>80%«, »>50%«, »>20%«, »<20%«, »nicht zutreffend«. Natürlich sind diese Zahlen willkürlich gewählt und könnten auch anders aussehen, wichtig ist in diesem Fall vor allem, dass sie mehr tun, als nur eine Antwort zu liefern, sie schaffen Transparenz. Daneben öffnen sie das Tor zur automatisierten Verarbeitung der gewonnenen Informationen. Dies gilt insbesondere für die Nachverfolgung von Maßnahmen und die Überprüfung von Audit zu Audit, ob diese auch Wirksamkeit entfalten. Es gibt Unternehmen, die als Antwort ganz schlicht ein Zahlenfeld bereitstellen mit der Anleitung, dass die Eingabe einer Zahl zwischen 0% und 100% oder eben »nicht zutreffend« erlaubt ist.

5.2.3 Erbringung von Nachweisen

Output	Dokument »Fragenkatalog« Erweiterung Dokument »Beschreibung Audit-Prozess« – Vorgaben an die Qualität und Quantität von Nachweisen
Sicherheitslevel	Basissicherheit

Der letzte Abschnitt hat mit einer Beispielfrage aus dem Fragenkatalog geendet. In diesem Beispiel konnte die Frage nach »Sind die Laptops des Unternehmens verschlüsselt?« mit einer Prozentzahl zwischen 0% und 100% in vier größeren Schritten beantwortet werden. Alternativ ist immer die Antwort »nicht zutreffend« möglich, falls eine Frage im Geltungsbereich des Audits keine Rolle spielt. Die Beantwortung einer Frage mit einer groben Schätzung wird dem Interviewpartner leichter von der Hand gehen als die Nennung einer exakten Zahl. Dasselbe gilt für die Überprüfung durch den Auditor. Wenn es darum geht, Nachweise für jede Angabe zu finden, dann ist die damit verbundene Herausforderung direkt mit der Fragestellung und den möglichen Antworten verknüpft. Dennoch gilt, dass unabhängig davon, ob es sich bei der erlaubten Antwort um eine exakte Zahl handelt oder eine Bandbreite von Zahlen, der Auditor sicherstellen muss, dass sie korrekt ist, und das geschieht über Nachweise (*evidence*), die der Interviewpartner liefern muss.

Die Qualität eines Audits hängt ganz wesentlich auch von der Qualität und der Aussagekraft der erbrachten und dokumentierten Nachweise ab. Folgenden Kriterien müssen Nachweise deshalb genügen:

- Nachweise müssen echt und vollständig sein. Darunter ist zu verstehen, dass Excel-Listen, die als Nachweis dienen, auch verlässlich sein müssen. Dies gilt davon abgeleitet sowohl für die Person, die sie präsentiert, als auch für das Verfahren, das die Aufgabe hat, die Informationen zusammenzutragen.
- Nachweise müssen sich direkt auf die Frage beziehen und sie müssen zeitnah erfasst sein. Dokumente, die schon älter sind, müssen nicht zwangsläufig als schlechte Nachweise gelten, aber sie sind zumindest kritisch zu hinterfragen.
- Nachweise müssen eine klare Antwort auf eine Frage bereitstellen und nicht erst durch den Interviewpartner und den Auditor interpretiert werden müssen. Wenn man ein Dokument auf Tauglichkeit prüft, ist es ein Zeichen für einen qualitativ schlechten Nachweis, wenn der erste Gedanke lautet: »Was will uns das wohl sagen?«

Das Vorhandensein von Dokumenten oder auch die Frage nach den verschlüsselten Laptops lassen sich, entsprechende Tools für Berichte vorausgesetzt, schnell beantworten. Es kann aber auch Fragen geben, die eine solche klare Antwort nicht zulassen. So ist die Frage nach der Anzahl an Verzeichnissen, auf die Personen direkt zugreifen, statt über eine Gruppe berechtigt zu sein, viel schwerer direkt zu beantworten, falls keine entsprechende Analysesoftware im Einsatz ist. In einem solchen Fall kommen Stichproben (*samples*) zum Einsatz. Aus der Statistik weiß man, dass man nur genügend Stichproben nehmen muss, um signifikante Ergebnisse zu erzielen. Da dies aber häufig weder sinnvoll noch vertretbar ist, muss man sich im Vorfeld darüber einig sein, wie ein solcher Vorgang auszusehen hat. So könnte man von vornherein festlegen, dass man bezüglich der obigen Frage auf jeden Datenserver schaut und dort jeweils 20 Verzeichnisse untersucht. Eine solche Vorgabe könnte dann eingehen in das Dokument »Beschreibung Audit-Prozess«.

5.2.4 Auswertung der Antworten

Ich gehe davon aus, dass der Fragenkatalog auf einem Excel-Spreadsheet oder einer Web-Anwendung basiert und die Auswertung der Antworten durch Skripte oder Programme möglich ist. Die Erfassung in Form eines Protokolls oder auf Papier ist aus naheliegenden Gründen weniger praktisch. Die technische Seite sollte also lösbar sein und damit stellt sich schon die Frage, wie man die Fragen in einem Bericht oder in einer grafischen Darstellung gewichten soll. Ein einfacher Weg ist der, eine weitere Spalte einzufügen, in die die Klassifizierung der Frage eingetragen ist. So kann eine Frage nach verschlüsselten Laptops höher gewichtet werden als eine Frage nach der Entsorgung von Verpackungsmaterial in einem Nebenraum eines Rechenzentrums. Genauso gut kann es aber auch andersherum sein – je nachdem, welche Schwerpunkte das Unternehmen setzt. Dieses Beispiel zeigt anschaulich, welche Wichtigkeit in der Setzung von Prioritäten mittels Klassifizierungsstufen liegt.

Ob man nun die Antwort, z. B. den Reifegrad-Level von eins bis fünf, mit der Klassifizierungsstufe, z. B. in Stufen von eins bis drei, multipliziert oder diese addiert, ist eine Entscheidung, die auf Grundlage eines Testlaufs getroffen werden sollte. Am Schluss ist aber zu gewährleisten, dass das Ergebnis dieser Rechnung pro Frage eine vernünftige Varianz aufweist. Das übliche Problem, dass es leichter fällt, alles als gleichermaßen wichtig zu kennzeichnen, anstelle die volle Bandbreite an Einstufungen zu nutzen, stellt sich auch hier.

Liegen die Ergebnisse pro Frage zusammengefasst nach Themengebiet und für den kompletten Fragenkatalog vor, dann dient dieser als Grundlage für einen Bericht und für die Definition von Maßnahmen. Der entstandene Maßnahmenkatalog sollte noch in Zusammenarbeit mit dem Auditor entstehen, bevor dessen Abarbeitung dann im jeweiligen Fachbereich begonnen wird.

5.2.5 Übergabe der Abweichungen zur Abarbeitung

Der Fragenkatalog wurde ausgefüllt und über die Berechnungsmethodik wurde ermittelt, welche Abweichungen besonders kritisch sind, damit ein höheres Risiko in sich tragen und so bald wie möglich abgestellt werden sollten. Dieser Katalog an Abweichungen dient nun als Grundlage für die jeweilige Entscheidung, wie mit einem Risiko umgegangen werden soll. In diesem Fall stehen die folgenden Vorgehensweisen zur Verfügung:

- Ein Risiko durch die Einführung oder Fortführung entsprechender Maßnahmen zu reduzieren
- Ein Risiko und damit eine Abweichung zu akzeptieren, z. B. weil alle Maßnahmen, die der Reduzierung des Risikos dienen würden, mehr Geld kosten würden als das Eintreten des Risikos

- Das Risiko zu versichern. Über sogenannte »Cyber Crime Versicherungen« können heute die wesentlichen Schäden, die durch Angreifer verursacht werden können, versichert werden. Um als Versicherungsnehmer einer solchen Versicherung zu vernünftigen Preisen angenommen zu werden, ist es wiederum sinnvoll, ein gut funktionierendes ISMS zu betreiben, um dem Versicherer darzustellen, dass das Risiko und damit die Prämie niedriger anzusetzen sind.

In den meisten Fällen wird man sich darauf einigen, ein Risiko zu reduzieren, und dies geschieht dadurch, dass diejenigen Maßnahmen identifiziert werden, die die Konformität (*compliance*) zu den entsprechenden Regeln sicherstellen. Wie bereits beschrieben, nimmt diese Aufgabe üblicherweise nicht der Auditor wahr, sondern der Fachbereich. Wer dies genau ist, wer die Umsetzung einer Maßnahme bezahlt und wer sie als erledigt kennzeichnet, sollte im Vorfeld dokumentiert werden.

5.3 Quellen für die Überprüfung von Regeln

Bislang sieht der Vorgang der Auditierung recht überschaubar aus: Ein Audit wird vorbereitet und eingeplant und zu einem abgestimmten Zeitpunkt setzen sich der Auditor und der Interviewpartner zusammen und gehen gemeinsam die Fragen aus einem Fragenkatalog durch. Der Auditor bewertet dabei die Antworten mittels eines Punktesystems, einer einfachen Ampelregelung oder auch mithilfe einer komplexen Risikobewertung. Schlussendlich werden die Abweichungen offensichtlich und es müssen entsprechende Maßnahmen definiert und abgearbeitet werden. Ist der Fragenkatalog gut und vollständig, dann genügt diese Vorgehensweise den Anforderungen an die Basissicherheit. Will man mehr erreichen oder hat das Gefühl, dass einzelne Bereiche nicht tief gehend genug geprüft werden, dann ist eine Vorgehensweise zu wählen, in der der Fragenkatalog eine wichtige Rolle spielt, aber er nicht alleine als Quelle herangezogen wird.

Dieses Unterkapitel führt die verschiedenen Quellen auf, die ein Auditor nutzen kann, um die Ergebnisse des Audits zu verfeinern, die aber auch dazu dienen können, den später aus dem Audit abgeleiteten Maßnahmen eine technische Grundlage zu geben. Ein Beispiel könnte so aussehen, dass ein Audit-Bericht nicht nur eine gelbe Ampel auf die Fragen »Sind alle Arbeitsplatzrechner mit einem Virenscanner ausgerüstet« oder auch »Sind Unix-Server im Einsatz, die bekannte Schwachstellen aufweisen« anbietet, sondern ganz detaillierte Listen zur Verfügung stellt, auf denen die betroffenen IT-Systeme explizit aufgeführt sind. Damit greift das Audit gleichzeitig stärker in den Kompetenzbereich der IT-Systemadministratoren ein, schafft aber auf der anderen Seite mehr Transparenz. Das Unternehmen muss sich entscheiden, wo es diese Grenze ziehen möchte. Ist ein Auditor entsprechend tief in die Vorgänge in der IT integriert und wird IT-Sicherheit gelebt, dann ist an dieser Stelle im besten Fall überhaupt keine Grenze mehr erforderlich.

5.3.1 Dokumentation und das Asset-Management

Viel Arbeit wurde im Rahmen des Projekts in die Dokumentation und den Aufbau oder Ausbau des Asset-Managements investiert und nun zeigt sich erneut, wie wichtig diese Arbeit war und auch weiterhin ist. Ein Audit ohne die transparente Darstellung der Ist-Situation wird nicht funktionieren, weil es gleichbedeutend ist mit dem Herumstochern im Dunklen. Ein Auditor dagegen, der sich auf Fakten stützen kann, ist in der Lage, auf Augenhöhe die wirklichen Probleme zu besprechen, zu erfassen und dann auch die effektivsten Maßnahmen zu identifizieren.

Eine vollständige Dokumentation auf aktuellem Stand vorzuhalten, macht den Unterschied zwischen dem Nehmen von Stichproben und damit der Aussage auf Basis von statistischen Wahrscheinlichkeiten und einer verlässlichen Aussage basierend auf zutreffenden Zahlen aus. Der Unterschied wird bei vielen Fragen aus dem Fragenkatalog offensichtlich. So wird man aufgrund der Frage nach der Anzahl an Arbeitsplatzrechnern, auf denen die Benutzer administrative Rechte eingerichtet bekommen haben, entweder Stichproben nehmen müssen, um diese hochzurechnen, oder aber die konkreten Zahlen werden laufend erfasst. Im zweiten Fall wird der Auditor den Erfassungsprozess hinterfragen müssen, um darin eventuell eine Lücke zu entdecken.

Aus diesen Punkten folgt, dass auch die Dokumentation, also die Frage, was dokumentiert werden soll und in welchem Umfang, auch von den Fragen in einem Audit-Fragenkatalog abhängen. Nur so wird der Gesamtprozess reibungslos funktionieren können.

5.3.2 Auswertung von Protokolldateien

Die zentrale Erfassung von Protokolldateien und deren Auswertung wurde bereits im Kapitel »Regeln erstellen« diskutiert. Im Grunde nutzt man die Funktionalität der meisten Softwareprodukte, Ereignisse in lokalen Dateien zu speichern oder über einen IP-Port zur Verfügung zu stellen. Die klassischen Produkte, die in diesem Zusammenhang genannt werden, sind das Sicherheitslog von Microsoft Windows, das Protokoll der Firewall oder aber auch das Protokoll des Backup-Systems. Alle diese Systeme speichern erfolgreiche und nicht erfolgreiche Ereignisse – man muss sie nur erfassen und auswerten. Die letzten beiden Punkte scheitern häufig an der schieren Masse an Informationen und deshalb ist das Konzept, welche Dateien man nutzt und welche den Aufwand nicht wert sind, auch aus Sicht eines Auditors wichtig. Gerade wenn es um Protokolle von Zugangssystemen, angefangen bei Benutzerverzeichnissen bis hin zu elektronischen Schlössern an Rechenzentren, geht, führt kaum ein Weg an diesen Aufzeichnungen vorbei.

Diese Daten zur Verfügung zu haben und sie auszuwerten, sind dabei vollständig verschiedene Dinge. Ein Auditor benötigt offensichtlich nicht eine mehrere Tausend Zeilen lange Liste, sondern einen Überblick über die relevanten Informationen, am besten auf einer Seite. Bei der Gestaltung derartiger Berichte sollte damit von vornherein auch an die Anforderungen durch die auditierende Stelle gedacht werden.

5.3.3 Aktive Penetrationstests

Ein gutes Mittel, um sich einen Überblick über die von außen sichtbaren Schwachstellen einer großen Anzahl an IT-Systemen verschaffen zu können, sind Penetrationstools. Das kann man sich so vorstellen, dass ein Server im Netzwerk steht, auf dem eine Software, Nessus der Firma Tenable ist ein gutes Beispiel, installiert ist, die sequenziell alle erreichbaren IP-Adressen und die dahinter steckenden IT-Systeme auf Basis der IP-Ports prüft. Offene IP-Ports zeigen auf, dass dahinter eine Software bzw. ein Service als Kommunikationspartner wartet. Das gezielte Ansprechen dieser Ports offenbart in vielen Fällen, um welche Software es sich handelt und welche Version aktuell installiert ist. Diese Informationen wiederum können zu der Erkenntnis führen, dass es sich um ein veraltetes Produkt handelt, das bereits Schwachstellen aufweist, oder aber dass alles aktuell ist und keine Schwachstellen bekannt sind.

Der große Vorteil bei dieser Vorgehensweise ist die Möglichkeit der Automatisierung. Es ist ein Leichtes, regelmäßig alle IP-Adressen oder aber einen definierten Ausschnitt davon zu testen und die Testergebnisse jeweils auf Veränderungen zu überprüfen. Dazu sind keine lokalen administrativen Rechte erforderlich und im Grunde ist die Herangehensweise identisch mit der, die ein Angreifer als ersten Schritt wählen würde. Man sieht also zunächst einmal durch die Brille des Angreifers auf die eigenen Systeme.

Der Nachteil liegt wie so häufig in der Masse an Daten, die ein solches Tool produziert. Nur in kleineren Umgebungen schafft man es, den Überblick zu behalten, ohne dass man die Daten durch ein weiteres Tool in Portionen teilt und in einer Datenbank vorhält. Eine weitere Herausforderung liegt in der Qualifizierung der Ergebnisse. Die Bewertung einer Schwachstelle durch ein solches Tool muss nicht der eigenen Einschätzung entsprechen. An dieser Stelle ist zu erwähnen, dass sich Organisationen genau um die Aufgabe der Klassifizierung von Sicherheitslücken kümmern und regelmäßig entsprechende Listen veröffentlichen.

5.3.4 Ergebnisse aus dem CERT

Wurde ein Computer Emergency Response Team gebildet oder werden Sicherheitsereignisse an einer zentralen Stelle gesammelt, so können diese Informationen idealerweise auch im Rahmen eines Audits genutzt werden. Jedes Sicherheitsereignis kann dabei als Hinweis auf eine Schwachstelle gesehen werden, deren Hintergrund innerhalb des Audit-Prozesses detailliert hinterfragt werden sollte. Häufig ist dies bereits im Rahmen der Abarbeitung des Ereignisses geschehen und in diesen Fällen dient das Gespräch der Aufarbeitung des Geschehnisses und der Hinterfragung der Wirksamkeit der eingeleiteten Maßnahmen.

Es kann durchaus auch Sinn machen, grundsätzlich einen CERT-Mitarbeiter an einem Audit zu beteiligen, da dieser aus erster Hand um die Sicherheitsprobleme weiß und sowohl in der Welt der Regelungen als auch in der Technik zu Hause ist.

Es ist immer wieder beeindruckend zu sehen, wie viel man während der Durchführung eines Audits über das Unternehmen erfährt. An der Qualität und auch dem Umfang dieser Informationen lässt sich die Wirksamkeit eines Audits bemessen. Nach der reinen Dokumentation dieser Informationen und nach der Abarbeitung der Abweichungen, aber bevor man den Zyklus der IT-Sicherheit wieder von vorne beginnt, muss das Gelernte aufgearbeitet werden, um es dann in das Regelwerk, und damit die zukünftigen Audits, integrieren zu können. Auf diese Weise schließt sich der Kreis und der stetigen Verbesserung des eigenen Sicherheitsniveaus steht nichts mehr entgegen.

Index

Christopher Hadnagy
Mit einem Vorwort von Paul Ekman

SOCIAL ENGINEERING ENTTARNT
Sicherheitsrisiko Mensch

Verbinden Sie die Wissenschaft der nonverbalen Kommunikation mit der Kunst des Social Engineering.

Social Engineers sind Experten in der Manipulation ihres Gegenübers und wissen, mit welchen Mitteln sie ihr Ziel erreichen können. Mit diesem Buch werden Sie verstehen lernen, was jemand wirklich denkt – auch wenn er Sie etwas anderes glauben lassen möchte. Gleichzeitig lernen Sie, wie Sie Menschen durch Mimik und Gestik dazu bringen, Ihnen zu vertrauen.

Christopher Hadnagy, Dr. Paul Ekman und der Fachredakteur Paul Kelly haben sich in diesem Buch zusammengetan, um zu erklären, wie Social Engineering funktioniert und wie Sie sich davor schützen können. Denn Sicherheit bedeutet mehr als die Abwehr von hinterhältigen Angriffen. Vielmehr geht es darum, das Wissen um Social Engineering und Human Hacking so zu nutzen, dass Sie selbst jederzeit Herr der (Kommunikations-)Lage sind.

- Verstehen Sie die menschliche Körpersprache und die verschiedenen Gesichtsausdrücke
- Lernen Sie, wie Hacker versuchen, Ihr Vertrauen zu gewinnen
- Erkennen Sie die Sicherheitslücken jenseits der IT-Infrastruktur
- Denken Sie wie ein Human Hacker
- Rekapitulieren Sie Fallstudien mit detaillierten Bildern typisch nonverbalen Verhaltens von Human Hackern
- Setzen Sie Ihre neu erworbenen Kenntnisse und Fertigkeiten der wachsenden Bedrohung durch Human Hacker entgegen

Probekapitel und Infos erhalten Sie unter:
www.mitp.de/9664

ISBN 978-3-8266-9664-0